U0085559

新世紀科技叢書

應用力學

——靜力學

gineering Mechanics Statics

Engineering Mechanics Statics

金佩傑 著

三民書局

國家圖書館出版品預行編目資料

應用力學：靜力學／金佩傑著.－－初版四刷.－－
臺北市：三民，2013
面；　公分.－－(新世紀科技叢書)

ISBN 978-957-14-4064-4　(平裝)

1. 應用靜力學

440.131　　　93012939

© 應用力學
——靜力學

著作人　金佩傑
發行人　劉振強
著作財產權人　三民書局股份有限公司
發行所　三民書局股份有限公司
地址　臺北市復興北路386號
電話　(02)25006600
郵撥帳號　0009998-5
門市部　(復北店) 臺北市復興北路386號
(重南店) 臺北市重慶南路一段61號
出版日期　初版一刷　2004年8月
初版四刷　2013年4月
編號　S 444660
行政院新聞局登記證局版臺業字第〇二〇〇號

ISBN 978-957-14-4064-4　(平裝)

http://www.sanmin.com.tw　三民網路書店

前 言

本書係依據教育部最新頒布之四年制科技大學及技術學院機械學群之「應用力學」及動力機械學群之「工程力學」課程綱要作為基本架構，並加入本人多年之實際教學心得所編寫。全書共分兩冊，分別涵蓋靜力學 (Statics) 及動力學 (Dynamics) 之課程範圍。

《應用力學——靜力學》共分十章，除第一章基本概論為一般性之介紹外；第二章到第五章為介紹向量、合力及平衡等基本理論與概念，為整個應用力學之基礎，故應詳加研習。第六章結構分析及第七章摩擦，則為觀念之應用與延伸。第八章重心與形心及第九章慣性矩，係針對後續之課程如材料力學及機械設計預作準備，在整體觀念及課程銜接上有其重要性，但如受限於教學時間，則可視實際教學進度，對這兩章的部份章節逕行省略或作摘要性的講解。第十章虛功法係由能量觀點來分析平衡問題，亦可依實際教學狀況及學生接受程度，作適當的調整或刪減。

本書在各章節的重要理論或觀念敘述之後，均有例題加以對照及印證，讀者可視本身的理解程度先行演算，再參考解答尋求協助，相信能比直接閱讀答案有更佳的學習效果。

依本人多年來的觀察發現，目前一般學生在面對應用力學問題時所普遍缺乏的分析及計算能力，其主要原因在於課程的講授之後缺乏實際的演算練習，而數量過多及不當設計的習題只能令人望而卻步，反而無法收到預期的效果。因此本書在習題的數量上力求適中，同時避免過於偏澀及艱深的問題，著重的是觀念的啟發與應用，希望如此的設計與安排可以使同學擺脫用眼睛去看習題的不當學習方式，真正能手腦並用地確實演練。本書之習題均附有答案，善加利用必可收事半功倍之效。

本書編印倉促，雖經反覆校對並力求完美，但謬誤之處在所難免，尚祈各位讀者及學界先進能不吝指正，不勝感激！

如對本書之內容有任何討論、意見或建議，歡迎直接來函，本人除虛心受教及認真回覆外，並可作為本書日後修訂之參考。

應用力學──靜力學

目次

第十章　虛功法

習題簡答

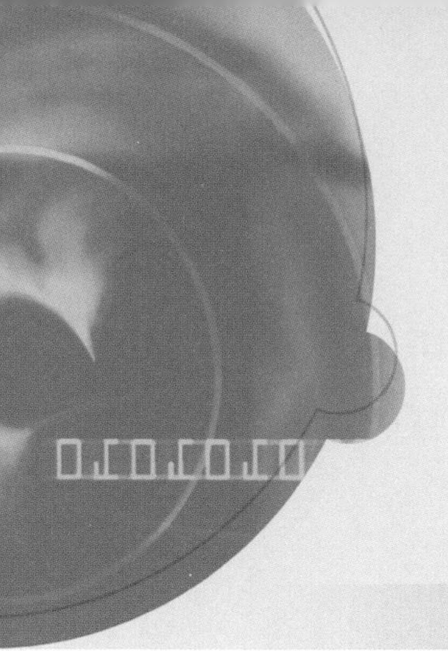

第一章 基本概論

1–1 概 論

力學 (Mechanics) 是物理學的一部份，用以討論力量作用於物體上所產生的效果，在工程分析上，力學佔有極大的比重，雖然力學本身所牽涉到的原理並不多，但其應用卻極為廣泛，在許多領域方面如機械、電機、材料、土木、航空、造船、水利等都扮演極重要的角色。

傳統的力學可區分為固體力學 (Solid Mechanics) 及流體力學 (Fluid Mechanics) 兩方面，而固體力學又依物體受負荷之變形量分為剛體力學及變形體力學如圖 1–1 所示，本書所涵蓋之範圍為固體力學當中的剛體力學的部份，亦即目前一般所謂的應用力學，又可分為靜力學 (Statics) 及動力學 (Dynamics) 兩部份，將分別在本書的兩冊中分別講述。在靜力學的部份主要探討的是符合牛頓第一運動定律下的剛體平衡、結構分析、剛體的基本性質以及摩擦等；而動力學的部份則在探討屬於牛頓第二運動定律的物體受力狀況，而其分析的方法尚牽涉到功與能，以及衝量與動量的觀念及應用。

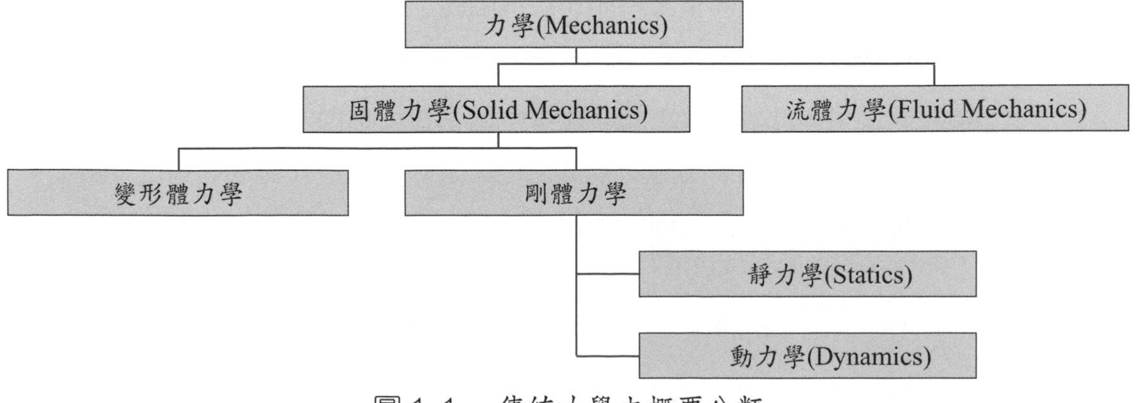

圖 1-1 傳統力學之概要分類

應用力學除了與物理學有極密切的關係之外，還必須具備及培養一些基本的數學方面的能力，這些包括微積分、解析幾何、三角幾何及向量分析等。

1–2 純量與向量

在應用力學的範疇裡，大部份的物理量皆可以用純量或向量來表示。例如質量、體積、長度等物理量，只需表達大小而不具有方向的量，便稱之為純量 (scalar)。而向量除了要表達大小之外，尚具有方向的概念，例如力、速度、力矩、動量等便屬於向量 (vector)。在表達上，純量一般以英文字母表示，例如質量為 m，體積為 V；而向量則以英文字母上加箭頭的符號來表示，例如速度為 $\vec{v}$，力為 $\vec{F}$ 等。

純量與向量的另一個主要的差異在其數學運算上。對純量而言，只要單位相同，純量間可以直接作加減等數學運算；但是向量的運算便非如此，除了大小之外還要考慮方向，因此向量的運算並非如 1 加 1 等於 2 一般的單純，詳細的向量運算方式將在第二章中加以介紹。

在力學中，向量除了大小與方向之外，其作用點的固定與否亦關係到向量本身所代表的作用，依此觀念，吾人可將向量分成以下三種：

⑴自由向量 (free vector)：凡是向量不具有固定作用點而可以自由在空間中移動者，稱為自由向量。例如力偶 (couple) 便是一種自由向量。

⑵滑動向量 (sliding vector)：凡是向量可在其本身作用線的方向上任意移動者，稱為滑動向量。例如作用於剛體上的力，若僅考慮其運動效果，可視為滑動向量。

⑶固定向量 (fixed vector)：凡向量具有固定作用點而不可任意移動者，稱為固定向量。例如剛體的重量便是固定向量，任何對該向量的移動均會導致分析結果的明顯差異。

1-3　牛頓定律

牛頓 (Isaac Newton) 是第一位正確地建立並證明質點運動基本理論的科學家。其所提出的理論分別如下：

(1)第一運動定律：若作用於質點的外力或外力的合力為零，則該質點的運動狀態將保持不變，也就是說，靜止者將保持靜止；運動者將作等速度運動，其軌跡為直線。此定律亦稱為慣性定律。

(2)第二運動定律：質點受外力作用所產生的加速度大小與外力的大小成正比，而加速度的方向與外力的方向相同。此定律即是所謂的運動定律。若外力為 $\vec{F}$，質點之質量是 m，加速度為 $\vec{a}$，則牛頓第二運動定律可寫成

$$\vec{F} = m\vec{a} \tag{1-1}$$

(3)第三運動定律：相互作用的剛體之間，其作用力與反作用力的大小相等，具有相同的作用線且方向相反。此定律亦稱為作用與反作用定律。

上述的牛頓三大運動定律描述的是自然界中的基本物理現象，且都經過實驗證明其正確性，並將在本書中廣泛地被引用。除了上述的三個定律之外，牛頓還提出了萬有引力定律 (Law of Gravitation)，此定律說明自然界中任意兩個具有質量的物體之間都會產生相互吸引的作用力，此作用力符合牛頓第三運動定律，即大小相等，方向相反，且位於兩物體質心的連線上。在應用力學中，萬有引力定律常用以計算質點或物體所具有的重量。若質點或物體的質量為 m，則所受到地球的吸引力或重量 $\vec{W}$ 為

$$\vec{W} = m\vec{g} \tag{1-2}$$

上式中 $\vec{W}$ 的方向恆指向地心，其中 $\vec{g}$ 稱為重力加速度，在地球表面附近，重力加速度值可視為一常數。

1–4 基本因次與單位

在力學中，吾人使用四個基本量來表達因次 (Dimensions) 的概念，這四個基本量分別是長度 (Length)、質量 (Mass)、力 (Force) 以及時間 (Time)。這些基本量所使用的單位必須符合牛頓第二運動定律。如表 1–1 所示為目前所通用的兩種主要的單位，其中的 SI 制又稱為國際單位系統 (International System of Units)，此種單位採用世界各國所通用的公制單位，並將逐步取代其他的單位系統。在單位系統中有所謂的基本單位 (Base Units)，這些基本單位係選擇用以描述該因次的標準，在 SI 制中，質量的基本單位是公斤 (kg)，長度的基本單位是公尺 (m)，而時間的基本單位是秒 (s)。

表 1-1 SI 制與 U.S. 制的比較

量	因次符號	SI 制		U.S. 制	
		單位	符號	單位	符號
質量	M	基本單位 公斤	kg	斯拉噶	slug
長度	L	基本單位 公尺	m	基本單位 英尺	ft
時間	T	基本單位 秒	s	基本單位 秒	sec
力	F	牛頓	N	基本單位 磅	ℓb

美制 (U.S. Customery Units) 單位，又稱為 FPS (Foot-Pound-Second) 單位，係慣用於英語系的國家如美國及英國，雖然這種單位即將被 SI 制所取代，但是目前一般的設計工程人員，仍然得同時熟悉這兩種單位系統。在美制單位中，長度的基本單位是呎 (Foot)，時間的基本單位是秒 (sec)，而磅 (ℓb) 則是力的基本單位。

值得注意的是 SI 制中力的單位牛頓 (N) 以及 U.S. 制中質量的單位斯拉噶 (slug) 均是誘導單位，並非基本單位，這將在 §1–5 節中詳述。

1–5　誘導因次與單位

除了前述 §1–4 節中的基本物理量以外，還存在一些特定的物理量，這些特定物理量的因次，係由基本因次來表示，稱之為誘導因次 (derived dimensions)。例如速度的因次係由長度除以時間，如下式（註：括號代表因次）

$$[\text{速度}] = \frac{[\text{長度}]}{[\text{時間}]} \tag{1–3}$$

式中長度及時間均為基本因次，因此速度即為誘導因次。

依照 SI 制的單位，長度為 m，而時間為 s，故速度之單位即為 m/s。同理，加速度的因次為速度的因次除以時間，即

$$[\text{加速度}] = \frac{[\text{速度}]}{[\text{時間}]} \tag{1–4}$$

因此加速度的單位即是 m/s^2。而依牛頓第二運動定律或由 (1–1) 式，再代入 SI 制中的基本單位後，即可得力的單位牛頓 (N) 為

$$F = ma = (\text{kg}) \times (\text{m/s}^2) = \text{kg} \cdot \text{m/s}^2 \tag{1–5}$$

在美制（FPS 制）單位中，由力之基本單位磅 (ℓb)，長度之基本單位呎 (ft)，以及時間的基本單位秒 (sec)，可得質量導出單位斯拉噶 (slug) 為

$$\text{slug} = \frac{\ell\text{b}}{\text{ft/sec}^2} = \frac{\ell\text{b} \cdot \text{sec}^2}{\text{ft}} \tag{1–6}$$

注意在 SI 制中秒簡寫為 s，而在美制單位中應簡寫為 sec。

在 SI 制中因為其基本量中的質量與環境無關，例如 1 公斤的物體在地球上及月球上是相同的，因此 SI 制又稱為絕對系統 (absolute system)。相對地，美制（FPS 制）便稱為重力系統 (gravitational system)，因為其基本量中的力代表質量在緯度 45 度的海平面上所受到的重力，而對於重力加速度 g

的數值在 SI 制及 U.S. 制中分別為

SI 制　　$g = 9.81\ \text{m/s}^2$

U.S. 制　$g = 32.2\ \text{ft/sec}^2$

若依照 (1–2) 式，則一般所謂 1 磅的力乃是指能夠使 1 斯拉噶質量的物體產生 32.2 ft/sec^2 的加速度。同理，質量 1 公斤的物體在緯度 45 度的海平面上所受到的重力為 9.81 牛頓。

例　題 1 – 1

相同的物體在月球上所受到的引力約為在地球上所受引力的 $\frac{1}{6}$，現有一質量為 10 公斤的物體，在月球上的重量應為多少牛頓?

解 月球上的重力加速度 $g = \frac{9.81}{6} = 1.635\ \text{m/s}^2$

由 (1–2) 式，物體在月球上的重量

$W = 10 \times 1.635 = 16.35$ 牛頓

例　題 1 – 2

有一個重量為 64.4 磅的物體，現欲使其產生 60 吋 / 秒^2 的加速度，所需的力量為多少磅?（註：1 呎 = 12 吋）

解 此物體的質量 $m = \frac{W}{g} = \frac{64.4}{32.2} = 2$ 斯拉噶

加速度 $a = \frac{60}{12} = 5$ 呎 / 秒^2

由牛頓第二運動定律 (1–1) 式得所需之力

$F = ma = 2 \times 5 = 10$ 磅

1–6　因次齊次定律

在分析應用力學的問題時，任何一個用以描述該問題的數學方程式，其中的每一項的因次都必須相同，此即為因次齊次定律。

由於同一方程式中各項的因次均須一致，故可利用此一特性來檢查方程式中的每一項是否符合因次齊次定律，間接可用以查驗方程式的正確與否。

表 1–2 所列為力學中主要的物理量之因次及其 SI 制單位之對照表。

表 1-2　常用物理量之因次及單位

物理量	因　次	單　位	符　號
長度	[L]	公尺	m
時間	[T]	秒	s
質量	[M]	公斤	kg
力（重量）	$[MLT^{-2}]$	牛頓	$N\ (kg\cdot m/s^2)$
面積	$[L^2]$	平方公尺	m^2
體積	$[L^3]$	立方公尺	m^3
速度	$[LT^{-1}]$	公尺 / 秒	m/s
加速度	$[LT^{-2}]$	公尺 / 秒^2	m/s^2
力矩	$[ML^2T^{-2}]$	牛頓・公尺	$N\cdot m$
角速度	$[T^{-1}]$	弳度 / 秒	rad/s
角加速度	$[T^{-2}]$	弳度 / 秒^2	rad/s^2
功（能）	$[ML^2T^{-2}]$	焦耳	$J\ (N\cdot m)$
功率	$[ML^2T^{-3}]$	瓦特	W (J/s)
動量	$[MLT^{-1}]$	公斤・公尺 / 秒	$kg\cdot m/s$
衝量	$[MLT^{-1}]$	牛頓・秒	$N\cdot s$

例 題 1–3

牛頓之萬有引力定律指出存在於兩質量分別為 m_1 及 m_2 的物體間，其相互的吸引力 F 為

$$F = G\frac{m_1 m_2}{r^2}$$

上式中 F 為力，r 為 m_1 及 m_2 間的距離，G 為萬有引力常數，且已知 $G = 6.673\times10^{-11}\ \frac{公尺^3}{公斤 \cdot 秒^2}$，試以因次齊次定律驗證上式。

解 F 為力，故因次由表 1–2 可知為 $[MLT^{-2}]$

G 之因次為 $[L^3M^{-1}T^{-2}]$

質量 m_1 及 m_2 之因次均為 $[M]$

r 之因次為 $[L]$

故等號右側之因次為

$$[L^3M^{-1}T^{-2}][M][M][L^{-2}] = [MLT^{-2}]$$

因為等號兩側之因次均一致，故牛頓之萬有引力方程式符合因次齊次定律。

習 題

1. 何謂力學？力學可以分為那幾個部份？
2. 何謂向量？向量可以分為那幾種？
3. 何謂純量？純量與向量有何不同？
4. 試簡述牛頓的三大定律。
5. 基本因次指的是那些物理量？並依 SI 制及美制單位分別比較這些基本因次所使用的單位。
6. 何謂絕對系統？何謂重力系統？

7. 質量為 5 kg 之物體在地表面上所受到的重力為多少牛頓? 若月球的重力加速度值為地球上的 $\frac{1}{6}$，則該物體在月球之重量為多少牛頓?

8. 何謂牛頓之萬有引力定律? 並舉例說明其應用。

9. 何謂因次齊次定律? 用途為何?

10. 在相對論中，能量之方程式為

$$E = mc^2[\frac{1}{\sqrt{1-(v/c)^2}} - 1]$$

其中 E 代表動能，m 為質量，v 為速度，c 為光速。試以因次齊次定律驗證上式。

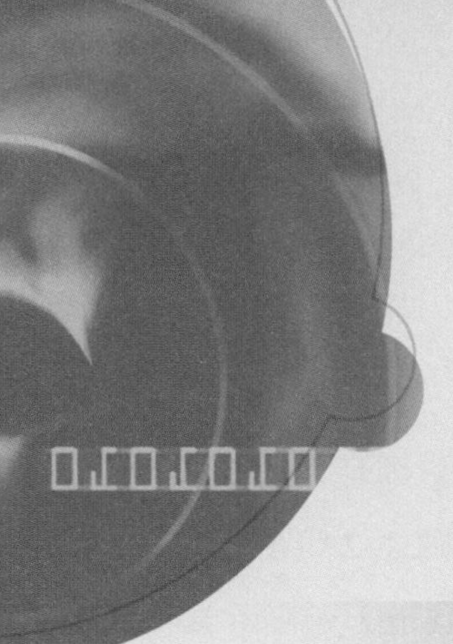

第二章 向量及其運算

2–1 向量之基本概念

向量的觀念廣泛地應用在力學的分析過程中，而向量的運算亦佔整個運算過程極大之比例。因此正確及完整的向量觀念及熟練的運算可說是精通應用力學的不二法門。

向量之基本概念如 §1–2 節所述包括大小及方向兩部份，圖 2–1 所示為一個向量 $\vec{r}$，起點為 P_1 而終點為 P_2，則由 P_1 指向 P_2 的方向即代表 $\vec{r}$ 之方向，而線段 $\overline{P_1P_2}$ 的長度 r 即代表向量之大小。

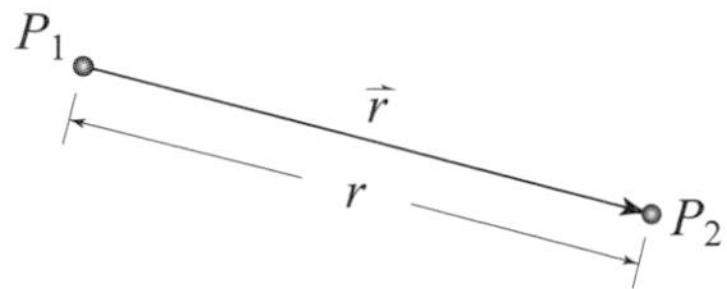

圖 2-1　向量之大小及方向

在應用力學中，許多物理量均需以向量來表示，這其中包括力 (force)、力矩 (moment)、力偶 (couple)、位置 (position)、速度 (velocity)、加速度 (acceleration)、動量 (momentum)、角動量 (angular momentum)、衝量 (impulse) 及角衝量 (angular impulse) 等。

2–2 單位向量

所謂單位向量 (unit vector) 指的是大小為 1 的向量。意即任何向量在沿其作用線的方向上擷取大小為 1 之部份即為單位向量。如圖 2–2 所示，向量 $\vec{\lambda}$ 為沿 $\vec{r}$ 方向之單位向量，若以 r 表示 $\vec{r}$ 之大小，則單位向量 $\vec{\lambda}$ 可表示為

$$\boxed{\vec{\lambda} = \frac{\vec{r}}{r}} \tag{2–1}$$

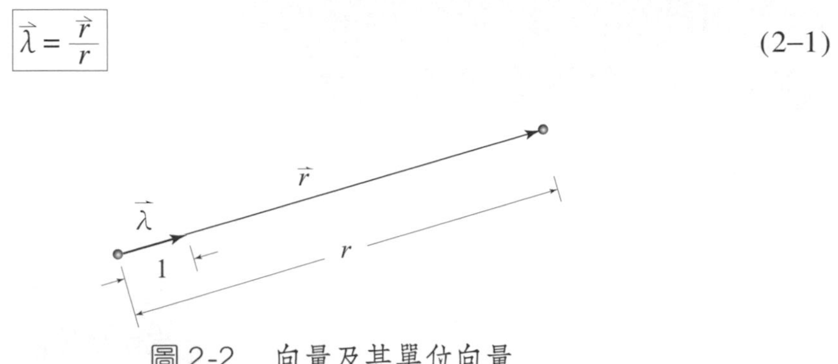

圖 2-2　向量及其單位向量

同理，對於任何向量之單位向量皆可以表示如下：

$$\boxed{\text{單位向量} = \frac{\text{向量}}{\text{本身大小}}} \tag{2–2}$$

單位向量顧名思義，其所代表的是描述向量的一種基本量，如同公斤是質量的基本單位，公尺是長度的基本單位一般；例如我們用 60 公斤來描述一個人的質量，意思是這個人的質量是一公斤的 60 倍。同樣的道理，圖 2–2 中的向量 $\vec{r}$ 可以表示成 $r\vec{\lambda}$，其中 $\vec{\lambda}$ 為單位，r 是倍數，利用這樣的觀念，則任何向量都可以用單位向量的倍數來表示。

2–3 向量之直角座標表示法

在向量運算時，必需要有參考座標，而一般最常被採用之參考座標系統就是直角座標系統 $Oxyz$，如圖 2–3 所示。其中 $\vec{i}$，$\vec{j}$，$\vec{k}$ 分別為沿 x，y 及 z 方向之單位向量。在直角座標系統中，其座標軸 x，y，z 間的相對關係必須符合右手定則 (right-handed rule)，並將在 §2–7節中詳細加以說明。

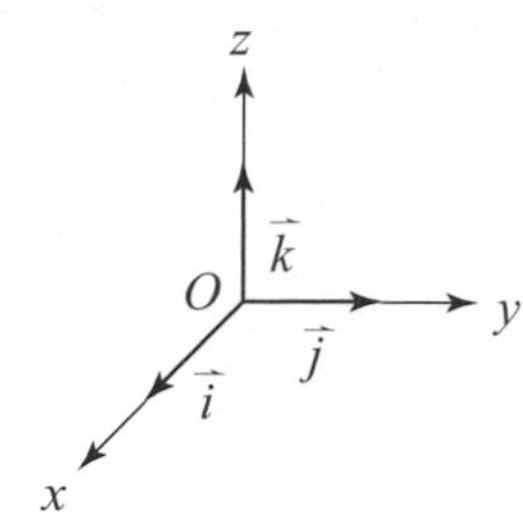

圖 2-3　直角座標系統 $Oxyz$ 及其單位向量

將任一向量 $\vec{r}$ 依 $Oxyz$ 直角座標系的定義可以分解為沿三個座標軸方向的分量，如圖 2–4 所示。則

$$\vec{r} = \overrightarrow{OP} = \vec{r_x} + \vec{r_y} + \vec{r_z} = r_x\vec{i} + r_y\vec{j} + r_z\vec{k} \tag{2–3}$$

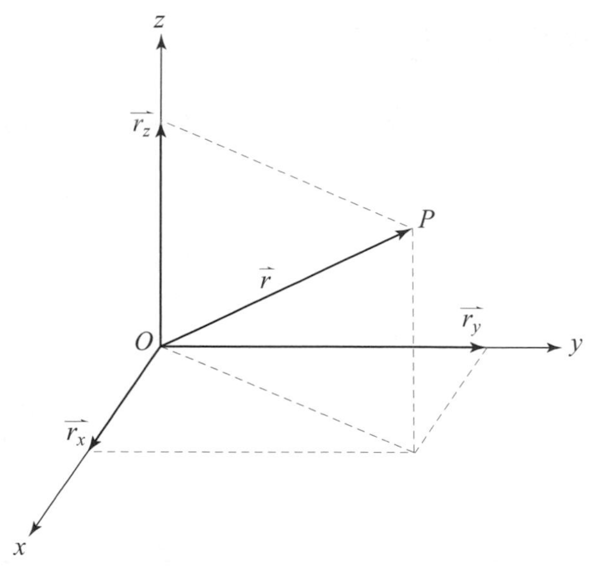

圖 2-4　向量及其座標

(2–3) 式的結果說明了一般所用的位置座標其實也是向量的表示方式。例如 $P(2, -1, 3)$ 指的即是向量 $\overrightarrow{OP} = 2\vec{i} - \vec{j} + 3\vec{k}$。而利用 (2–3) 式及圖 2–4 可知對於向量 $\vec{r} = r_x\vec{i} + r_y\vec{j} + r_z\vec{k}$，其大小 r 為

$$r = |\vec{r}| = \sqrt{r_x^2 + r_y^2 + r_z^2} \tag{2–4}$$

而 $\vec{r}$ 與三個座標軸 x，y，z 之間的夾角 α，β，γ 存在以下的關係

$$
\begin{aligned}
r_x &= r\cos\alpha \\
r_y &= r\cos\beta \\
r_z &= r\cos\gamma
\end{aligned}
\tag{2–5}
$$

由 (2–4) 式及 (2–5) 式，可得 α，β，γ 三個角度滿足以下 (2–6) 式。

$$
\boxed{\cos^2\alpha + \cos^2\beta + \cos^2\gamma = 1} \tag{2–6}
$$

由 (2–6) 式可知 α，β，γ 三個角度只要決定其中任何兩個，第三個即可決定。

2–4 兩點所決定之向量

假設任意兩點 P_1，P_2 在直角座標系 $Oxyz$ 中之位置向量 $\overrightarrow{OP_1}$ 及 $\overrightarrow{OP_2}$ 分別為

$$
\begin{aligned}
\overrightarrow{OP_1} &= x_1\vec{i} + y_1\vec{j} + z_1\vec{k} \\
\overrightarrow{OP_2} &= x_2\vec{i} + y_2\vec{j} + z_2\vec{k}
\end{aligned}
\tag{2–7}
$$

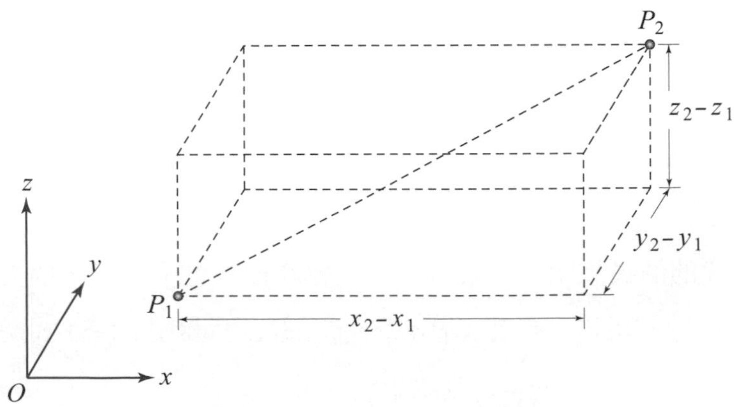

圖 2-5 兩點所決定之向量

則向量 $\overrightarrow{P_1P_2}$ 為由 P_1 指向 P_2 之向量，表示如下

$$\overrightarrow{P_1P_2} = \overrightarrow{OP_2} - \overrightarrow{OP_1} = (x_2 - x_1)\vec{i} + (y_2 - y_1)\vec{j} + (z_2 - z_1)\vec{k} \qquad (2\text{–}8)$$

而 P_1 到 P_2 間的距離 $\overline{P_1P_2}$ 為

$$\overline{P_1P_2} = \sqrt{(x_2 - x_1)^2 + (y_2 - y_1)^2 + (z_2 - z_1)^2} \qquad (2\text{–}9)$$

利用 (2–2) 式可知由 P_1 到 P_2 的向量 $\overrightarrow{P_1P_2}$ 其單位向量 $\vec{\lambda}$ 為

$$\vec{\lambda} = \frac{\overrightarrow{P_1P_2}}{\overline{P_1P_2}} = \frac{(x_2 - x_1)\vec{i} + (y_2 - y_1)\vec{j} + (z_2 - z_1)\vec{k}}{\sqrt{(x_2 - x_1)^2 + (y_2 - y_1)^2 + (z_2 - z_1)^2}} \qquad (2\text{–}10)$$

利用 (2–10) 式，可以在得知力的大小及作用方向上任意兩點位置的情況下，將此力以向量的型式表達出來。

例　題 2－1

有一向量 $\vec{r} = 4\vec{i} - 3\vec{j} + 12\vec{k}$，試求其：(a)長度為何？　(b)沿 $\vec{r}$ 方向之單位向量為何？　(c) $\vec{r}$ 與 x，y 及 z 軸之夾角各為何？

解 (a)長度 $r = \sqrt{4^2 + (-3)^2 + 12^2} = 13$

(b)由 (2–2) 式，單位向量 $\vec{\lambda}$ 為

$$\vec{\lambda} = \frac{\vec{r}}{r} = \frac{1}{13}(4\vec{i} - 3\vec{j} + 12\vec{k})$$

(c)假設 $\vec{r}$ 與 x，y 及 z 之夾角分別為 α，β 及 γ，則由 (2–5) 式，

$$\cos\alpha = \frac{4}{13}，\text{則 } \alpha = \cos^{-1}\frac{4}{13} = 72.08°$$

$$\cos\beta = -\frac{3}{13}，\text{則 } \beta = \cos^{-1}(-\frac{3}{13}) = 103.34°$$

$$\cos\gamma = \frac{12}{13}，\text{則 } \gamma = \cos^{-1}(\frac{12}{13}) = 22.62°$$

例 題 2－2

兩點 $A(1, -1, -5)$ 及 $B(-1, 5, 4)$，試求：(a) AB 間距離為何？ (b)向量 $\overrightarrow{AB}$ 之單位向量為何？

解 (a) $\overrightarrow{AB} = (-\vec{i} + 5\vec{j} + 4\vec{k}) - (\vec{i} - \vec{j} - 5\vec{k}) = (-2\vec{i} + 6\vec{j} + 9\vec{k})$

由 (2–9) 式得 $\overline{AB} = \sqrt{(-2)^2 + 6^2 + 9^2} = 11$

(b)由 (2–10) 式，$\overrightarrow{AB}$ 之單位向量 $\vec{\lambda}$ 為

$$\vec{\lambda} = \frac{-2\vec{i} + 6\vec{j} + 9\vec{k}}{11} = -0.182\vec{i} + 0.545\vec{j} + 0.818\vec{k}$$

例 題 2－3

一向量 $\vec{r}$ 與 x 軸之夾角為 45°，與 y 軸之夾角為 72°，試求：(a) $\vec{r}$ 與 z 軸之夾角為何？ (b) $\vec{r}$ 之單位向量為何？

解 (a) $\vec{r}$ 與 x 軸之夾角 $\alpha = 45°$，與 y 軸夾角 $\beta = 72°$，由 (2–6) 式可知

$$\cos^2\alpha + \cos^2\beta + \cos^2\gamma = 1$$

故 $\cos\gamma = \sqrt{1 - \cos^2 45° - \cos^2 72°} = \sqrt{1 - 0.5 - 0.095} = 0.636$

所以 $\vec{r}$ 與 z 軸之夾角為 $\cos^{-1}0.636 = 50.5°$

(b) $\vec{r}$ 之單位向量 $\vec{\lambda}$ 為

$$\vec{\lambda} = \cos\alpha\vec{i} + \cos\beta\vec{j} + \cos\gamma\vec{k}$$

$$= 0.707\vec{i} + 0.309\vec{j} + 0.636\vec{k}$$

例 題 2－4

一向量 $\vec{r}$ 之單位向量為 $\vec{\lambda} = 0.6\vec{i} - 0.5\vec{j} + \lambda_z\vec{k}$，若 $\vec{r}$ 之長度為 20，試求 $\vec{r}$？

解 由單位向量之大小為 1，即 $|\vec{\lambda}| = \sqrt{0.6^2 + (-0.5)^2 + \lambda_z^2} = 1$

得 $\lambda_z = \sqrt{1 - 0.36 - 0.25} = 0.62$

由 (2–1) 式可知 $\vec{r}=r\vec{\lambda}$，即

$$\vec{r}=20(0.6\vec{i}-0.5\vec{j}+0.62\vec{k})$$
$$=12\vec{i}-10\vec{j}+12.4\vec{k}$$

2–5　向量之基本運算

向量由於包含大小及方向兩部份，因此在運算上有其一定的法則，本節先介紹向量的加法、減法以及純量與向量之間的乘法。

1. 向量之加法

(1)圖解法

向量之加法可利用圖 2–6 來說明，其中向量 $\vec{a}$ 及 $\vec{b}$ 若欲相加，則將 $\vec{b}$ 利用平移的方式移至 $\vec{a}$ 的箭頭上，則 $\vec{a}$ 與 $\vec{b}$ 之和即為由 $\vec{a}$ 之起點指向 $\vec{b}$ 之箭頭的向量 $\vec{r}$。此種方式由於利用平行四邊形之觀念，因此亦稱為平行四邊形法。若有三個或以上的向量相加時，則可將平行四邊形法的觀念連續應用即可，換句話說，將欲相加之向量的起點與前一個向量的箭頭相連接，利用此首尾相連的方式將所有相加的向量串連起來，而合向量則是由第一個向量的起點指向最後一個向量的箭頭，如圖 2–7 所示。

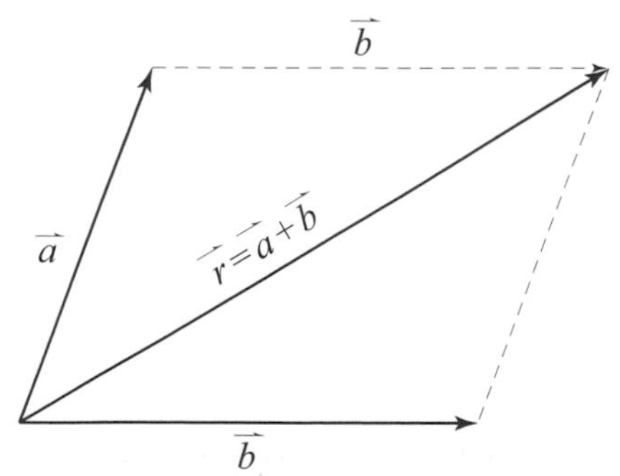

圖 2-6　向量相加之平行四邊形法

圖 2–7 (a)所示為欲相加的 $\vec{a}$，$\vec{b}$，$\vec{c}$ 三個向量。其連續四邊形法的使用以及合向量 $\vec{r}$ 則如圖 2–7 (b)所示。

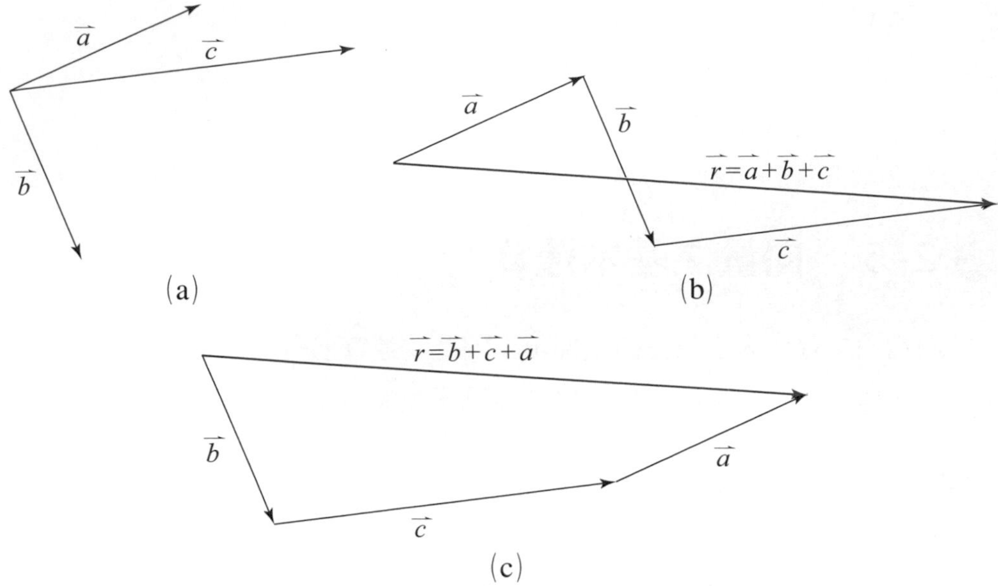

圖 2-7　連續之平行四邊形法應用於三個向量之相加

由圖 2–7 (b)及圖 2–7 (c)可知向量間的相加並無固定的順序限制，即任意調換向量相加的順序其結果是相同的。

⑵直角座標分量法

由前述 §2–3 節可知向量可以由直角座標系的分量來表示，所以對於兩任意向量 $\vec{a}$ 及 $\vec{b}$ 若表示如下：

$$\begin{aligned}\vec{a} &= a_x\vec{i} + a_y\vec{j} + a_z\vec{k} \\ \vec{b} &= b_x\vec{i} + b_y\vec{j} + b_z\vec{k}\end{aligned} \tag{2–11}$$

則 $\vec{a}$ 及 $\vec{b}$ 之合向量 $\vec{r}$ 為

$$\begin{aligned}\vec{r} &= \vec{a} + \vec{b} \\ &= (a_x + b_x)\vec{i} + (a_y + b_y)\vec{j} + (a_z + b_z)\vec{k}\end{aligned} \tag{2–12}$$

同理對於多個向量之相加，直角座標分量表示法可以很容易地加以表示。例如 $\vec{a}$，$\vec{b}$ 及 $\vec{c}$ 三個向量之和 $\vec{r}$ 即可表示如下：

$$\vec{r} = \vec{a} + \vec{b} + \vec{c}$$
$$= (a_x + b_x + c_x)\vec{i} + (a_y + b_y + c_y)\vec{j} + (a_z + b_z + c_z)\vec{k} \qquad (2\text{–}13)$$

(3)向量之加法律

由圖 2–7 (b)及(c)可知向量加法符合交換律 (commutative law)，故對任意向量 $\vec{a}$ 及 $\vec{b}$ 而言

$$\vec{a} + \vec{b} = \vec{b} + \vec{a} \qquad (2\text{–}14)$$

而向量之加法亦滿足結合律 (associative law)，如圖 2–8 之說明，故對任意之 $\vec{a}$，$\vec{b}$ 及 $\vec{c}$ 三向量

$$\vec{a} + (\vec{b} + \vec{c}) = (\vec{a} + \vec{b}) + \vec{c} \qquad (2\text{–}15)$$

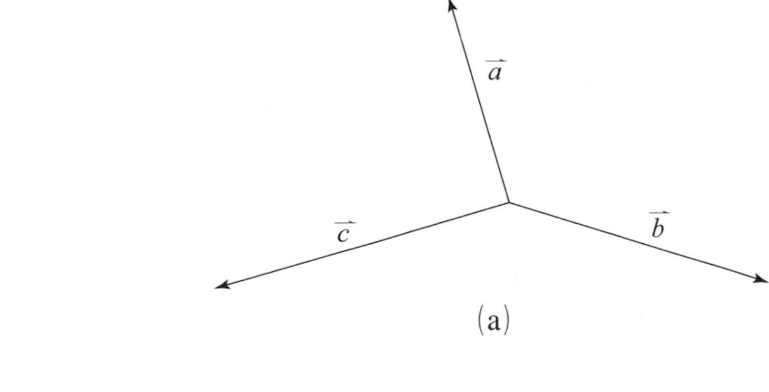

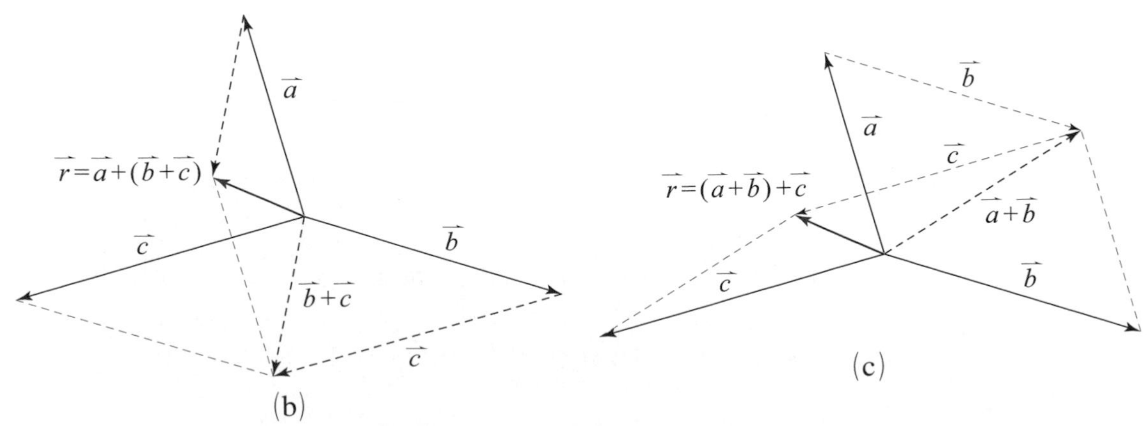

圖 2-8　向量加法之結合律

2. 向量之減法

向量之減法其實可視為加法的特例，如圖 2–9 係將圖 2–6 中的 $\vec{b}$ 的方向指向相反的 $-\vec{b}$ 方向，再與 $\vec{a}$ 相加即得相減後之向量 $\vec{s}$。以方程式表示為

$$\vec{s}=\vec{a}+(-\vec{b})=\vec{a}-\vec{b} \tag{2–16}$$

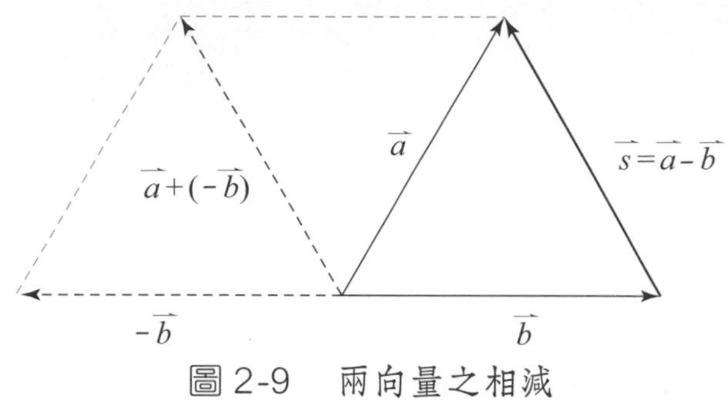

圖 2-9　兩向量之相減

若以直角座標分量表示法則由 (2–11) 式可得 $\vec{s}=\vec{a}-\vec{b}$ 之結果如下：

$$\begin{aligned}\vec{s}=\vec{a}-\vec{b}&=(a_x\vec{i}+a_y\vec{j}+a_z\vec{k})-(b_x\vec{i}+b_y\vec{j}+b_z\vec{k})\\&=(a_x-b_x)\vec{i}+(a_y-b_y)\vec{j}+(a_z-b_z)\vec{k}\end{aligned} \tag{2–17}$$

3. 向量與純量之乘積

向量與純量相乘之結果仍為向量，其方向並沒有改變，這種運算僅改變了向量之大小。對任何向量 $\vec{a}$ 而言，其與任一純量 n 之相乘結果如下：

$$n\vec{a}=\underbrace{\vec{a}+\vec{a}+\cdots+\vec{a}}_{n\text{ 個}} \tag{2–18}$$

若以直角座標分量來表示，則向量 $\vec{a}$ 與純量 n 之相乘結果可表示為

$$n\vec{a}=n(a_x\vec{i}+a_y\vec{j}+a_z\vec{k})=na_x\vec{i}+na_y\vec{j}+na_z\vec{k} \tag{2–19}$$

由 (2–19) 式可清楚得知向量與純量相乘之結果僅是大小的部份放大了 n 倍，而方向並未改變。

例題 2-5

如圖 2–10，兩向量 $\vec{a}$ 及 $\vec{b}$ 之大小分別為 7 及 4，求 $\vec{a}+\vec{b}$ 為何?

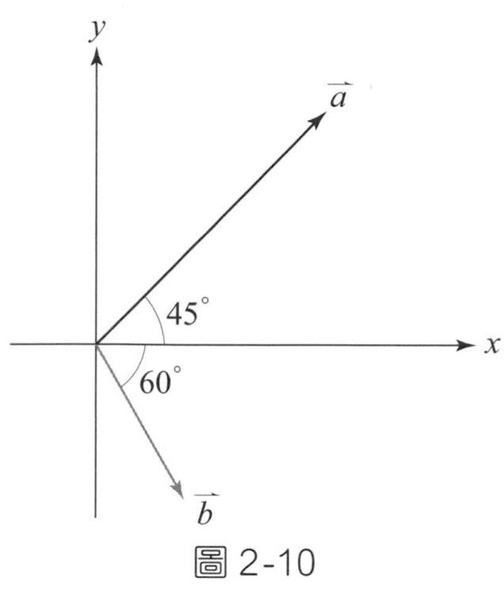

圖 2-10

解 以直角座標表示法表示

$$\vec{a}=7\cos45°\vec{i}+7\sin45°\vec{j}=4.95\vec{i}+4.95\vec{j}$$

$$\vec{b}=4\cos60°\vec{i}-4\sin60°\vec{j}=2\vec{i}-3.46\vec{j}$$

故 $\vec{a}+\vec{b}=(4.95+2)\vec{i}+(4.95-3.46)\vec{j}=6.95\vec{i}+1.49\vec{j}$

例題 2-6

續例題 2–5，試求 $2\vec{a}-\vec{b}$ 為何?

解 $2\vec{a}-\vec{b}=2(4.95\vec{i}+4.95\vec{j})-(2\vec{i}-3.46\vec{j})$

$$=7.9\vec{i}+13.36\vec{j}$$

例題 2-7

如圖 2–11，$\vec{a}=10\vec{i}$，若 $\vec{a}$ 及 $\vec{b}$ 之長度相等，試求：(a) $\vec{a}-\vec{b}$ 為何?

(b)驗證 $\vec{a}-\vec{b}$ 之長度與 $\vec{a}$ 及 $\vec{b}$ 均相同?

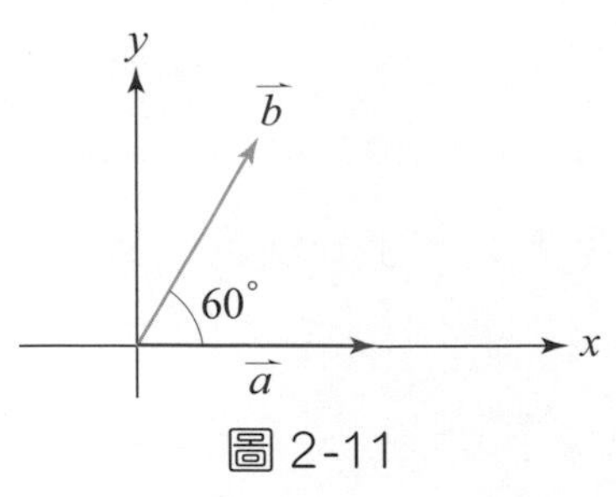

圖 2-11

解 (a)由圖 2–11，可知 $\vec{b} = 10(\cos60°\vec{i} + \sin60°\vec{j}) = 5\vec{i} + 8.66\vec{j}$

$\vec{a} - \vec{b} = 10\vec{i} - (5\vec{i} + 8.66\vec{j}) = 5\vec{i} - 8.66\vec{j}$

(b) $|\vec{a} - \vec{b}| = \sqrt{5^2 + (-8.66)^2} = 10$，即 $\vec{a} - \vec{b}$ 之長度與 $\vec{a}$ 及 $\vec{b}$ 均為 10

2–6 向量之純量積

向量間的運算，除了 §2–5 節中所述的加減法之外，本節所介紹的是向量間的純量積 (scalar product)。顧名思義，純量積的結果是一個無因次的純量。若 $\vec{a}$ 及 $\vec{b}$ 為任意之兩個向量，則 $\vec{a}$ 與 $\vec{b}$ 之純量積，以 $\vec{a}\cdot\vec{b}$ 表示，其中 “•” 稱為 “dot”，故純量積又可稱為點積 (dot product) 或內積 (inner product)，表示如下：

$$\begin{aligned}\vec{a}\cdot\vec{b} &= |\vec{a}|\,|\vec{b}|\cos\theta \\ &= ab\cos\theta \qquad (2\text{–}20)\end{aligned}$$

上式中的角度 θ 為 $\vec{a}$ 與 $\vec{b}$ 之夾角，如圖 2–12 所示。

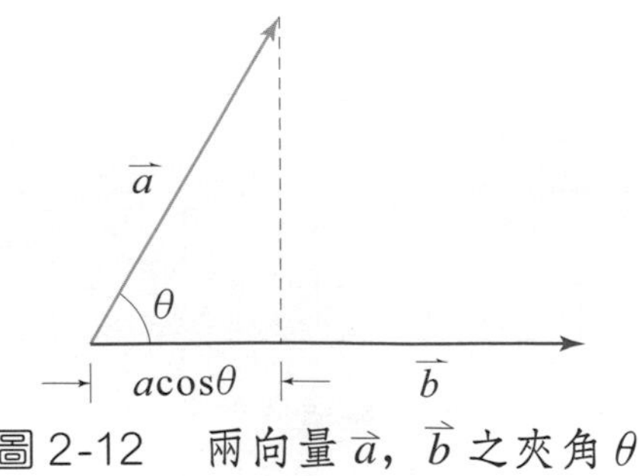

圖 2-12　兩向量 $\vec{a}$，$\vec{b}$ 之夾角 θ

由 (2–20) 式可知兩向量之純量積之大小與兩向量之夾角 θ 有關，當 θ 為 0 度時，$\cos\theta$ 為最大值 1，故純量積為最大；而當 θ 為 90 度或 $\frac{\pi}{2}$ 時，$\cos\theta$ 為最小值 0，故純量積為最小。換句話說，當兩向量平行或重合時，其純量積最大；而當兩向量互相垂直時，其純量積為最小。

由 (2–20) 式，可知任意向量 $\vec{a}$，$\vec{b}$，$\vec{c}$ 之間的純量積符合交換律及分配律 (distributive law) 如下：

(a)交換律：$\vec{a}\bullet\vec{b}=\vec{b}\bullet\vec{a}$　(2–21)

(b)分配律：$\vec{a}\bullet(\vec{b}+\vec{c})=\vec{a}\bullet\vec{b}+\vec{a}\bullet\vec{c}$　(2–22)

向量之純量積不存在結合律。

若以直角座標分量來表示兩向量 $\vec{a}$，$\vec{b}$ 之純量積，則由 (2–11) 式可得如下：

$$\begin{aligned}\vec{a}\bullet\vec{b}&=(a_x\vec{i}+a_y\vec{j}+a_z\vec{k})\bullet(b_x\vec{i}+b_y\vec{j}+b_z\vec{k})\\&=a_xb_x+a_yb_y+a_zb_z\end{aligned}\tag{2–23}$$

(2–23) 式中的單位向量 $\vec{i}$，$\vec{j}$，$\vec{k}$ 之間因彼此互相垂直，由 (2–20) 式可得如下之關係：

$$\begin{aligned}&\vec{i}\bullet\vec{i}=\vec{j}\bullet\vec{j}=\vec{k}\bullet\vec{k}=1\\&\vec{i}\bullet\vec{j}=\vec{j}\bullet\vec{i}=0\\&\vec{j}\bullet\vec{k}=\vec{k}\bullet\vec{j}=0\\&\vec{k}\bullet\vec{i}=\vec{i}\bullet\vec{k}=0\end{aligned}\tag{2–24}$$

純量積之應用

向量之純量積可應用於以下兩種情況：

(1)餘弦定理

當已知兩向量時，可利用此性質求出該兩向量之夾角。由 (2–11)、(2–20) 及 (2–23) 式，對任意之 $\vec{a}$，$\vec{b}$ 兩向量，其夾角之餘弦值為

$$\cos\theta = \frac{\vec{a}\bullet\vec{b}}{ab}$$

$$= \frac{a_x b_x + a_y b_y + a_z b_z}{\sqrt{a_x^2 + a_x^2 + a_x^2}\sqrt{b_x^2 + b_y^2 + b_z^2}} \qquad (2\text{–}25)$$

⑵向量沿另一向量之分量

如圖 2–12 中所示，$\vec{a}$ 向量沿 $\vec{b}$ 方向的分量大小為 $a\cos\theta$，由 (2–20) 式可得

$$a\cos\theta = \vec{a}\bullet\frac{\vec{b}}{b}$$

$$= \vec{a}\bullet\vec{\lambda}_b \qquad (2\text{–}26)$$

上式中，$\vec{\lambda}_b$ 為沿 $\vec{b}$ 方向之單位向量。換句話說，$\vec{a}$ 沿 $\vec{b}$ 方向之分量大小即是將 $\vec{a}$ 與 $\vec{b}$ 方向之單位向量 $\vec{\lambda}_b$ 作純量積即可求得，此分量大小亦可稱為 $\vec{a}$ 在 $\vec{b}$ 方向之投影量 (projection)。

例 題 2－8

如圖 2–13，已知 $\vec{a}$ 之大小為 5，$\vec{b}$ 之大小為 8，試求 $\vec{a}\bullet\vec{b}$ 為何？

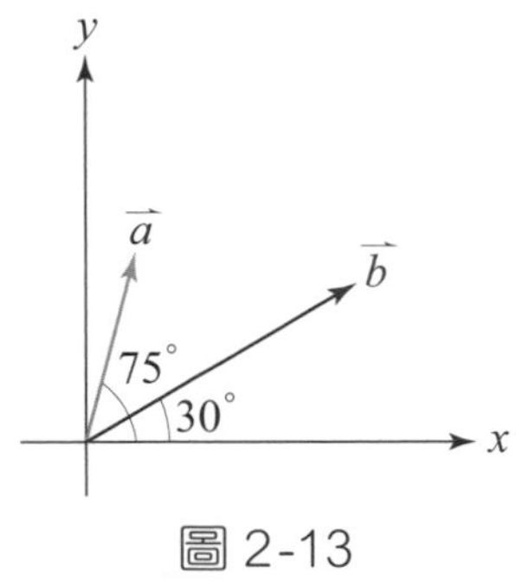

圖 2-13

解 由 (2–20) 式

$$\vec{a}\bullet\vec{b} = ab\cos\theta$$

$$= 5\times 8\times\cos(75° - 30°)$$

$$= 28.28$$

例 題 2–9

兩向量 $\vec{a}$ 及 $\vec{b}$ 分別為 $\vec{a}=(1,-4,8)$，$\vec{b}=(3,0,-4)$，試求：(a) $\vec{a}\cdot\vec{b}$ 為何？(b) $\vec{a}$ 及 $\vec{b}$ 之夾角為何？

解 (a)由 $|\vec{a}|=\sqrt{1+(-4)^2+8^2}=9$

$$|\vec{b}|=\sqrt{3^2+0+(-4)^2}=5$$

由 (2–23) 式

$$\vec{a}\cdot\vec{b}=(1,-4,8)\cdot(3,0,-4)=3+0-32=-29$$

(b)由 (2–25) 式

$$\vec{a}\cdot\vec{b}=ab\cos\theta，則 \cos\theta=\frac{\vec{a}\cdot\vec{b}}{ab}=\frac{-29}{45}=-0.64$$

則 $\vec{a}$ 與 $\vec{b}$ 之夾角 $\theta=\cos^{-1}(-0.64)=129.79°$

例 題 2–10

三角形三邊長 a，b，c，若 a 及 b 之夾角為 θ，試證明餘弦定律：

$$c^2=a^2+b^2-2ab\cos\theta$$

證 假設向量 $\vec{a}$ 及 $\vec{b}$ 分別沿邊長 a, b 如圖 2–14 所示，則向量 $\vec{c}=\vec{a}-\vec{b}$

則純量積 $\vec{c}\cdot\vec{c}=(\vec{a}-\vec{b})\cdot(\vec{a}-\vec{b})$

$$=\vec{a}\cdot\vec{a}-2\vec{a}\cdot\vec{b}+\vec{b}\cdot\vec{b}$$

故 $c^2=a^2+b^2-2ab\cos\theta$

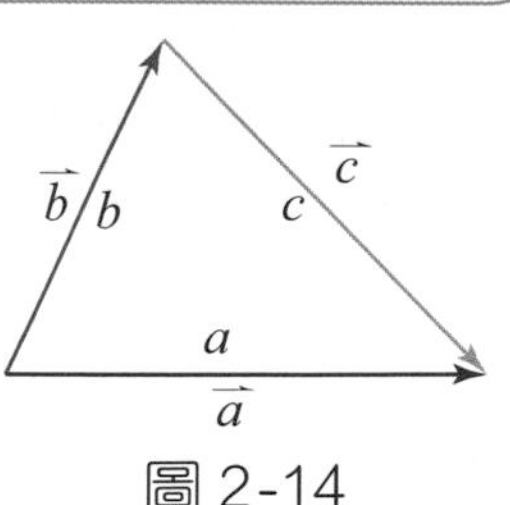

圖 2-14

例 題 2–11

續例題 2–8，試求 $\vec{a}$ 在 $\vec{b}$ 方向之分量為何？

解 由 (2–26) 式，$\vec{b}$ 方向之單位向量 $\vec{\lambda}_b$ 為

$$\vec{\lambda}_b = \cos 30° \vec{i} + \sin 30° \vec{j} = 0.866\vec{i} + 0.5\vec{j}$$

由圖 2–13 可得 $\vec{a} = 5(\cos 75° \vec{i} + \sin 75° \vec{j}) = 1.29\vec{i} + 4.83\vec{j}$

則 $\vec{a}$ 在 $\vec{b}$ 方向之分量 $= \vec{a} \cdot \vec{\lambda}_b = (1.29\vec{i} + 4.83\vec{j}) \cdot (0.866\vec{i} + 0.5\vec{j})$

$$= 1.29 \times 0.866 + 4.83 \times 0.5$$

$$= 3.53$$

另解 由圖 2–13 可知 $\vec{a}$ 與 $\vec{b}$ 之間的夾角為 45°，故 $\vec{a}$ 在 $\vec{b}$ 方向之分量即為 $\vec{a}$ 沿 $\vec{b}$ 之投影量 $a\cos\theta$，即

$\vec{a}$ 在 $\vec{b}$ 方向之分量 $= a\cos\theta = 5\cos 45° = 3.53$

例題 2–12

續例題 2–11，試求 $\vec{a}$ 在 $\vec{b}$ 方向之投影向量?

解 由例題 2–11 已知 $\vec{a}$ 在沿 $\vec{b}$ 方向之投影量為 3.53，又 $\vec{b}$ 方向之單位向量 $\vec{\lambda}_b = 0.866\vec{i} + 0.5\vec{j}$

故 $\vec{a}$ 在 $\vec{b}$ 方向之投影向量

$= 3.53\vec{\lambda}_b$

$= 3.06\vec{i} + 1.77\vec{j}$

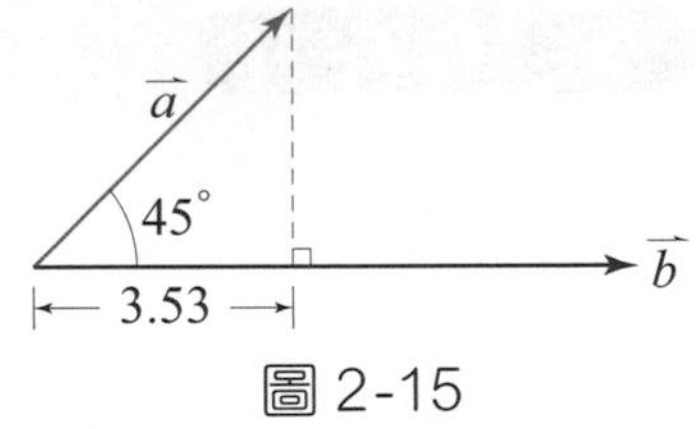

圖 2-15

例題 2–13

三點 A，B，C 之位置分別為 $A(1, 3, -2)$，$B(-6, -5, 3)$，$C(-7, 4, 5)$，試求 C 到 $\overline{AB}$ 之最短距離?

解 由 $\overrightarrow{AB} = (-6, -5, 3) - (1, 3, -2) = (-7, -8, 5)$

$$\overrightarrow{AC} = (-7, 4, 5) - (1, 3, -2) = (-8, 1, 7)$$

沿 $\overline{AB}$ 方向之單位向量 $\vec{\lambda}$ 為

$$\vec{\lambda} = \frac{\overrightarrow{AB}}{|\overrightarrow{AB}|} = \frac{(-7, -8, 5)}{\sqrt{(-7)^2 + (-8)^2 + 5^2}}$$

$$= \frac{1}{11.75}(-7, -8, 5)$$

$$= -0.596\vec{i} - 0.681\vec{j} + 0.426\vec{k}$$

$\overline{AC}$ 沿 $\overline{AB}$ 方向之投影量 $\overline{AD}$ 為

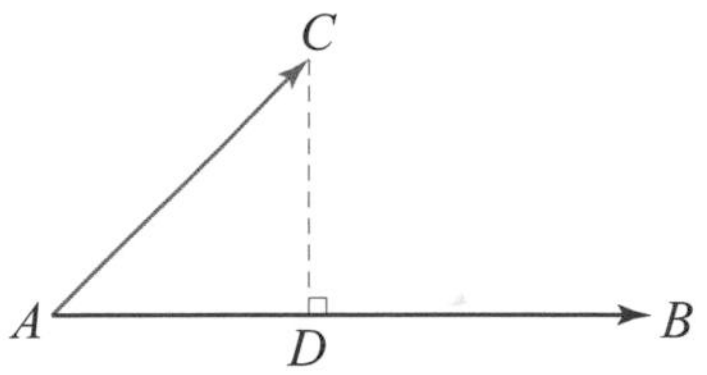

$$\overline{AD} = \overrightarrow{AC} \cdot \vec{\lambda}$$

$$= (-8\vec{i} + \vec{j} + 7\vec{k}) \cdot (-0.596\vec{i} - 0.681\vec{j} + 0.426\vec{k})$$

$$= 4.768 - 0.681 + 2.982$$

$$= 7.069$$

圖 2-16

C 到 $\overline{AB}$ 之最短距離 $\overline{CD}$ 可由畢氏定理得知

$$\overline{CD} = \sqrt{\overline{AC}^2 - \overline{AD}^2}$$

$$= \sqrt{114 - 7.069^2}$$

$$= 8$$

2–7　向量之向量積

向量間除了加減法及純量積以外的第四種運算，即是所謂的向量積 (vector product)，此種向量運算的結果仍為向量。若 $\vec{a}$ 及 $\vec{b}$ 為任意之兩個向量，則 $\vec{a}$ 與 $\vec{b}$ 的向量積以 $\vec{a} \times \vec{b}$ 表示，其中 “×” 稱為 “cross”，故向量積又稱為 cross product 或外積。由於 $\vec{a} \times \vec{b}$ 之結果為向量，故在此分別以大小及方向兩個部份來說明向量積之結果。

1. 向量積之大小

對任意兩向量 $\vec{a}$ 及 $\vec{b}$ 而言，$\vec{a} \times \vec{b}$ 之大小是以 a 及 b 為邊長的平行四邊形的面積，如圖 2–17 所示，若以方程式表示則如下：

$$\left|\vec{a} \times \vec{b}\right| = ab\sin\theta \tag{2–27}$$

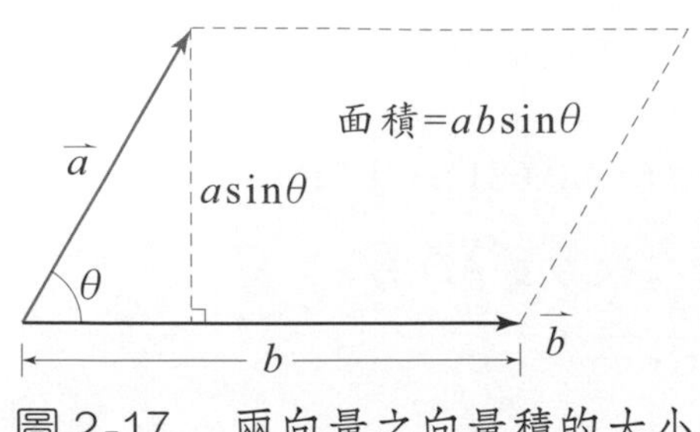

圖 2-17　兩向量之向量積的大小

2. 向量積之方向

向量積之方向必須依照右手定則來加以判定，所謂右手定則是將右手手掌除了大拇指以外的四隻手指指向第一個向量 $\vec{a}$，如圖 2–18(a)，再掃向第二個向量 $\vec{b}$ 之方向，則大拇指的方向即是向量積 $\vec{a}\times\vec{b}$ 的方向，如圖 2–18(b)。

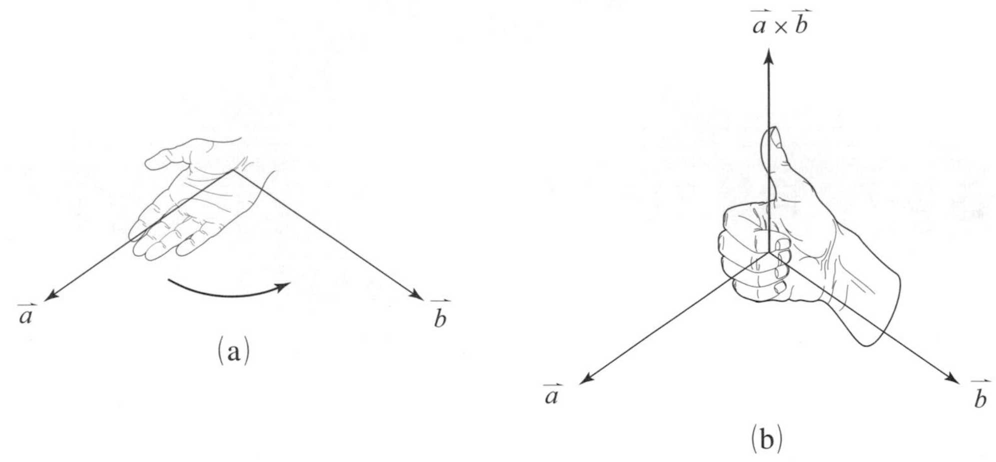

圖 2-18　以右手定則判定向量積之方向

圖 2–19 說明向量積之大小及方向，其中向量積 $\vec{a}\times\vec{b}$ 必須同時垂直於 $\vec{a}$ 及 $\vec{b}$，而 $\vec{a}\times\vec{b}$ 之大小為以 a, b 為邊長之平行四邊形的面積，由圖 2–18 及圖 2–19 可知向量積 $\vec{b}\times\vec{a}$ 的大小與 $\vec{a}\times\vec{b}$ 大小相同，但方向是在 $\vec{a}\times\vec{b}$ 的相反方向上，故

$$\vec{a}\times\vec{b}=-\vec{b}\times\vec{a} \tag{2–28}$$

上式中的負號代表方向相反，與大小無關。

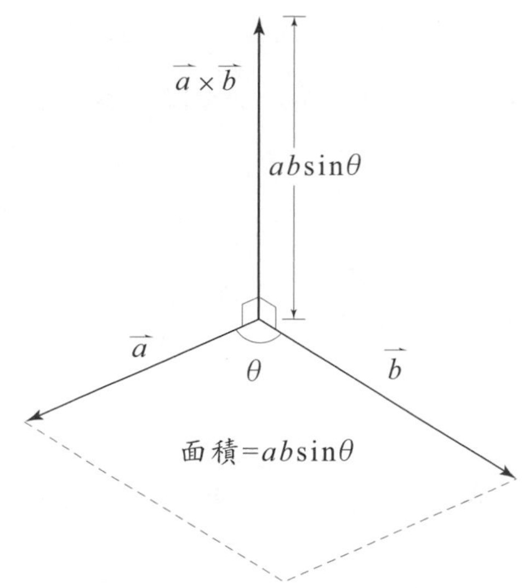

圖 2-19　兩向量之向量積的大小及方向

依圖 2–19 可知當兩向量 $\vec{a}$ 與 $\vec{b}$ 的夾角 θ 為 0 度時，$\sin\theta = 0$，故平行四邊形之面積為零，即向量積 $\vec{a}\times\vec{b} = 0$；而當 θ 為 90° 時，$\sin\theta = 1$，故平行四邊形面積可達最大之情況，即向量積 $\vec{a}\times\vec{b}$ 為最大值。換句話說，兩向量互相垂直時具有最大之向量積；而當兩向量平行或重合時，向量積等於零。

由前述 (2–28) 式可知向量積並不符合交換律及結合律；而向量積符合分配律如下：

$$\vec{a}\times(\vec{b}+\vec{c}) = \vec{a}\times\vec{b} + \vec{a}\times\vec{c} \tag{2–29}$$

依上述之向量積的方向及大小的結果，則直角座標系之基底向量 $\vec{i}$，$\vec{j}$，$\vec{k}$ 間的外積關係如下：

$$\begin{aligned}
&\vec{i}\times\vec{i} = \vec{j}\times\vec{j} = \vec{k}\times\vec{k} = 0 \\
&\vec{i}\times\vec{j} = \vec{k} \qquad \vec{j}\times\vec{i} = -\vec{k} \\
&\vec{j}\times\vec{k} = \vec{i} \qquad \vec{k}\times\vec{j} = -\vec{i} \\
&\vec{k}\times\vec{i} = \vec{j} \qquad \vec{i}\times\vec{k} = -\vec{j}
\end{aligned} \tag{2–30}$$

上式之結果可以由圖 2–20 加以描述，其中實線箭頭之方向代表正，而虛線箭頭之方向則代表負。例如 $\vec{i}$ 與 $\vec{j}$ 之外積結果為 $\vec{k}$，而 $\vec{k}$ 與 $\vec{j}$ 之外積結果則為 $-\vec{i}$。

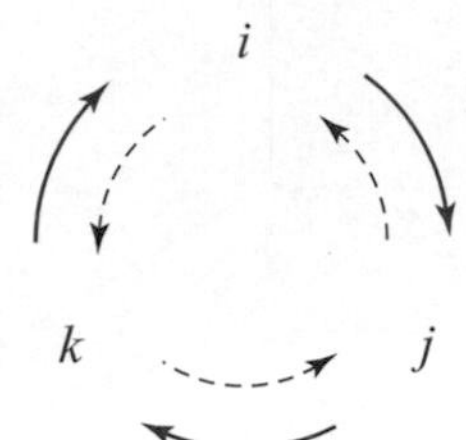

圖 2-20　直角座標系單位向量 $\vec{i}$, $\vec{j}$, $\vec{k}$ 之外積關係

利用 (2–30) 式，則可將兩向量 $\vec{a}$ 與 $\vec{b}$ 之向量積以直角座標分量加以表示如下：

$$\begin{aligned}\vec{a}\times\vec{b} &= (a_x\vec{i}+a_y\vec{j}+a_z\vec{k})\times(b_x\vec{i}+b_y\vec{j}+b_z\vec{k})\\ &= (a_yb_z-a_zb_y)\vec{i}+(a_zb_x-a_xb_z)\vec{j}+(a_xb_y-a_yb_x)\vec{k}\end{aligned} \tag{2–31}$$

上式亦可用行列式表示為

$$\vec{a}\times\vec{b}=\begin{vmatrix}\vec{i} & \vec{j} & \vec{k}\\ a_x & a_y & a_z\\ b_x & b_y & b_z\end{vmatrix} \tag{2–32}$$

由本節之結果可以發現，在直角座標系 $Oxyz$ 中，其實 x，y，z 三個方向只要決定其中任意兩個，則第三個方向即可由前兩個方向利用右手定則或向量積的關係加以求得，如圖 2–21 所示，若 x 及 y 方向為已知，則 z 軸的方向即可由右手定則來決定，而 z 軸之單位向量 $\vec{k}$ 則可由 $\vec{i}\times\vec{j}=\vec{k}$ 來求得。因此 x，y，z 三個方向只有兩個方向是獨立的，同理 $\vec{i}$，$\vec{j}$，$\vec{k}$ 三個單位向量間的相互關係亦是如此。

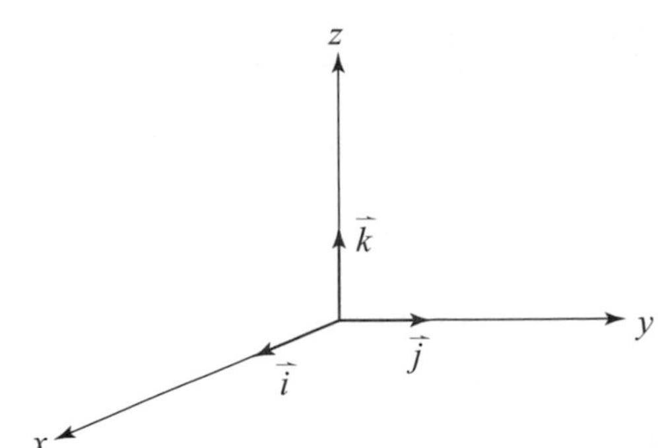

圖 2-21　以右手定則決定直角座標系及其單位向量

例　題 2－14

兩向量 $\vec{a}=3\vec{i}+4\vec{j}-\vec{k}$，$\vec{b}=2\vec{i}-\vec{j}+3\vec{k}$，試求其向量積 $\vec{a}\times\vec{b}$?

解　由 (2–32) 式

$$\vec{a}\times\vec{b}=\begin{vmatrix}\vec{i} & \vec{j} & \vec{k}\\ 3 & 4 & -1\\ 2 & -1 & 3\end{vmatrix}=11\vec{i}-11\vec{j}-11\vec{k}$$

例　題 2－15

續例題 2–13，試求三角形 ABC 之面積?

解　由圖 2–22 可知，三角形 ABC 之面積為向量積 $\overrightarrow{AB}\times\overrightarrow{AC}$ 大小的一半，即

$$\triangle ABC=\frac{1}{2}\left|\overrightarrow{AB}\times\overrightarrow{AC}\right|=\frac{1}{2}\times\left\|\begin{matrix}\vec{i} & \vec{j} & \vec{k}\\ -7 & -8 & 5\\ -8 & 1 & 7\end{matrix}\right\|$$

$$=\frac{1}{2}\left|-61\vec{i}+9\vec{j}-71\vec{k}\right|$$

$$=47.02$$

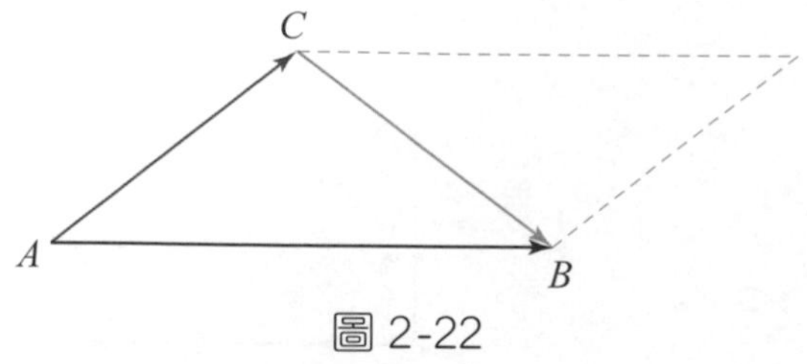

圖 2-22

例 題 2－16

邊長分別為 a，b，c 的三角形，若其對角分別為 α，β，γ，試證正弦定律或 $\dfrac{a}{\sin\alpha}=\dfrac{b}{\sin\beta}=\dfrac{c}{\sin\gamma}$

證 如圖 2–23，若 $\vec{a}$，$\vec{b}$ 向量分別沿 a，b 之兩邊，則 $\vec{a}-\vec{b}$ 為沿邊長 c 之向量 $\vec{c}$。則

$$\vec{c}\times\vec{c}=\vec{c}\times(\vec{a}-\vec{b})$$

$$=\vec{c}\times\vec{a}-\vec{c}\times\vec{b}=0$$

得 $ac\sin\beta=bc\sin(\pi-\alpha)=bc\sin\alpha$

故 $\dfrac{a}{\sin\alpha}=\dfrac{b}{\sin\beta}$，同理可證 $\dfrac{a}{\sin\alpha}=\dfrac{b}{\sin\beta}=\dfrac{c}{\sin\gamma}$

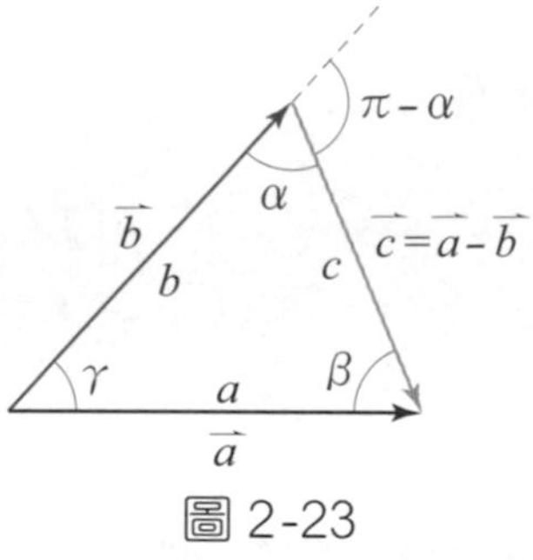

圖 2-23

2–8 三向量之乘積

三個向量之間的乘積按照其結果可以分成三重純量積 (Triple scalar product) 以及三重向量積 (Triple vector product) 兩種，以下分別加以討論。

1. 三重純量積

假設三個任意向量 $\vec{a}$，$\vec{b}$ 及 $\vec{c}$，則其三重純量積定義為 $\vec{a}\cdot(\vec{b}\times\vec{c})$。其中括號內的結果為向量，此向量與 $\vec{a}$ 作內積後所得之結果為純量。三重純量積可以由圖 2–24 加以說明，圖 2–24 (a)中的 $\vec{a}$，$\vec{b}$，$\vec{c}$ 三向量，其中 $\vec{b}$ 與 $\vec{c}$ 的外

積為 $\vec{b}\times\vec{c}$ 的大小（即底面積的部份）及方向如圖 2–24 (b)所示，而 $\vec{a}$ 與 $\vec{b}\times\vec{c}$ 的純量積可視為平行四邊形的底面積乘上 $\vec{a}$ 在 $\vec{b}\times\vec{c}$ 方向上的投影量，也就是高，其結果為以 $\vec{a}$，$\vec{b}$，$\vec{c}$ 為邊長的平行六面體體積，如圖 2–24 (c)。

若利用向量之直角座標表示法配合 (2–23) 式及 (2–31) 式，則三重純量積可表示為

$$\vec{a}\bullet(\vec{b}\times\vec{c})=(a_x\vec{i}+a_y\vec{j}+a_z\vec{k})\bullet[(b_yc_z-b_zc_y)\vec{i}+(b_zc_x-b_xc_z)\vec{j}+(b_xc_y-b_yc_x)\vec{k}]$$
$$=a_xb_yc_z+a_yb_zc_x+a_zb_xc_y-a_zb_yc_x-a_xb_zc_y-a_yb_xc_z \qquad (2–33)$$

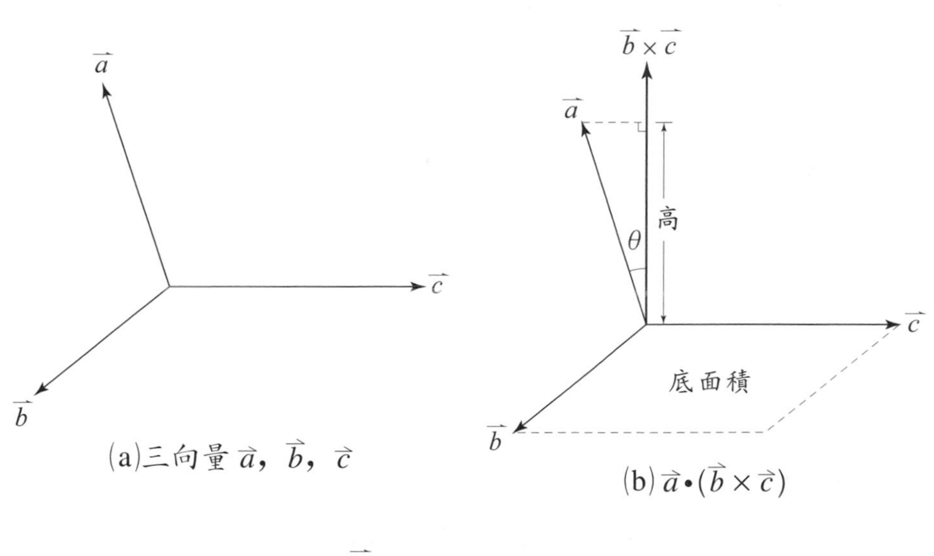

(a)三向量 $\vec{a}$，$\vec{b}$，$\vec{c}$

(b) $\vec{a}\bullet(\vec{b}\times\vec{c})$

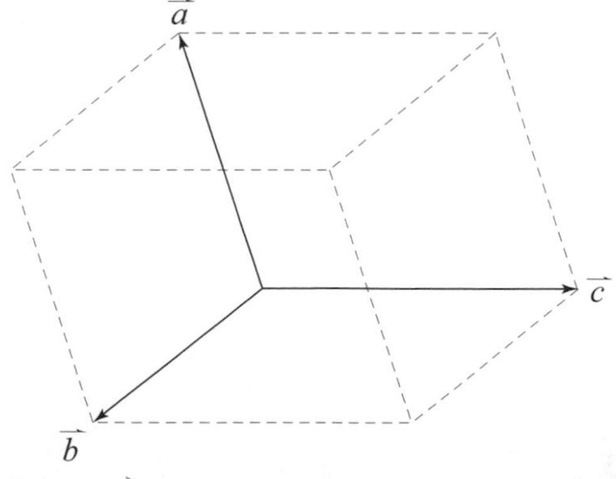

(c) $\vec{a}\bullet(\vec{b}\times\vec{c})$ 所代表之平行六面體體積

圖 2-24　三重純量積 $\vec{a}\bullet(\vec{b}\times\vec{c})$

若將 (2–32) 式中行列式的第一行 $\vec{i}$, $\vec{j}$, $\vec{k}$ 以 a_x, a_y, a_z 取代，則 (2–33) 式亦可以用行列式表示為

$$\vec{a}\cdot(\vec{b}\times\vec{c}) = \begin{vmatrix} a_x & a_y & a_z \\ b_x & b_y & b_z \\ c_x & c_y & c_z \end{vmatrix} \tag{2–34}$$

參考圖 2–24 (c)之平行六面體，其體積除了以 $\vec{b}\times\vec{c}$ 為底面外，亦可以由 $\vec{a}\times\vec{b}$或 $\vec{c}\times\vec{a}$ 為底面，故

$$\vec{a}\cdot(\vec{b}\times\vec{c}) = \vec{c}\cdot(\vec{a}\times\vec{b}) = \vec{b}\cdot(\vec{c}\times\vec{a}) \tag{2–35}$$

注意 (2–35) 式中括號內的兩向量若順序對調則其結果會有正負號的差異。

2. 三重向量積

$\vec{a}$，$\vec{b}$，$\vec{c}$ 三向量之間若都以向量積的運算符號 “×” 相連，則形成三重向量積 $\vec{a}\times\vec{b}\times\vec{c}$，不過這樣的表示方式將會造成誤解，因為無法判定究竟是先運算 $\vec{a}\times\vec{b}$ 或是先運算 $\vec{b}\times\vec{c}$，因此三重向量積加上括號是必要的，也就是說，$\vec{a}$，$\vec{b}$，$\vec{c}$ 三向量的三重向量積可以表示為 $(\vec{a}\times\vec{b})\times\vec{c}$ 或 $\vec{a}\times(\vec{b}\times\vec{c})$，而且

$$(\vec{a}\times\vec{b})\times\vec{c} = (\vec{c}\cdot\vec{a})\vec{b} - (\vec{c}\cdot\vec{b})\vec{a} \tag{2–36}$$

$$\vec{a}\times(\vec{b}\times\vec{c}) = (\vec{a}\cdot\vec{c})\vec{b} - (\vec{a}\cdot\vec{b})\vec{c} \tag{2–37}$$

注意上兩式中等號右側的各項，其括號中的純量積先運算後所得之純量即是括號外向量的倍數。

例 題 2 – 17

試求以 $\vec{a} = -\vec{i} - 2\vec{j} + \vec{k}$，$\vec{b} = 3\vec{i} - \vec{j} + 2\vec{k}$，$\vec{c} = 2\vec{i} + 3\vec{j} - \vec{k}$，三個向量為三邊所形成之平行六面體的體積為何?

解 由 (2–34) 式，平行六面體之體積 V 為

$$V=\begin{vmatrix}-1 & -2 & 1\\ 3 & -1 & 2\\ 2 & 3 & -1\end{vmatrix}=2$$

習題

1. 一向量 $\vec{r}=6\vec{i}-2\vec{j}+9\vec{k}$，試求：(a) $\vec{r}$ 之大小為何？ (b) $\vec{r}$ 與 x，y，z 軸之夾角為何？
2. 兩點 $A(3,-4,-1)$，$B(-1,8,2)$，試求：(a) AB 間距離為何？ (b)沿 AB 方向之單位向量為何？
3. 一向量 $\vec{r}$ 與 y 軸之夾角為 120 度，與 z 軸之夾角為 60 度，試求：(a) $\vec{r}$ 與 x 軸之夾角為何？ (b)沿 $\vec{r}$ 方向之單位向量為何？
4. 一向量 $\vec{r}$ 之長度為 10，且沿 $\vec{r}$ 之單位向量 $\vec{\lambda}$ 為 $\vec{\lambda}=0.4\vec{i}+\lambda_y\vec{j}-0.8\vec{k}$，試求 $\vec{r}$？
5. 一向量 $\vec{r}$ 與 x 軸之夾角為 120°，與 y 軸夾角 45°，此向量長度為 100，試求此向量 $\vec{r}$？
6. 如圖 2–25，兩向量 $\vec{a}$ 及 $\vec{b}$ 之長度分別為 10 及 8，試求：(a) $\vec{a}+\vec{b}=$？ (b) $\vec{a}-\vec{b}=$？
7. 兩向量 $\vec{a}$ 及 $\vec{b}$，若 $\vec{a}+\vec{b}=5\vec{i}-3\vec{j}+\vec{k}$，$\vec{a}-\vec{b}=\vec{i}-\vec{j}+3\vec{k}$，試求 $\vec{a}$ 與 $\vec{b}$？
8. 如圖 2–26，試求純量積 $\vec{a}\cdot\vec{b}=$？

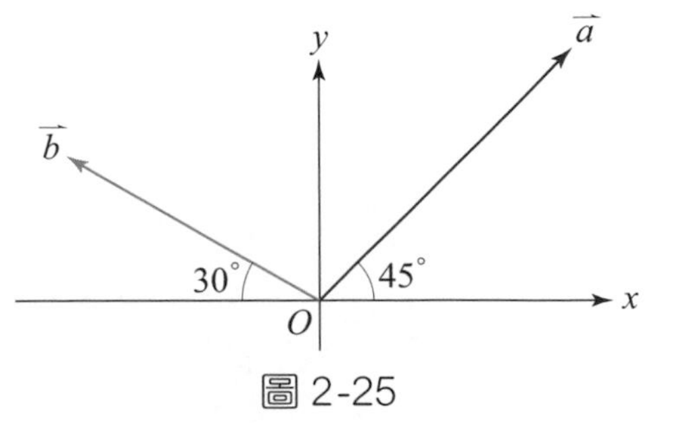

圖 2-25

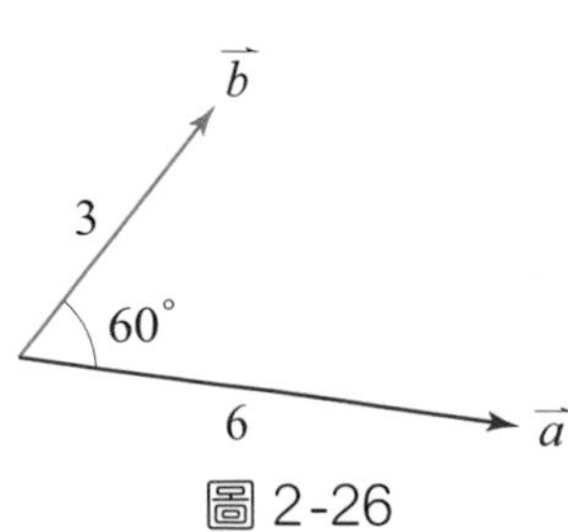

圖 2-26

9. 兩向量 $\vec{a}$ 及 $\vec{b}$ 之長度分別為 3 及 2，若純量積 $\vec{a}\cdot\vec{b}=4$，試求 $\vec{a}$ 及 $\vec{b}$ 之夾角 θ 為何？

10. 兩向量 $\vec{a}$ 及 $\vec{b}$ 分別為 $\vec{a}=(4,-1,-8)$ 及 $\vec{b}=(4,0,-3)$，試求：(a) $\vec{a}\cdot\vec{b}=$？ (b) $\vec{a}$ 與 $\vec{b}$ 之夾角 θ 為何？

11. 續第 10 題，試求：(a) $\vec{a}$ 在 $\vec{b}$ 方向之分量為何？ (b)以向量方式表達(a)之結果？

12. 三點 A，B，C 之座標分別為 $A(1,0,-1)$，$B(3,-2,4)$，$C(-3,1,3)$，試求 C 到 $\overline{AB}$ 之最短距離為何？

13. 續第 12 題，試求三角形 ABC 之面積為何？

14. 試求以 $\vec{a}=(-1,-1,2)$，$\vec{b}=(3,1,-3)$，$\vec{c}=(0,2,0)$ 三向量為三邊之平行六面體體積？

15. 已知三向量 $\vec{a}=3\vec{i}+5\vec{j}-7\vec{k}$，$\vec{b}=8\vec{i}-4\vec{j}+2\vec{k}$，$\vec{c}=5\vec{i}-11\vec{j}-2\vec{k}$，試求：
(a) $\vec{a}\cdot\vec{b}$ (b) $\vec{b}\times\vec{c}$ (c) $\vec{a}\cdot(\vec{b}\times\vec{c})$ (d) $\vec{a}\times(\vec{b}\times\vec{c})$

16. 已知 $\vec{a}=\vec{i}-2\vec{j}-3\vec{k}$，$\vec{b}=-3\vec{i}-3\vec{j}+\vec{k}$，試證 $\vec{a}$ 與 $\vec{b}$ 互相垂直。

17. 如圖 2–27，試求：(a) $\overrightarrow{AG}$ (b) $\overrightarrow{BD}$ (c) $\overrightarrow{AC}$ 沿 $\overrightarrow{AG}$ 方向之分量？ (d) F 到 $\overline{BD}$ 之最短距離？

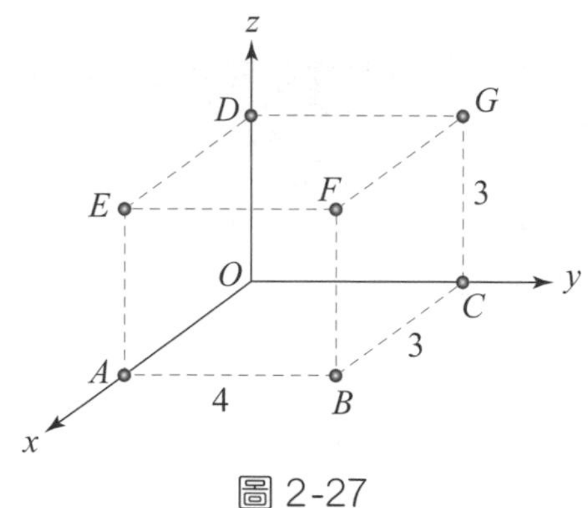

圖 2-27

第三章
力

3–1　力的特性

力簡單的說是一物體對於另一物體的作用。此種作用的效果基本上可分為兩種，一種是使物體的運動狀態改變，產生加速度，此種效果稱為力的運動效果或力的外效應 (external effects)；另一種是使物體的形狀改變，產生形狀或尺寸的改變，此種效果稱為力的變形效果或力的內效應 (internal effects)。

在應用力學的範疇裡，所討論的僅有質點與剛體，前者不具形狀及大小，故沒有變形效果的問題，而後者的基本假設為在外力作用下沒有變形或變形太微小而可以忽略，因此在應用力學中是不討論變形效果的，僅討論運動效果。

力是一種向量，其所產生的效果由力本身的大小、方向及作用點來決定，因此力基本上是一種固定向量 (fixed vector)，更改上述三要素中的任何一個將會導致力效應的改變。

力可以分為接觸力或超距力兩種，前者必須由實際的接觸來產生力的效應，例如物體受到其支撐面作用的正向力；而後者則是在一個力場中的某個位置所受到的作用力，並不需要實際的接觸，例如我們每個人在地球重力場內所受到的重力即是一種超距力。

力也可以分為集中力或分佈力兩種，集中力作用於某特定的位置，而分佈力係作用於一有限的範圍之內。在實際的情況中，絕大部份的集中力其實都是作用於一有限的範圍之內，所以在某種程度上皆可算是分佈力，但是若分佈的區域大小相較於物體其他部份的尺寸是極微小的話，則在誤差可忽略的情況下可視其為作用於某一點的集中力。

力的單位如同 §1–4 節所述，在 SI 單位制中是以牛頓 (N) 為單位，而在 U.S. 單位制中是以磅 (ℓb) 為單位。

3–2 內力與外力

內力 (internal force) 與外力 (external force) 依其字面上的意義是存在於系統內部及來自於系統外部的力。利用這樣的定義往往使得一般的初學者忽略了真正關鍵的物理意義，甚至於導致錯誤的分析結果。

當吾人討論內力與外力時，真正關鍵的重點在於欲分析系統的邊界 (boundary) 範圍。例如圖 3–1 所示，桁架 ABC 受到一外力 $\vec{F}$ 作用於 A 如圖

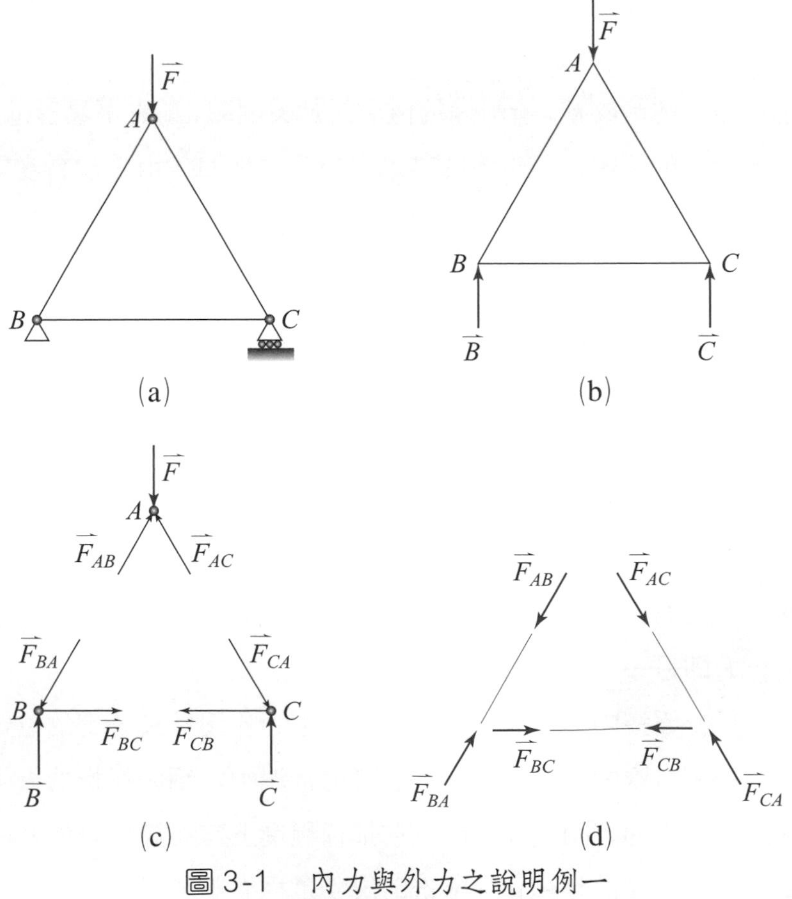

圖 3-1　內力與外力之說明例一

3–1 (a)，假設欲求出支撐處 B 及 C 的反作用力，則必須將整個桁架當作分析的對象，則 $\vec{B}$ 及 $\vec{C}$ 為外力，而各桿件之間的力量為內力如圖 3–1 (b)。若欲求出各桿之受力，可以將各接頭作為分析的對象如圖 3–1 (c)，此時對每一個接頭而言，各桿之力量不再是內力，而為外力。而若以每一桿為分析對象，則各接頭施於桿之外力如圖 3–1 (d)所示。

若以圖 3–2 (a)中的系統來看，當以虛線所圍之範圍為系統之邊界時，如圖 3–2 (b)所示，則 A 所受到之重力 $m_A\vec{g}$ 為系統外力，而 AB 間的繩之張力為內力。若欲求出繩之張力 $\vec{T}$，則將 A 考慮為系統邊界之範圍如圖 3–2 (c)，則 $m_A\vec{g}$ 與 $\vec{T}$ 均為外力。相同之情況亦可適用於圖 3–2 (d)。

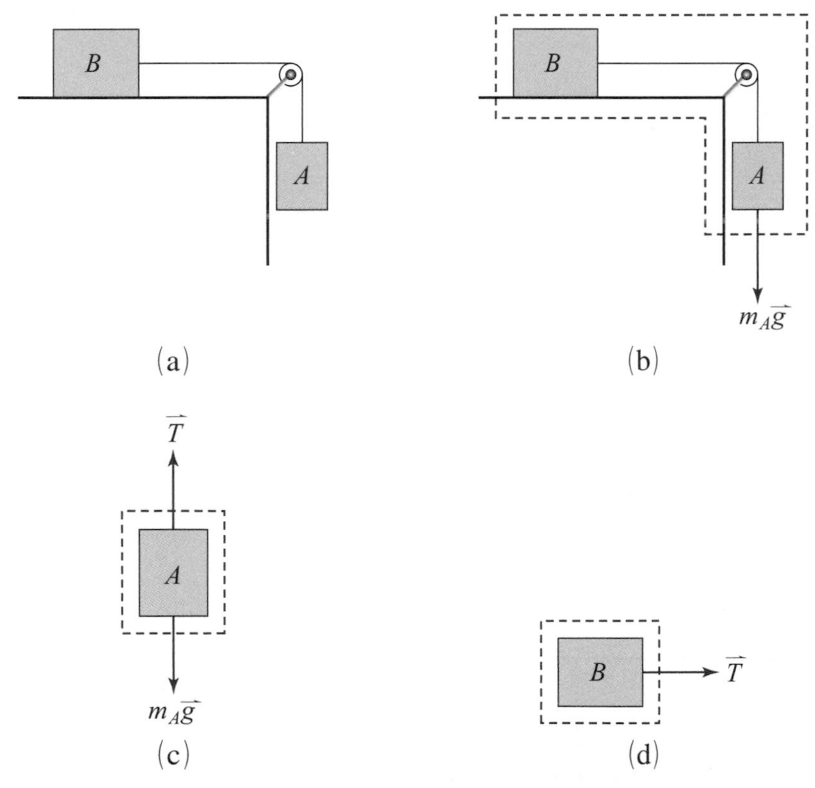

圖 3-2　內力與外力之說明例二

由上述之兩例可知，內力與外力之區別端視系統之範圍而定，而對內力而言，通常是成對出現的，且大小相等、方向相反。

3–3 力之合成與分解

1. 力之合成

力的合成基本上可依照向量合成的方式，如 §2–5 節中所述，若以共點之兩力 $\vec{F_1}$ 及 $\vec{F_2}$ 如圖 3–3 (a)所示為例，則合力 $\vec{R}$ 之大小可由餘弦定律（例題 2–10）求得如下：

$$R = \sqrt{F_1^2 + F_2^2 + 2F_1F_2\cos\theta} \tag{3–1}$$

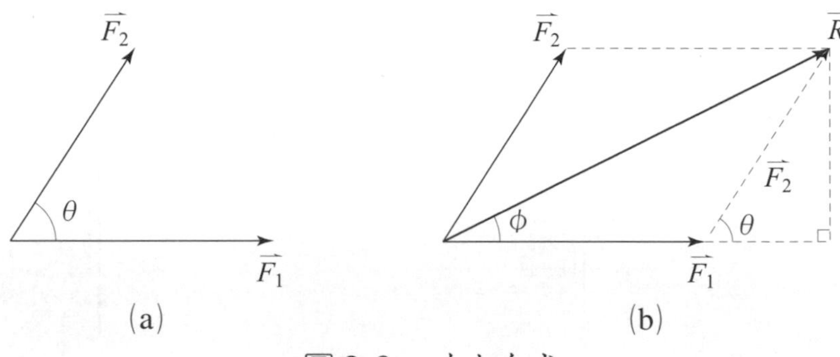

圖 3-3　力之合成

式中的 θ 為 $\vec{F_1}$ 與 $\vec{F_2}$ 的夾角。而 $\vec{R}$ 與 $\vec{F_1}$ 間的夾角 ϕ 則可由圖 3–3 (b)所示表示如下：

$$\phi = \tan^{-1}\left(\frac{F_2\sin\theta}{F_1 + F_2\cos\theta}\right) \tag{3–2}$$

夾角 ϕ 亦可直接由正弦定律（例題 2–16）求得如下：

$$\frac{F_2}{\sin\phi} = \frac{R}{\sin(\pi-\theta)} = \frac{R}{\sin\theta} \tag{3–3}$$

則

$$\phi = \sin^{-1}\left(\frac{F_2}{R}\sin\theta\right) \tag{3–4}$$

若以直角座標分量表示，則可將 $\vec{F_1}$ 及 $\vec{F_2}$ 表示為

$$\vec{F_1} = F_{1x}\vec{i} + F_{1y}\vec{j} + F_{1z}\vec{k}$$
$$\vec{F_2} = F_{2x}\vec{i} + F_{2y}\vec{j} + F_{2z}\vec{k} \tag{3–5}$$

則合力 $\vec{R}$ 為

$$\vec{R} = (F_{1x} + F_{2x})\vec{i} + (F_{1y} + F_{2y})\vec{j} + (F_{1z} + F_{2z})\vec{k} \tag{3–6}$$

利用 (3–6) 式的結果可得 $\vec{F_1}, \vec{F_2}, \cdots, \vec{F_n}$ 之合力 $\vec{R}$ 為

$$\boxed{\begin{aligned}\vec{R} &= (F_{1x} + F_{2x} + \cdots + F_{nx})\vec{i} + (F_{1y} + F_{2y} + \cdots + F_{ny})\vec{j} \\ &\quad + (F_{1z} + F_{2z} + \cdots + F_{nz})\vec{k} \\ &= \Sigma F_{nx}\vec{i} + \Sigma F_{ny}\vec{j} + \Sigma F_{nz}\vec{k}\end{aligned}} \tag{3–7}$$

則合力 $\vec{R}$ 之大小為

$$R = \sqrt{(\Sigma F_{nx})^2 + (\Sigma F_{ny})^2 + (\Sigma F_{nz})^2} \tag{3–8}$$

而與 x, y, z 軸之間的夾角 α, β, γ 為

$$\alpha = \cos^{-1}\frac{\Sigma F_{nx}}{R}$$
$$\beta = \cos^{-1}\frac{\Sigma F_{ny}}{R} \tag{3–9}$$
$$\gamma = \cos^{-1}\frac{\Sigma F_{nz}}{R}$$

2. 力之分解

力的分解係將一個力分解為數個分力，在數學上這樣的方式有無限多種可能，而在實際的應用上，大致可以分為以下兩種常見的分解方式，在此僅以平面的情況為例加以說明。

(1)已知分力的方向，欲求分力的大小

如圖 3–4，欲將 $\vec{F}$ 之力分解為沿 1 及 2 兩個方向之力，則由平行四邊形及正弦定理，分力之大小 F_1 及 F_2 為

$$\frac{F}{\sin(\pi-\theta)}=\frac{F_1}{\sin(\theta-\theta_1)}=\frac{F_2}{\sin\theta_1} \tag{3–10}$$

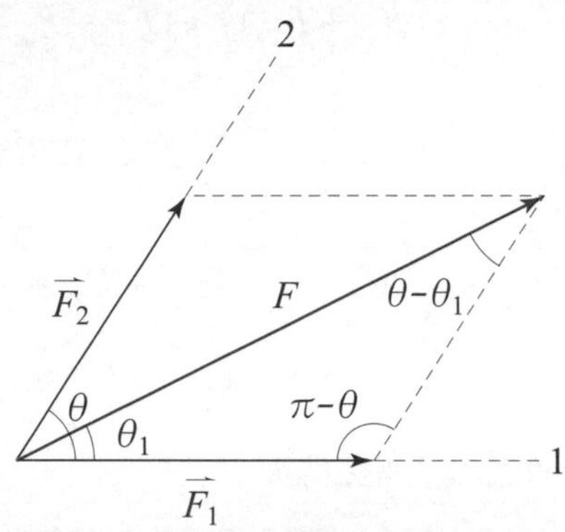

圖 3-4　力沿兩已知方向分解

故

$$F_1=F\frac{\sin(\theta-\theta_1)}{\sin\theta}$$
$$F_2=F\frac{\sin\theta_1}{\sin\theta} \tag{3–11}$$

若以 $\theta=90°$ 代入上式，則

$$\boxed{\begin{aligned}F_1&=F\cos\theta_1\\F_2&=F\sin\theta_1\end{aligned}} \tag{3–12}$$

此種情況為將力沿直角座標系之軸的方向加以分解。

(2)已知一分力之大小及方向，欲求另一分力

若已知一分力 $\vec{F_1}$ 之大小及方向如圖 3–5 所示，則另一分力 $\vec{F_2}$ 之大小可由餘弦定理求得。即

$$F_2 = \sqrt{F^2 + F_1^2 - 2FF_1\cos\theta} \tag{3–13}$$

而角度 ϕ 則可由正弦定理求得，即

$$\phi = \sin^{-1}\frac{F_1\sin\theta}{F_2} \tag{3–14}$$

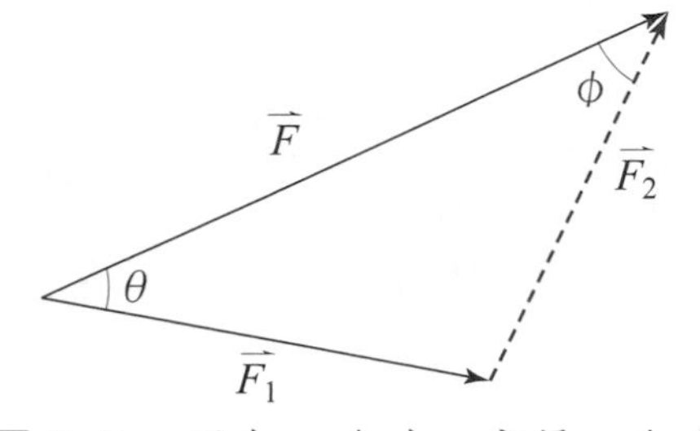

圖 3-5　已知一分力，求另一分力

例　題 3－1

如圖 3–6 所示，兩力 1500 N 及 2000 N 作用於支架上，試求合力 $\vec{R}$?

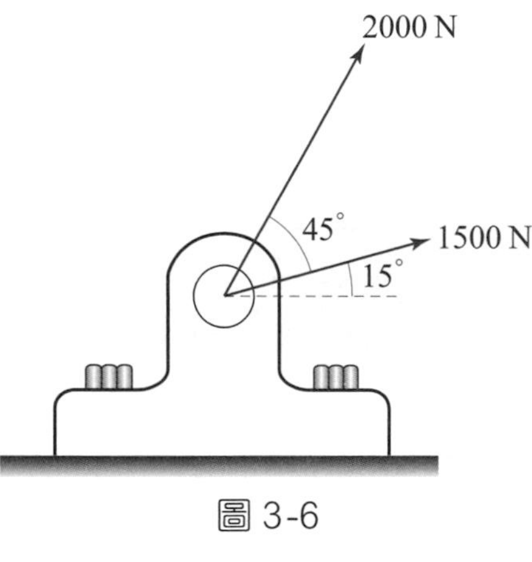

圖 3-6

解　x 及 y 方向之合力分別為

$$\Sigma F_x = 1500\cos15° + 2000\cos60° = 2448.89\ \text{N}$$

$$\Sigma F_y = 1500\sin15° + 2000\sin60° = 2120.28\ \text{N}$$

故合力 $R = \sqrt{(\Sigma F_x)^2 + (\Sigma F_y)^2} = 3239.24\ \text{N}$

方向 $\theta = \tan^{-1}\dfrac{\Sigma F_y}{\Sigma F_x} = 40.89°$

故合力 $\vec{R} = 3239.24\ \text{N} \angle 40.89°$

例 題 3-2

如圖 3–7，一力 2.5 kN 作用於支架上，試求此力在水平及垂直方向上的分量大小?

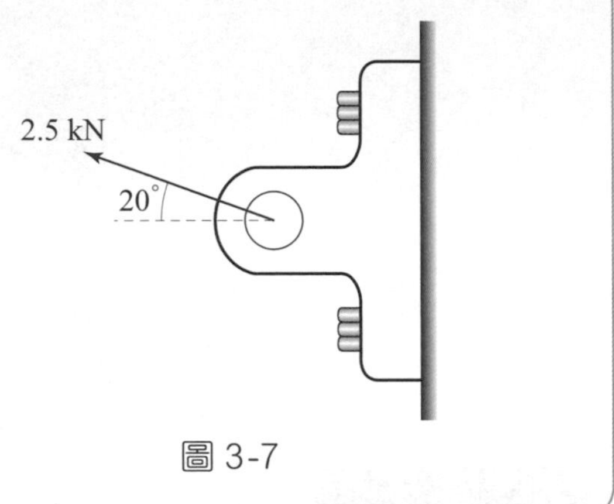

圖 3-7

解 $F_x = -2.5\cos 20° = -2.35\ \text{kN}$

$F_y = 2.5\sin 20° = 0.855\ \text{kN}$

故水平方向之分量在負 x 方向，大小為 2.35 kN

垂直方向之分量在正 y 方向，大小為 0.855 kN

例 題 3-3

如圖 3–8，一力 $\vec{F}$ 大小為 100 N，欲將此力沿 a–a 及 b–b 方向加以分解，且已知角度 $\theta = 30°$，試求分量大小?

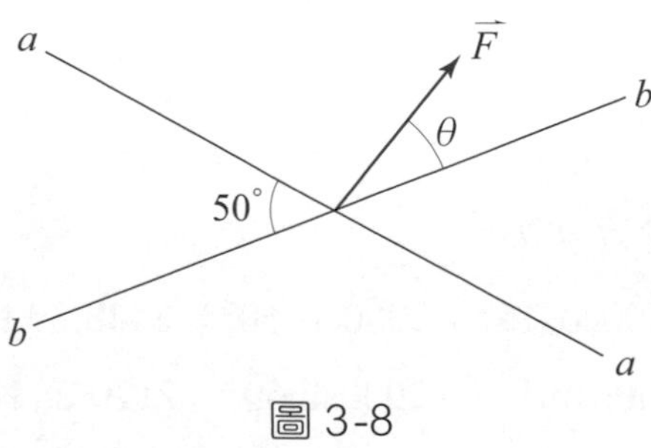

圖 3-8

解

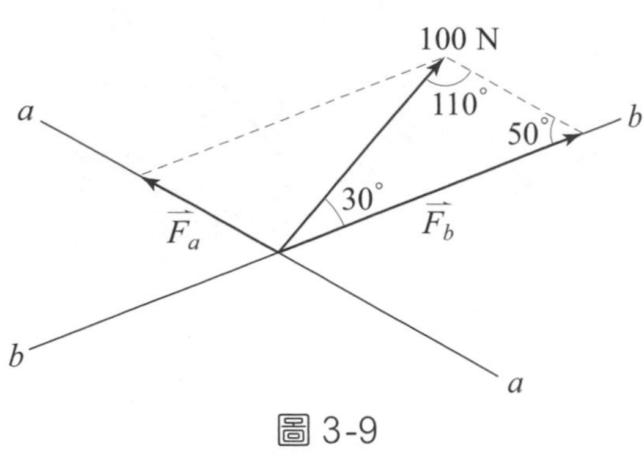

圖 3-9

如圖 3–9，假設 $\overrightarrow{F_a}$ 及 $\overrightarrow{F_b}$ 為沿 a 及 b 方向之分量，則由正弦定理：

$$\frac{100}{\sin 50^\circ} = \frac{F_a}{\sin 30^\circ} = \frac{F_b}{\sin 110^\circ}$$

則 $F_a = \dfrac{100\sin 30^\circ}{\sin 50^\circ} = 65.27\ \text{N}$

$F_b = \dfrac{100\sin 110^\circ}{\sin 50^\circ} = 122.67\ \text{N}$

例題 3–4

如圖 3–10，大小為 800 N 之力 $\vec{F}$ 欲沿 a–a 及 b–b 方向加以分解，已知沿 b–b 方向之分力大小為 120 N，試求：(a)角度 θ? (b)沿 a–a 方向之分力大小?

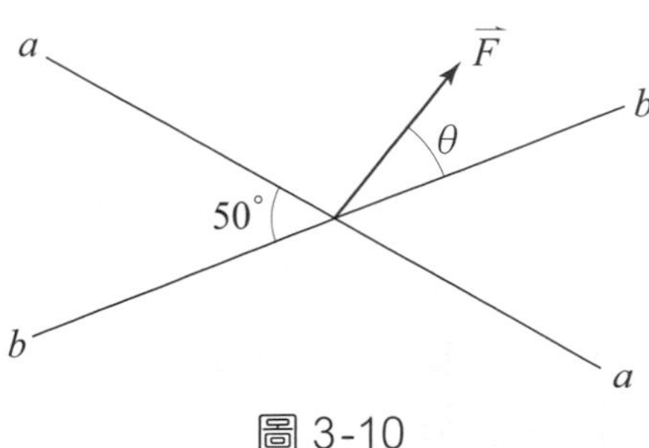

圖 3-10

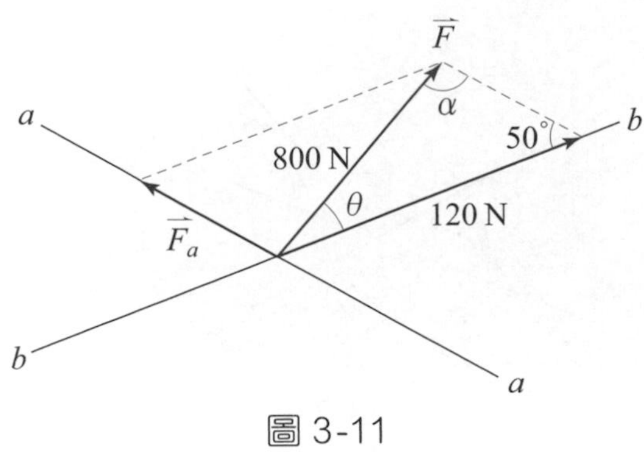

圖 3-11

(a)由圖 3–11 及 (3–14) 式

$$\alpha = \sin^{-1}\frac{120\sin 50^\circ}{800} = 6.598^\circ$$

故 $\theta = 180^\circ - 50^\circ - 6.598^\circ = 123.40^\circ$

(b)沿 a–a 方向之分力大小 F_a 為

$$F_a = \frac{800\sin 123.40^\circ}{\sin 50^\circ} = 871.85\ \text{N}$$

3–4　一力對一點之力矩

在 §3–1 節中曾提及力對物體作用所產生的運動效果，基本上此運動效果可分為兩方面來描述，一為使物體產生沿力的作用線方向移動的傾向；另一為使物體產生繞某特定點或軸旋轉的傾向，而產生此旋轉傾向的即是力矩。

如圖 3–12 (a)，一力 $\vec{F}$ 作用於物體之 A 點並使此物體繞著通過 O 點之軸旋轉，則此物體旋轉之方向，亦即是力矩 $\overrightarrow{M_O}$ 之方向，可由 §2–7 節中的右手定則加以判定，如圖 3–12 (b)。其中右手手掌朝著 $\vec{r} = \overrightarrow{OA}$ 方向，接著轉向 $\vec{F}$ 之方向，則大拇指的方向即是力矩 $\overrightarrow{M_O}$ 之方向。而力矩 $\overrightarrow{M_O}$ 之大小則可由 O 至 $\vec{F}$ 作用線的垂直距離 d 來決定，由圖 3–12 (c)可知力矩 $\overrightarrow{M_O}$ 之大小為

$$M_O = F\cdot d \tag{3–15}$$

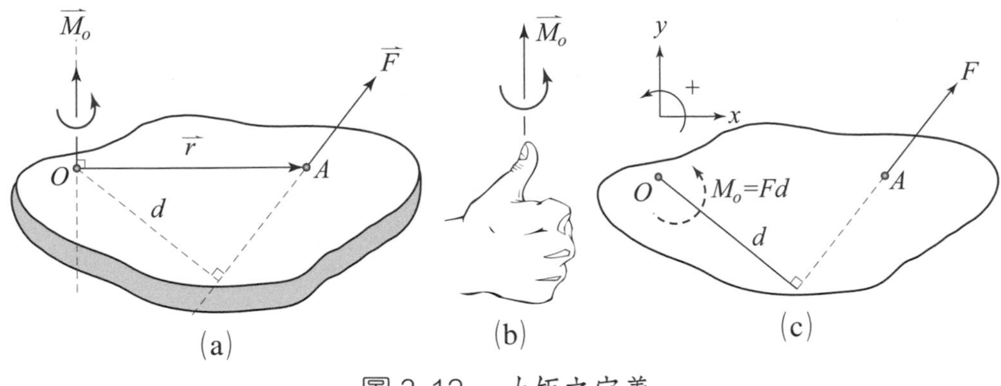

圖 3-12 力矩之定義

注意力矩方向的正負仍須依照向量的方式來判定，圖 3–12 (b)中大拇指的方向若朝向座標軸的正向，則為正，反之則為負。依此原則，在符合右手定則的座標系中，逆時針方向的力矩為正，而順時針方向的力矩為負，如圖 3–12 (c)中所示。力矩的單位在 SI 單位制中為牛頓．米 (N·m)，在 U.S. 單位制中為磅．呎 (ℓb·ft)。

力矩之向量積表示法

雖然圖 3–12 已將力矩之大小及方向加以說明，但在實際的應用當中，利用向量積之方式來計算力矩應較為可行，其原因在於 (3–15) 式中的垂直距離 d 並非在每種情況中都可以很容易的計算出來，特別是在三度空間的情況當中。

假設 A 為力 $\vec{F}$ 作用線上的任意一點，其在座標系中的位置向量為 $\vec{r}$，即 $\vec{r}=\overrightarrow{OA}$，則 $\vec{F}$ 對 O 之力矩 $\overrightarrow{M_O}$ 為

$$\boxed{\overrightarrow{M_O}=\vec{r}\times\vec{F}} \tag{3–16}$$

利用 (3–16) 式計算力矩可以省去求最短距離的步驟，其中位置向量 $\vec{r}$ 的取法依 A 之不同，可以有無限多種可能，但是由向量積所得之結果為唯一。注意圖 3–13 中 A 點必須在 $\vec{F}$ 之作用線上。

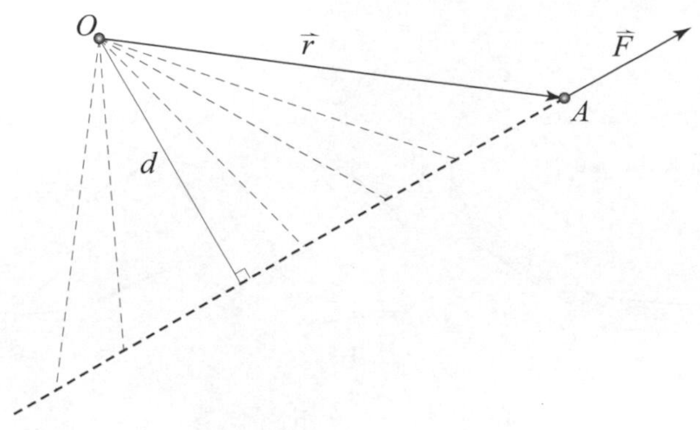

圖 3-13　位置向量 $\vec{r}$ 之取法有無限種可能

(3–16) 式亦可由行列式來加以表示以便於計算，由 $\vec{r}=x\vec{i}+y\vec{j}+z\vec{k}$，且 $\vec{F}=F_x\vec{i}+F_y\vec{j}+F_z\vec{k}$，則力矩 $\overrightarrow{M_O}$ 為

$$\overrightarrow{M_O}=\begin{vmatrix} \vec{i} & \vec{j} & \vec{k} \\ x & y & z \\ F_x & F_y & F_z \end{vmatrix} \tag{3–17}$$

例題 3－5

一力 600 N 作用於圖 3–14 中的 A 點上，試求：(a)此力相對於 O 點之力矩 $\overrightarrow{M_O}$？　(b)相對於 B 點之力矩 M_B？

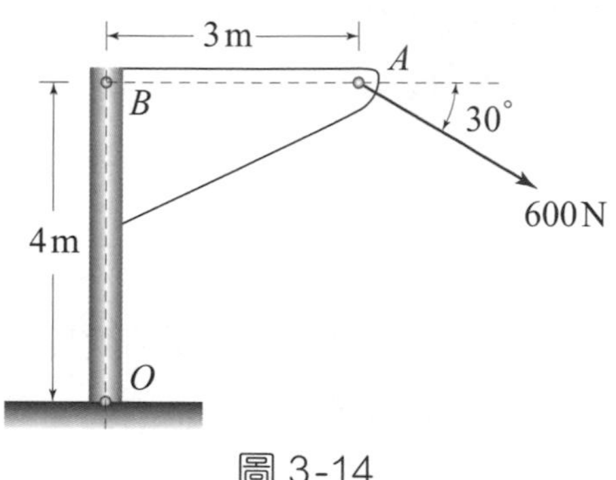

圖 3-14

解 此力 $\vec{F}$ 可表示為 $\vec{F}=519.62\vec{i}-300\vec{j}$ N

(a)由 (3–17) 式；

其中 $\vec{r}=\overrightarrow{OA}=3\vec{i}+4\vec{j}$ m, $\vec{F}=600\cos30°\vec{i}-600\sin30°\vec{j}$ N，則

$$\overrightarrow{M_O}=\begin{vmatrix}\vec{i} & \vec{j} & \vec{k}\\ 3 & 4 & 0\\ 519.62 & -300 & 0\end{vmatrix}=-2978.48\vec{k}\ \text{N}\cdot\text{m}$$

故此力對 O 之力矩為順時針方向 2978.48 牛頓・米

(b)　$\vec{r}=\overrightarrow{BA}=3\vec{i}$ m

$$\overrightarrow{M_B}=(3\vec{i})\times(519.62\vec{i}-300\vec{j})=-900\vec{k}\ \text{N}\cdot\text{m}$$

故此力對 B 之力矩為順時針方向 900 牛頓・米

例題 3-6

如圖 3–15 所示，一力 $\vec{F}$ 大小為 100 N，且其作用線通過對角線之 A 及 G 兩點，試求：(a) $\vec{F}$ 對 O 之力矩 $\overrightarrow{M_O}$?　(b) $\vec{F}$ 對 B 之力矩 $\overrightarrow{M_B}$?　(c) $\vec{F}$ 對 D 之力矩 $\overrightarrow{M_D}$?

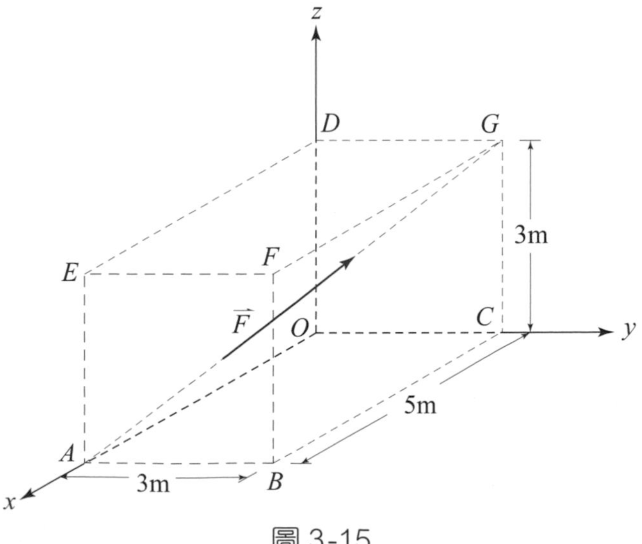

圖 3-15

解 $\overrightarrow{AG} = -5\vec{i} + 3\vec{j} + 3\vec{k}$ m

單位向量 $\overrightarrow{\lambda_{AG}} = \dfrac{1}{\sqrt{43}}(-5\vec{i} + 3\vec{j} + 3\vec{k})$

則 $\vec{F} = 100\overrightarrow{\lambda_{AG}} = \dfrac{100}{\sqrt{43}}(-5\vec{i} + 3\vec{j} + 3\vec{k})$ N

(a) $\vec{r} = \overrightarrow{OA} = 5\vec{i}$ m

$$\overrightarrow{M_O} = \vec{r} \times \vec{F} = 5\vec{i} \times \frac{100}{\sqrt{43}}(-5\vec{i} + 3\vec{j} + 3\vec{k}) \text{ N}\cdot\text{m}$$

$$= \frac{1500}{\sqrt{43}}(-\vec{j} + \vec{k}) \text{ N}\cdot\text{m}$$

另解 $\vec{r} = \overrightarrow{OG} = 3\vec{j} + 3\vec{k}$ m

$$\overrightarrow{M_O} = \vec{r} \times \vec{F} = \frac{100}{\sqrt{43}}\begin{vmatrix} \vec{i} & \vec{j} & \vec{k} \\ 0 & 3 & 3 \\ -5 & 3 & 3 \end{vmatrix} = \frac{1500}{\sqrt{43}}(-\vec{j} + \vec{k}) \text{ N}\cdot\text{m}$$

(b) $\vec{r} = \overrightarrow{BA} = -3\vec{j}$ m

$$\overrightarrow{M_B} = \vec{r} \times \vec{F} = (-3\vec{j}) \times \frac{100}{\sqrt{43}}(-5\vec{i} + 3\vec{j} + 3\vec{k})$$

$$= \frac{100}{\sqrt{43}}(-9\vec{i} - 15\vec{k}) \text{ N}\cdot\text{m}$$

另解 $\vec{r} = \overrightarrow{BG} = -5\vec{i} + 3\vec{k}$ m

$$\overrightarrow{M_B} = \vec{r} \times \vec{F} = \frac{100}{\sqrt{43}}\begin{vmatrix} \vec{i} & \vec{j} & \vec{k} \\ -5 & 0 & 3 \\ -5 & 3 & 3 \end{vmatrix} = \frac{100}{\sqrt{43}}(-9\vec{i} - 15\vec{k}) \text{ N}\cdot\text{m}$$

(c) $\vec{r} = \overrightarrow{DG} = 3\vec{j}$ m

$$\overrightarrow{M_D} = \vec{r} \times \vec{F} = (3\vec{j}) \times \frac{100}{\sqrt{43}}(-5\vec{i} + 3\vec{j} + 3\vec{k})$$

$$= \frac{100}{\sqrt{43}}(9\vec{i} + 15\vec{k}) \text{ N}\cdot\text{m}$$

另解 $\vec{r}=\overrightarrow{DA}=5\vec{i}-3\vec{k}$ m

$$\overrightarrow{M_D}=\vec{r}\times\vec{F}=\frac{100}{\sqrt{43}}\begin{vmatrix}\vec{i} & \vec{j} & \vec{k}\\ 5 & 0 & -3\\ -5 & 3 & 3\end{vmatrix}=\frac{100}{\sqrt{43}}(9\vec{i}+15\vec{k})\ \text{N}\cdot\text{m}$$

3–5　一力對一軸之力矩

在 §3–4 節中吾人已討論過力對任意點之力矩，而在本節中討論有關力對任意軸的力矩時，§3–4 節中的結果仍將被引用。

圖 3–16 基本上與圖 3–12 (a)相同，僅多出了任意軸 OL，注意 O 點在此任意軸上。假設 $\overrightarrow{\lambda_{OL}}$ 為沿軸 OL 之單位向量，則 $\vec{F}$ 對軸 OL 之力矩 M_{OL} 即是 $\overrightarrow{M_O}$ 在軸 OL 上之投影，依 (2–26) 式則可得

$$M_{OL}=\overrightarrow{M_O}\cdot\overrightarrow{\lambda_{OL}} \tag{3–18}$$

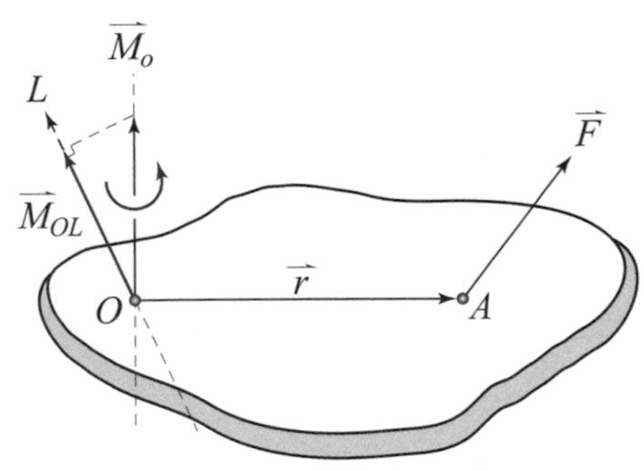

圖 3-16　力對任意軸之力矩

由 $\overrightarrow{M_O}=\vec{r}\times\vec{F}$，故 (3–18) 式可寫為

$$M_{OL}=(\vec{r}\times\vec{F})\cdot\overrightarrow{\lambda_{OL}} \tag{3–19}$$

又由 (2–34) 式可將 M_{OL} 以行列式的方式表示為

$$M_{OL}=\begin{vmatrix}\lambda_x & \lambda_y & \lambda_z\\ x & y & z\\ F_x & F_y & F_z\end{vmatrix} \tag{3–20}$$

其中 $\overrightarrow{\lambda_{OL}}=\lambda_x\vec{i}+\lambda_y\vec{j}+\lambda_z\vec{k}$，$\vec{r}=x\vec{i}+y\vec{j}+z\vec{k}$，$\vec{F}=F_x\vec{i}+F_y\vec{j}+F_z\vec{k}$。

在 §3–4 節中曾提及力矩之求法需在力的作用線上找一點，以該點之位置向量與力進行向量積以求得力矩。而在此節中，除了仍需找出力作用線上的該點外，最重要的關鍵在於必須在任意軸上找出一點作為參考座標系之原點 O。另一個需注意的是依 (3–18) 式可知 M_{OL} 為純量，而依定義，力矩應該是向量，所不同的是 M_{OL} 雖為純量，但仍有正負，而 M_{OL} 的正負即代表力 $\vec{F}$ 對軸 OL 是產生逆時針方向旋轉的效果，或是順時針方向的旋轉效果，因此雖然 M_{OL} 為純量，但仍有方向的意涵在其中。

例 題 3–7

續例題 3–6，試求：(a) $\vec{F}$ 對 $\overrightarrow{OB}$ 之力矩？ (b) $\vec{F}$ 對 $\overrightarrow{DF}$ 之力矩？ (c) $\vec{F}$ 對 $\overrightarrow{EC}$ 之力矩？

解 參考圖 3–15，由例題 3–6 可得，

$$\vec{F}=\frac{100}{\sqrt{43}}(-5\vec{i}+3\vec{j}+3\vec{k})\ \text{N}$$

(a) $$\overrightarrow{\lambda_{OB}}=\frac{1}{\sqrt{34}}(5\vec{i}+3\vec{j})$$

由例題 3–6 知 $\overrightarrow{M_O}=\dfrac{1500}{\sqrt{43}}(-\vec{j}+\vec{k})\ \text{N}\cdot\text{m}$

故 $M_{OB}=\overrightarrow{M_O}\cdot\overrightarrow{\lambda_{OB}}=\dfrac{1500}{\sqrt{34}\cdot\sqrt{43}}(-3)=-117.69\ \text{N}\cdot\text{m}$

另解 由例題 3–6 知 $\overrightarrow{M_B}=\dfrac{100}{\sqrt{43}}(-9\vec{i}-15\vec{k})\ \text{N}\cdot\text{m}$

故 $M_{OB}=\overrightarrow{M_B}\cdot\overrightarrow{\lambda_{OB}}=\dfrac{100}{\sqrt{34}\cdot\sqrt{43}}(-45)=-117.69\ \text{N}\cdot\text{m}$

(b)由例題 3–6 知 $\overrightarrow{M_D}=\dfrac{100}{\sqrt{43}}(9\vec{i}+15\vec{k})$ N·m

$$\overrightarrow{\lambda_{DF}}=\overrightarrow{\lambda_{OB}}=\frac{1}{\sqrt{34}}(5\vec{i}+3\vec{j})$$

故 $M_{DF}=\overrightarrow{M_D}\bullet\overrightarrow{\lambda_{DF}}=\dfrac{100}{\sqrt{34}\cdot\sqrt{43}}(45)=117.69$ N·m

(c) $\overrightarrow{EC}=-5\vec{i}+3\vec{j}-3\vec{k}$

$$\overrightarrow{\lambda_{EC}}=\frac{1}{\sqrt{43}}(-5\vec{i}+3\vec{j}-3\vec{k})$$

$\vec{r}=\overrightarrow{EA}=-3\vec{k}$ m（註：亦可取 $\vec{r}=\overrightarrow{EG}$，答案相同！）

由 (3–20) 式得

$$M_{EC}=\frac{100}{43}\begin{vmatrix}-5 & 3 & -3\\ 0 & 0 & -3\\ -5 & 3 & 3\end{vmatrix}=0$$

力矩為零之原因為兩對角線 $\overline{AG}$，$\overline{EC}$ 相交，最短距離為零。

另解 $\overrightarrow{EC}=-5\vec{i}+3\vec{j}-3\vec{k}$ m

$$\overrightarrow{\lambda_{EC}}=\frac{1}{\sqrt{43}}(-5\vec{i}+3\vec{j}-3\vec{k})$$

$\vec{r}=\overrightarrow{CG}=3\vec{k}$ m（註：亦可取 $\vec{r}=\overrightarrow{CA}$）

由 (3–20) 式得

$$M_{EC}=\frac{100}{43}\begin{vmatrix}-5 & 3 & -3\\ 0 & 0 & 3\\ -5 & 3 & 3\end{vmatrix}=0$$

注意 M_{OB} 為負值表示 $\vec{F}$ 對 $\overline{OB}$ 方向產生順時針方向之力矩，相反地 M_{DF} 為正值表示 $\vec{F}$ 對 $\overline{DF}$ 方向產生逆時針方向之力矩。

例題 3–8

如圖 3–17，一塊平板 $ABCD$ 以鉸鏈 (hinge) 將 AD 邊加以固定，並以繩 BE 加以支撐，已知繩 BE 之張力為 450 N，試求繩 BE 對 AD 方向所產生的力矩為何？

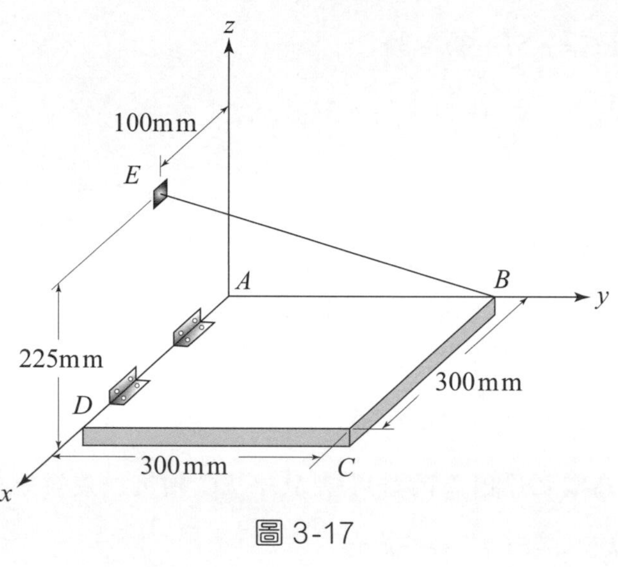

圖 3-17

解 $\overrightarrow{BE} = 100\vec{i} - 300\vec{j} + 225\vec{k}$ 毫米

$\overrightarrow{\lambda_{BE}} = \dfrac{1}{388.1}(100\vec{i} - 300\vec{j} + 225\vec{k})$

故 $\vec{F} = \dfrac{450}{388.1}(100\vec{i} - 300\vec{j} + 225\vec{k})$ 牛頓

又 $\vec{r} = \overrightarrow{AB} = 300\vec{j}$ 毫米

故 $\overrightarrow{M_A} = \vec{r} \times \vec{F} = \dfrac{450}{388.1}(67500\vec{i} - 30000\vec{k})$ 牛頓・毫米

$\overrightarrow{AD}$ 方向之單位向量 $\overrightarrow{\lambda_{AD}} = \vec{i}$

所以 M_{AD} 為

$$M_{AD} = \overrightarrow{M_A} \cdot \overrightarrow{\lambda_{AD}} = \frac{450}{388.1} \times 67500$$

$$= 78265.91 \text{ 牛頓・毫米} = 78.27 \text{ 牛頓・米}$$

注意 M_{AD} 為正值代表張力對平板產生逆時針方向之力矩。

3–6　力矩原理

在計算力對任意點之力矩時，可以利用所謂的瓦瑞隆原理 (Varignon's Theorem)，或稱為力矩原理來加以計算。

所謂力矩原理是指一力對任意點之力矩等於此力的所有分力對該點的力矩總和。假設一力 $\vec{F}$ 可以分解為數個分力如下：

$$\vec{F} = \vec{F_1} + \vec{F_2} + \cdots + \vec{F_n} \tag{3–21}$$

則此力對任一點 O 所產生的力矩 $\vec{M_O}$ 可以表示為

$$\begin{aligned}\vec{M_O} &= \vec{r} \times \vec{F} = \vec{r} \times (\vec{F_1} + \vec{F_2} + \cdots + \vec{F_n}) \\ &= \vec{r} \times (\vec{F_1} + \vec{F_2} + \cdots + \vec{F_n}) \\ &= \sum_{i=1}^{n} (\vec{r} \times \vec{F_i})\end{aligned} \tag{3–22}$$

事實上力矩原理可以由向量外積之分配律，即 (2–29) 式來驗證得知。其主要的功用在計算力矩時提供一個方便及有效的方法。

3–7　力的可移動性原則

在 §3–1 節中已提到力是一種固定向量，力的三個構成要素即大小、方向及作用點基本上是不能任意更動的，否則力的效應即產生改變。

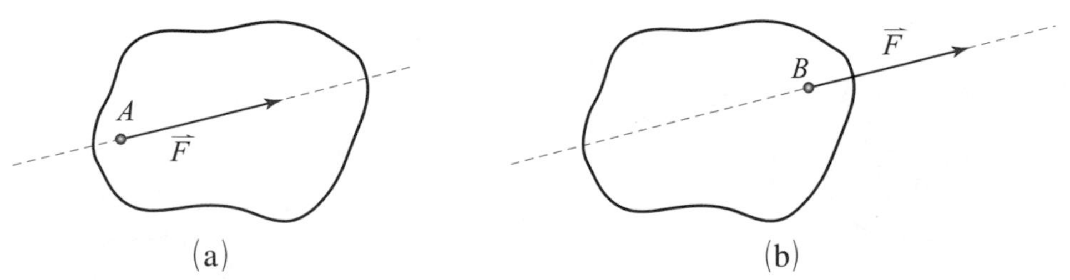

圖 3-18　$\vec{F}$ 沿其作用線方向可由 A 移至 B

圖 3–18 (a)所示為一力 $\vec{F}$ 作用於剛體上之一點 A，若將此力 $\vec{F}$ 沿其作用線方向由 A 移動到 B 如圖 3–18 (b)，在不改變其他任何條件的情況下，$\vec{F}$ 對此剛體的運動效應並沒有改變，這即是所謂的力的可移動性原則 (principle of transmissibility)。

根據力的可移動性原則，則力可不限定為固定向量，而可以當作是滑動向量，當然其先決條件是必須在不改變大小的情況下，沿著力作用線的方向移動其作用點。

力的可移動性原則係針對剛體而言，換句話說，對於作用於剛體之力量，均可視為滑動向量，即僅需指定大小、方向及作用線，而非如固定向量需指定作用點。

3–8 力偶與偶矩

兩個大小相等，方向相反，作用線平行但不共線的力量稱為力偶 (couple)。力偶雖是兩個力量的組合，但由於其合力為零，因此無法提供移動的運動效應，力偶所提供的是旋轉的運動效應。如圖 3–19 (a)所示的力偶 $\vec{F}$ 及 $-\vec{F}$，若兩作用線之距離為 d 如圖 3–19 (b)，則偶矩 (couple moment) $\vec{M}$ 之大小為

$$M = \left|\vec{M}\right| = Fd \tag{3–23}$$

而偶矩 $\vec{M}$ 的方向可由右手定則加以判斷，如圖 3–19 (b)中的情況為逆時針方向之偶矩。

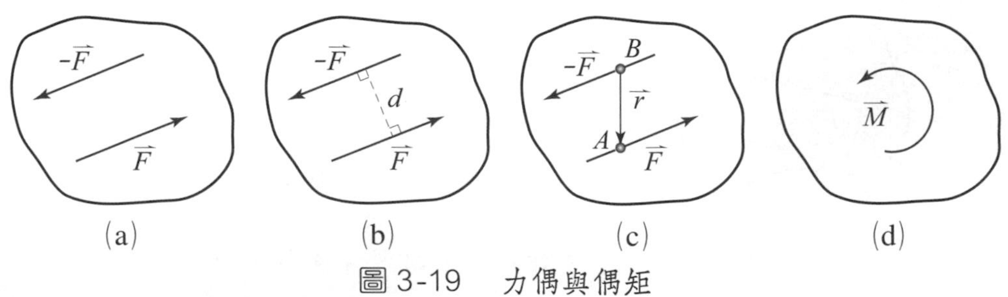

圖 3-19　力偶與偶矩

1.偶矩之向量積表示法

假設 A 及 B 分別為力偶中 $\vec{F}$ 及 $-\vec{F}$ 作用線上之點，如圖 3–19 (c)所示，其位置向量分別為 $\vec{r_A}$ 及 $\vec{r_B}$，則偶矩 $\vec{M}$ 為

$$\begin{aligned}\vec{M} &= \vec{r_A}\times\vec{F}+\vec{r_B}\times(-\vec{F})\\ &=(\vec{r_A}-\vec{r_B})\times\vec{F} \qquad (3\text{–}24)\end{aligned}$$

由圖 3–19 (c)可知 (3–24) 式中的 $\vec{r_A}-\vec{r_B}$ 即是由 B 指向 A 的向量 $\vec{r}$，故

$$\boxed{\vec{M}=\vec{r}\times\vec{F}} \qquad (3\text{–}25)$$

偶矩與力矩最大之不同，在於力矩須針對某特定之參考點來定義，而偶矩並不需要，(3–24) 式及 (3–25) 式並未指定特定之參考點，因此偶矩 $\vec{M}$ 都沒有附帶下標文字即是這個道理。簡單的說，偶矩是一個自由向量，可以在空間中任意移動，只要其大小及方向保持不變即可。

偶矩必定垂直於力偶所在之平面，這點由向量積之運算特性即可觀察得到，在表示上通常吾人會以一個帶著箭頭方向的圓弧來表示偶矩，如圖 3–19 (d)所示。

2.相等力偶

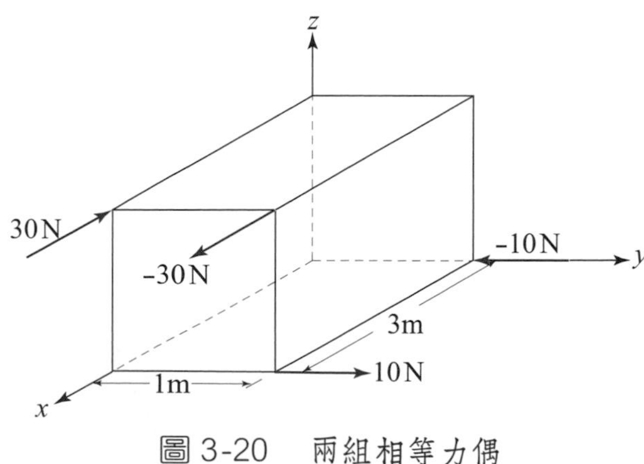

圖 3-20　兩組相等力偶

任何兩組力偶只要其所產生的偶矩相等，便稱為相等力偶 (equivalent couples)，相等力偶所產生的運動效應相同，如圖 3–20 所示即為兩組均為沿 $+z$ 方向且偶矩大小均為 30 牛頓・米之相等力偶。

例題 3－9

如圖 3–21 之兩組力偶，已知 $P_1 = P_2 = 150$ N，$Q_1 = Q_2 = 200$ N，試求此兩組偶矩之和?

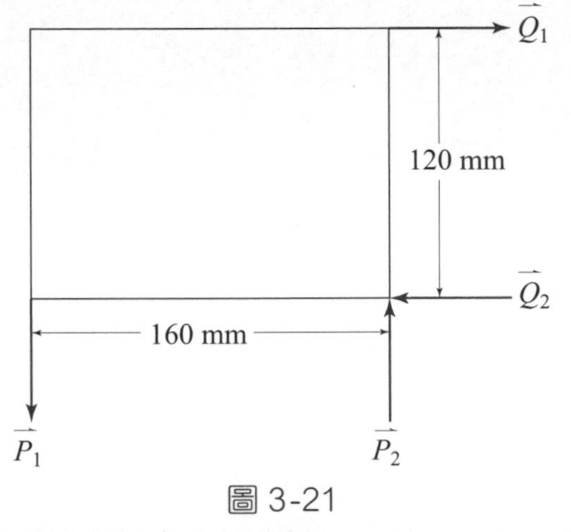

圖 3-21

解 由 (3–25) 式，兩組力偶之偶矩之和 $\Sigma\vec{M}$ 為

$$\Sigma\vec{M} = (0.16\vec{i}) \times (150\vec{j}) + (0.12\vec{j}) \times (200\vec{i}) = 24\vec{k} - 24\vec{k} = 0$$

另解 先求出 $\overrightarrow{P_1}$ 與 $\overrightarrow{Q_1}$，以及 $\overrightarrow{P_2}$ 與 $\overrightarrow{Q_2}$ 之合力如圖 3–22，可知兩合力之大小相等，方向相反，且在相同之作用線上，故偶矩和為零。

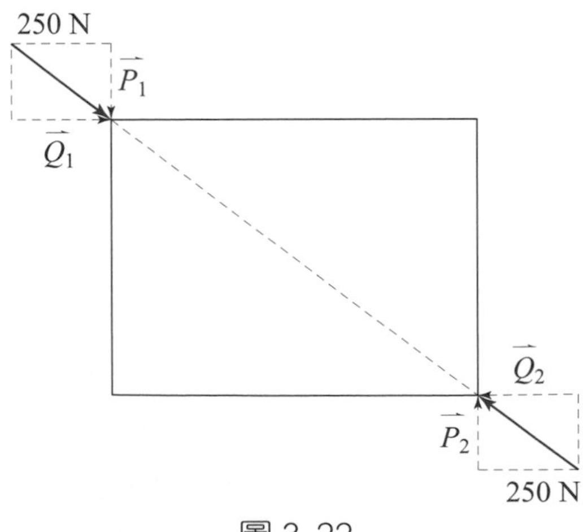

圖 3-22

例題 3－10

如圖 3–23 所示之工件欲置於工具機上同時鑽出六個孔，已知每個鑽孔之程序刀具將施加順時針 40 ℓb·in 之偶矩於工件上，試求：(a)夾持點於 A 及 C 時，最小應施加之力為何？ (b)夾持點於 A 及 D 時，最小應施加之力為何？ (c)最小的夾持力為何？

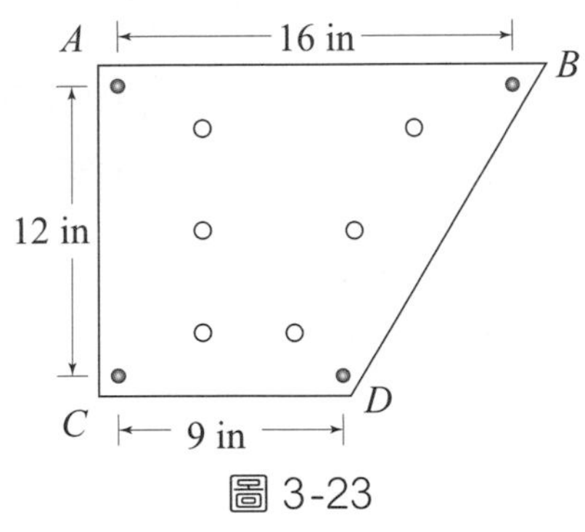

圖 3-23

解 刀具施於工件之偶矩和 $\overrightarrow{M} = 6 \times 40 = 240$ ℓb·in

(a)假設施於 A 及 C 的力偶大小為 P，則其產生之偶矩應為逆時針 240 ℓb·in，故由 (3–23) 式

$$M = P \times 12 = 240$$

故 $P = 20$ ℓb

(b)設施於 A 及 D 的力偶大小為 Q，則由 (3–23) 式

$$M = Q \times 15 = 240$$

故 $Q = 16$ ℓb

(c)最小夾持力 S 應產生於兩點間距離最大之情況，即夾持於 B 及 C 時，由 (3–23) 式

$$M = S \times 20 = 240$$

故 $S = 12$ ℓb

3–9　力及其相等之力與力偶系統

如 §3–4 節中所提及的，力對物體作用所產生的運動效應包括兩個部份，一個部份是沿著力作用線的方向使物體移動的效應；另一個部份是使物體繞著不與作用線方向相交的特定軸旋轉的效應。為了同時表示力的這兩種效應，吾人可以將原有之力量，用一個具有相等運動效應的「力與力偶系統」(force-couple system) 來加以取代，後者中的力與原來的力大小及方向均相同，作用線互相平行，而因為作用點之不同所產生的力矩則由後者中的力偶來加以抵消。

假設一力 $\vec{F}$ 作用於剛體上之 A 如圖 3–24 (a)所示，在維持整體運動效果不變的情況下，可以在 B 點處加上大小相等，方向相反的 $\vec{F}$ 及 $-\vec{F}$ 兩個力如圖 3–24 (b)所示。此時在 A 點之 $\vec{F}$ 及在 B 點之 $-\vec{F}$ 即形成一組力偶，可以用 $\vec{M}$ 來表示，而

$$\vec{M} = \vec{r} \times \vec{F} \tag{3–26}$$

注意上式中，$\vec{r} = \overrightarrow{BA}$ 如圖 3–24 (b)所示。而圖 3–24 (c)中在 B 點處的力 $\vec{F}$ 及偶矩 $\vec{M}$ 即形成一組力與力偶系統，其與作用於 A 點處之力 $\vec{F}$ 可以對剛體產生相同的運動效應。

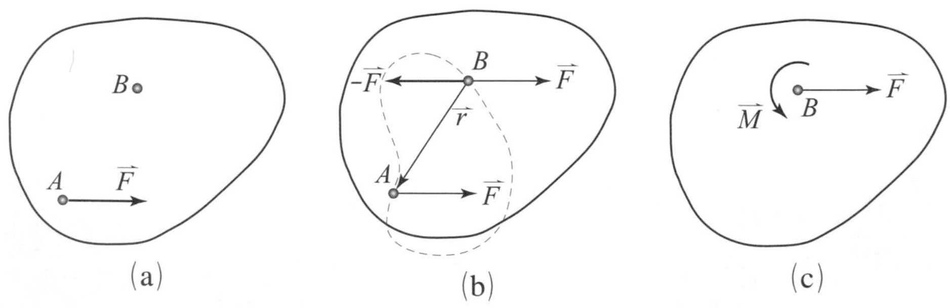

圖 3-24　力及其相等之力與力偶系統

由上述之結果可以印證 §3–7 節以及先前一再提及的有關力是一種固定向量，或者是沿其作用線方向的滑動向量的觀念。力假如由其原來的作用點，移至非屬於其作用線上的另一點如圖 3–24，則除了其原來之作用力以外，還會伴隨產生一個偶矩。綜合本節與 §3–7 節，對於作用於剛體之力量，如欲考慮維持其對剛體的運動效應不變，則此力量應符合以下三種情況之一：(a)此力是具有作用點之固定向量；(b)此力是可沿其作用線方向移動的滑動向量；(c)此力可由在另一作用點之相等力與力偶系統所取代。

例題 3－11

一大小為 50 N 之水平力作用於 A 點處如圖 3–25 所示，試求在 O 點處之相等力與力偶系統?

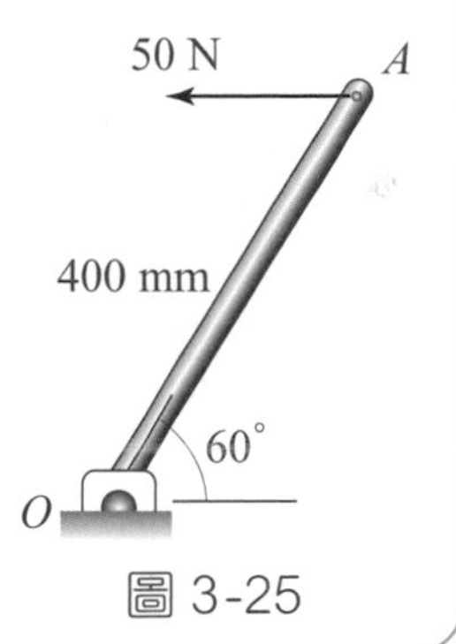

圖 3-25

解

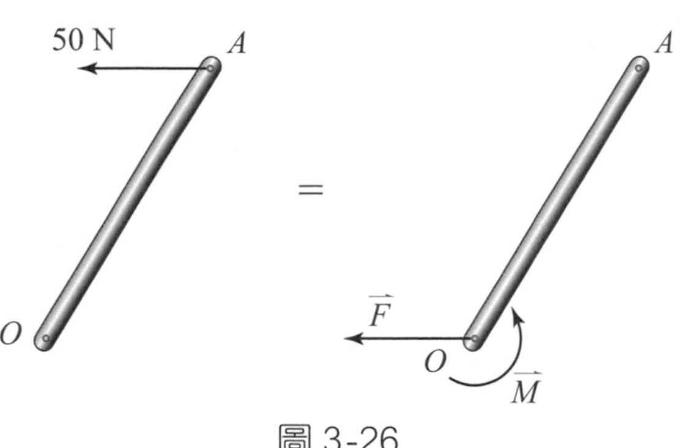

圖 3-26

由圖 3–26，等號兩邊之運動效應如欲維持相同，則 A 處之 50 N 可由 O 點處之相等力 $\vec{F}$ 與力偶 $\vec{M}$ 所取代，則

$\vec{F} = 50\ \text{N} \leftarrow$

$\vec{M} = \vec{r} \times \vec{F}$

其中 $\vec{r}=\overrightarrow{OA}=0.4\cos60°\vec{i}+0.4\sin60°\vec{j}=0.2\vec{i}+0.346\vec{j}$ m

故 $\vec{M}=(0.2\vec{i}+0.346\vec{j})\times(-50\vec{i})=17.3\vec{k}$ N·m

例題 3-12

一橫樑之受力如圖 3–27 所示，試求：(a)在 B 點處之相等力與力偶系統？(b)在 O 點處之相等力與力偶系統？

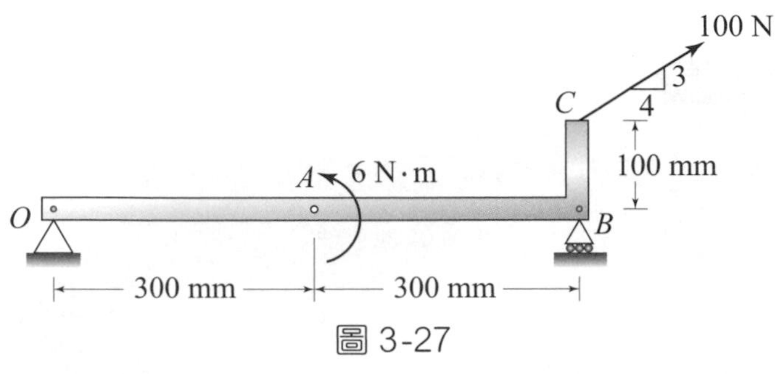

圖 3-27

解 (a)由圖 3–28 可知

$$\vec{F}=100\text{ N}\angle 37°$$

$$\vec{M}=(0.1\vec{j})\times(80\vec{i}+60\vec{j})+6\vec{k}=-2\vec{k}\text{ N}\cdot\text{m}$$

即 B 點處之偶矩為順時針方向 2 N·m

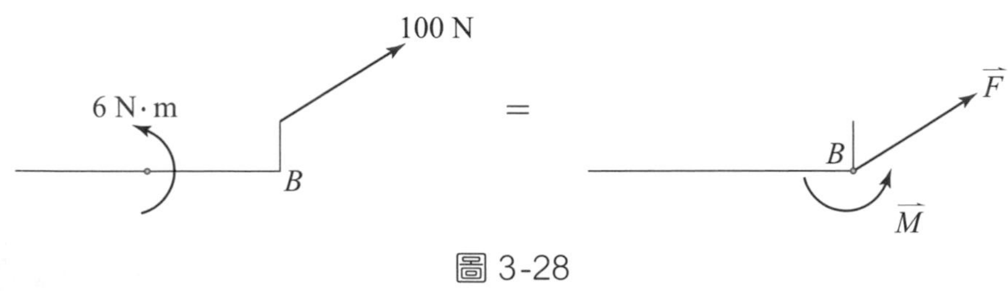

圖 3-28

(b)由圖 3–29 可知

$$\vec{F}=100\text{ N}\angle 37°$$

$$\vec{M}=(0.6\vec{i}+0.1\vec{j})\times(80\vec{i}+60\vec{j})+6\vec{k}=34\vec{k}\text{ N}\cdot\text{m}$$

即 O 點處之偶矩為逆時針方向 34 牛頓・米

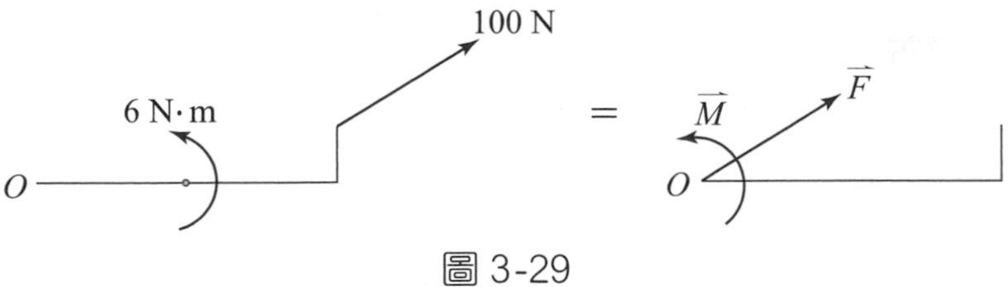

圖 3-29

例　題 3－13

續例題 3–12，如欲以單一之作用力 $\vec{F}$ 取代圖 3–27 之受力狀況，且已知 $\vec{F}$ 之作用點在 OB 之連線上，試求：(a) $\vec{F}$ 為何？　(b) $\vec{F}$ 之作用點距 O 之距離為何？

解 (a)如欲以單一作用力 $\vec{F}$ 取代圖 3–27 之受力狀況，則必定與圖 3–27中的作用力相等，即

$$\vec{F} = 100\ \text{N} \angle 37°$$

(b)由例 3–12 (b)所得之力與力偶系統可得如圖 3–30，其中等號右側之 100 N 力對 O 所產生之力矩，應與等號左側 O 點處之偶矩相同。即

$$60 \cdot x = 34$$

故　$x = 0.567\ \text{m}$

即 $\vec{F}$ 之作用點在 OB 連線上距 O 點右側 567 mm 處

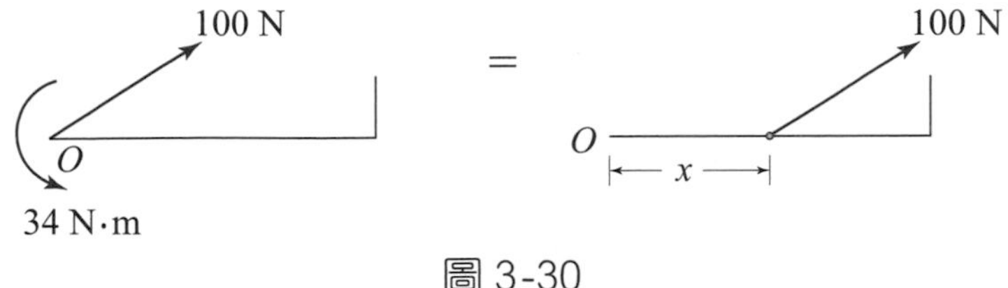

圖 3-30

習 題

1. 試求如圖 3–31 中三個外力之合力為何?

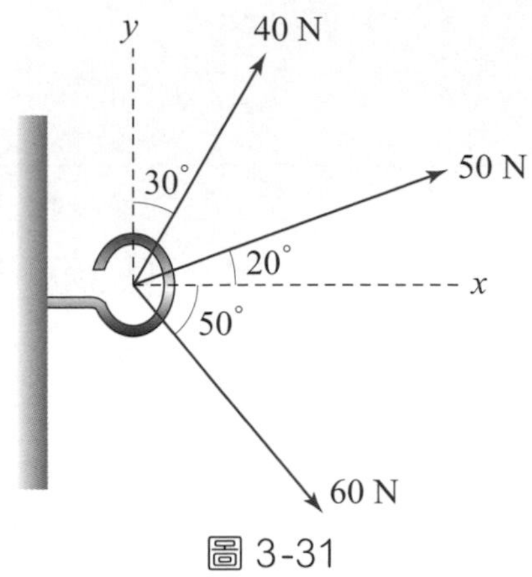

圖 3-31

2. 如圖 3–32 所示,欲以兩力將一物件垂直自凹洞中吊起,試求:(a)若 $\alpha = 45°$,則 P 之大小應為何? (b)若 $P = 500$ N 且合力大小為 1000 N,則 α 之角度值應為何?

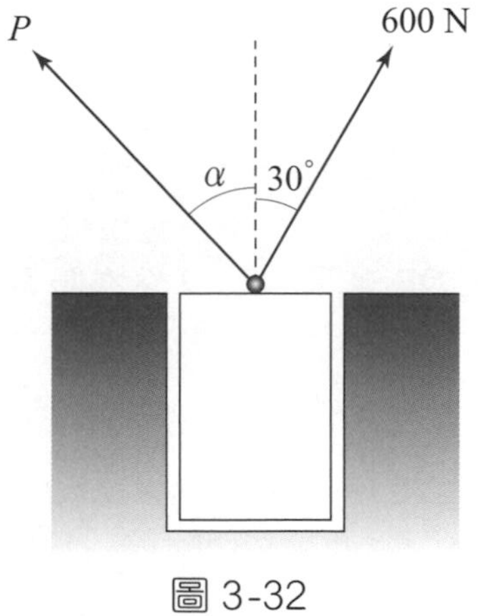

圖 3-32

3. 一力 $\vec{F}$ 大小為 1100 N,已知其作用線之方向係由 $A(-1, 3, 2)$ 指向 $B(5, 1, -7)$,試求此力在直角座標系 $Oxyz$ 中的分量表示為何?

4. 如圖 3–33，600 N 重之物體由 AC 及 BC 兩段繩索支撐，試求：(a)如 AC 之張力為最小，則角度 α 值應為何？ (b) AC 及 BC 繩之張力各為多少？

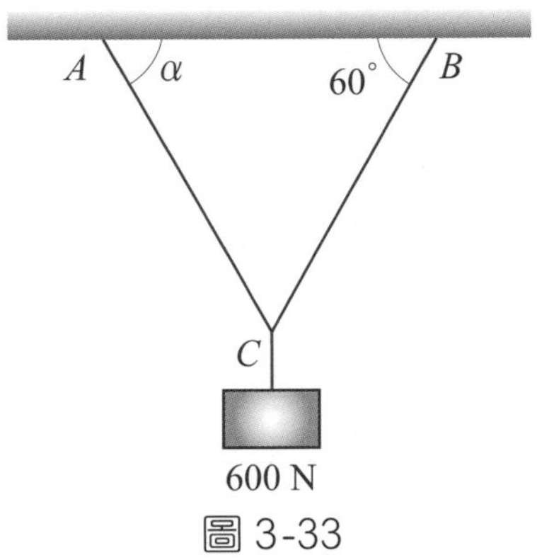

圖 3-33

5. 一力 100 N 作用於 B 點如圖 3–34 所示，試求：(a)對 C 點所產生之力矩 $\overrightarrow{M_C}$？(b)由 C 點至該力作用線之最短距離？

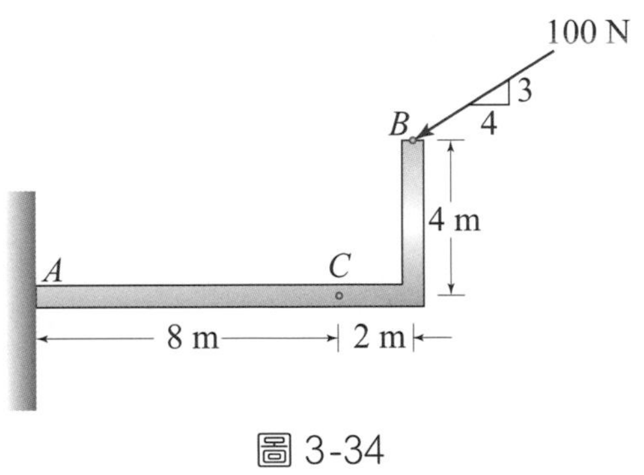

圖 3-34

6. 一力 $\vec{F}$ 的大小為 130 N，其作用線之方向從 $A(2, 1, -1)$ 到 $B(-1, 5, 11)$，試求：(a) $\vec{F}$ 對 O 之力矩？ (b) $\vec{F}$ 對點 $(4, -1, 1)$ 之力矩？

7. 一大小為 200 N 之力量 $\vec{P}$ 作用於沿對角線之 BC 連線上如圖 3–35 所示，試求：(a) $\vec{P}$ 對 E 之力矩？ (b) $\vec{P}$ 對 $\overrightarrow{OD}$ 方向之力矩？ (c) E 到 $\vec{P}$ 作用線之最短距離？

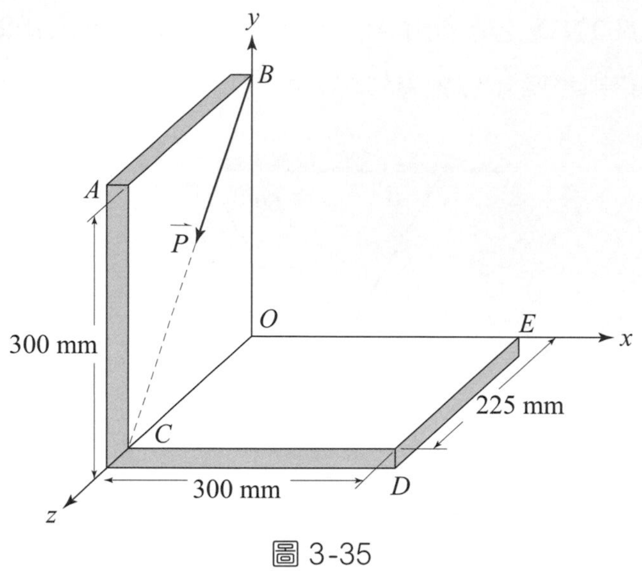

圖 3-35

8. 一大小為 25 N 之力量 $\vec{P}$ 作用於彎管 $ABCD$ 之 B 點上，如圖 3–36 所示。試求：(a) $\vec{P}$ 對 C 之力矩? (b) $\vec{P}$ 對 $\overrightarrow{OC}$ 方向之力矩? (c) $\vec{P}$ 對 $\overrightarrow{CF}$ 方向之力矩?

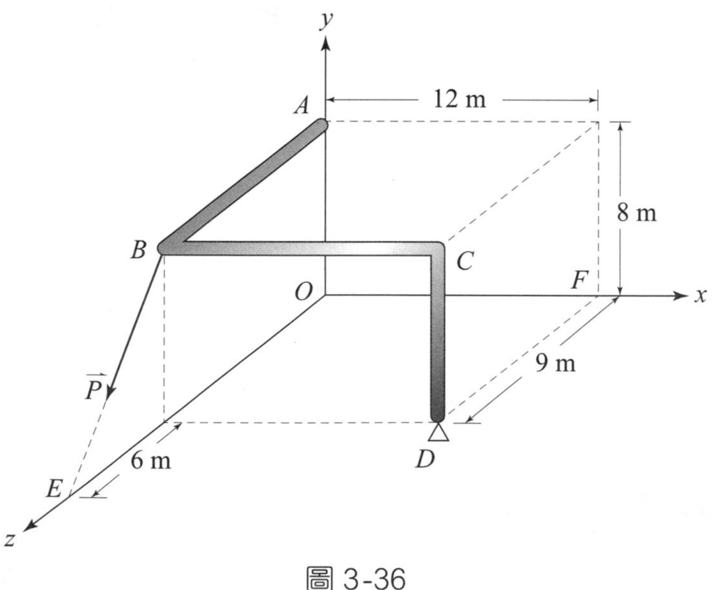

圖 3-36

9. 如圖 3–37 所示，450 N 之力作用於 A，試求：(a)此力對 D 之力矩？ (b)施於 B 之最小力使其對 D 之力矩與(a)相同？ (c)施於 C 之最小力使其對 D 之力矩與(a)相同？

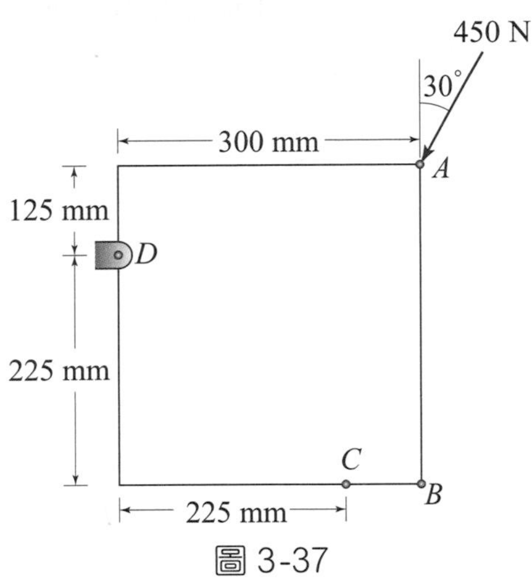

圖 3-37

10. 一 360 N 之力 $\vec{P}$ 作用於 B 如圖 3–38 所示，試求：(a) $\vec{P}$ 對 O 之力矩？ (b) $\vec{P}$ 對 C 之力矩？

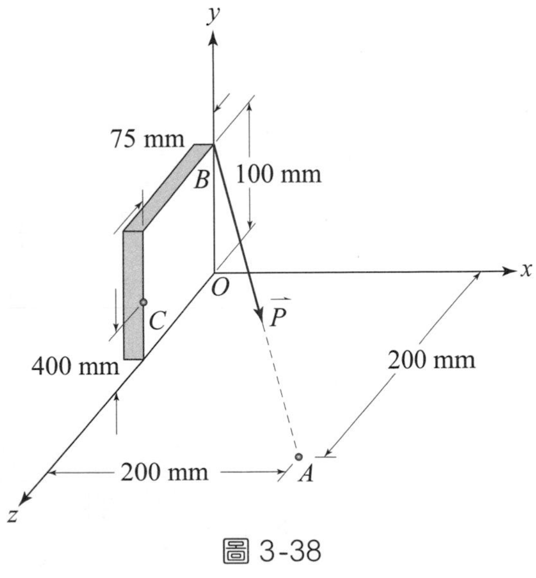

圖 3-38

11. 如圖 3–39 之受力情況，試求：(a)在 A 點處之相等力與力偶系統？ (b)若欲以一組由水平方向之力所組成之力偶分別施於 A 及 B 點使其與(a)之受力效果相同，則此水平力偶之大小為何？

12. 如圖 3–40 之受力狀況，試求：(a)在 A 處之相等力與力偶系統？ (b)在 B 處之相等力與力偶系統？

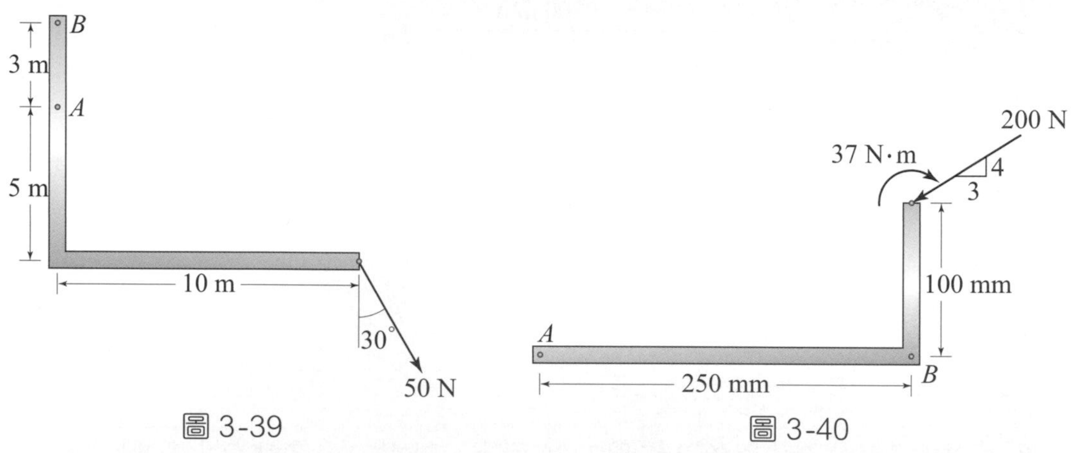

圖 3-39 圖 3-40

13. 如圖 3–41 之懸臂樑的受力狀況，若欲以一個單一作用力來取代，則此力之大小、方向，及其在懸臂樑上之作用點位置為何？

14. 如圖 3–42 之橫樑的受力狀況，若欲以一個單一作用力來取代，則此力之大小、方向及其在橫樑上之位置為何？

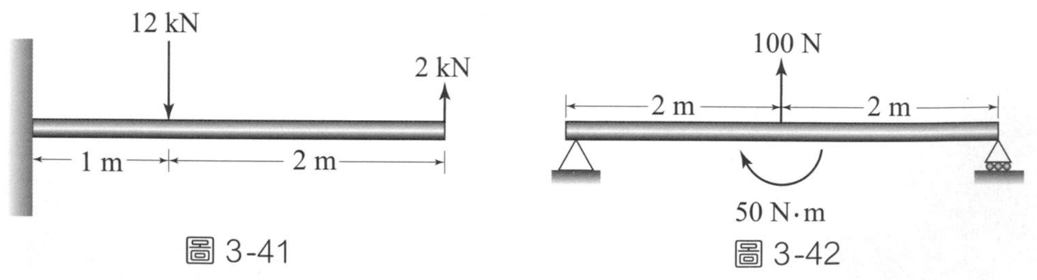

圖 3-41 圖 3-42

第四章 力系之合力

4–1 力 系

在第三章中已經對於力量作了廣泛且深入的探討，同時對力的分析與計算方法亦有詳細的介紹。而本章所要更進一步探討的是一種由兩個或兩個以上的力所構成的系統，這種由不同的力量所組成的系統即可稱之為力系 (force system)。

力系除了由力量組成外，尚可包括運動效果相同但表達型式不同的力量。例如作用於某固定點的力量可以由另一個作用點的力與力偶系統所取代。所以力系的成份除了力之外，還可能包括力偶。

力系依其成份力之位置與方向，可以區分為以下幾種不同的力系。假設所有的力量有共同的交點，則稱為共點力系 (concurrent force system)；而對於作用線皆平行之系統稱為平行力系 (parallel force system)；若力的作用線皆在同一平面上，稱為共平面力系 (coplanar force system)，否則為三度空間力系 (three-dimensional force system)。而一個力系如果不平行亦沒有共同的交點，則稱為一般力系 (general force system)。

4–2 等值力系

兩力系若能對物體產生相同的運動效果，則稱為等值力系 (equivalent systems of forces)。而要達成運動效果的相同，則此兩個力系必須同時滿足以下兩個條件：

條件一：兩力系的合力必須相等。

條件二：兩力系相對於物體上某個特定點的力矩和必須相等。

上述之條件一乃是針對兩力系產生相同的平移運動效果，而條件二則是針對兩力系產生相同之旋轉運動效果。

4–3 共平面一般力系之合力

本節將先探討共平面一般力系之合力。而不論是共平面力系或者是三度空間力系，其合力都是最簡型式的等值力系。依 §4–2 節對等值力系的定義，可以發現任何一個力系的等值力系的數目是無限多個，然而其最簡型式的等值力系應該是唯一的，而這也是本節與下一節討論的重點。

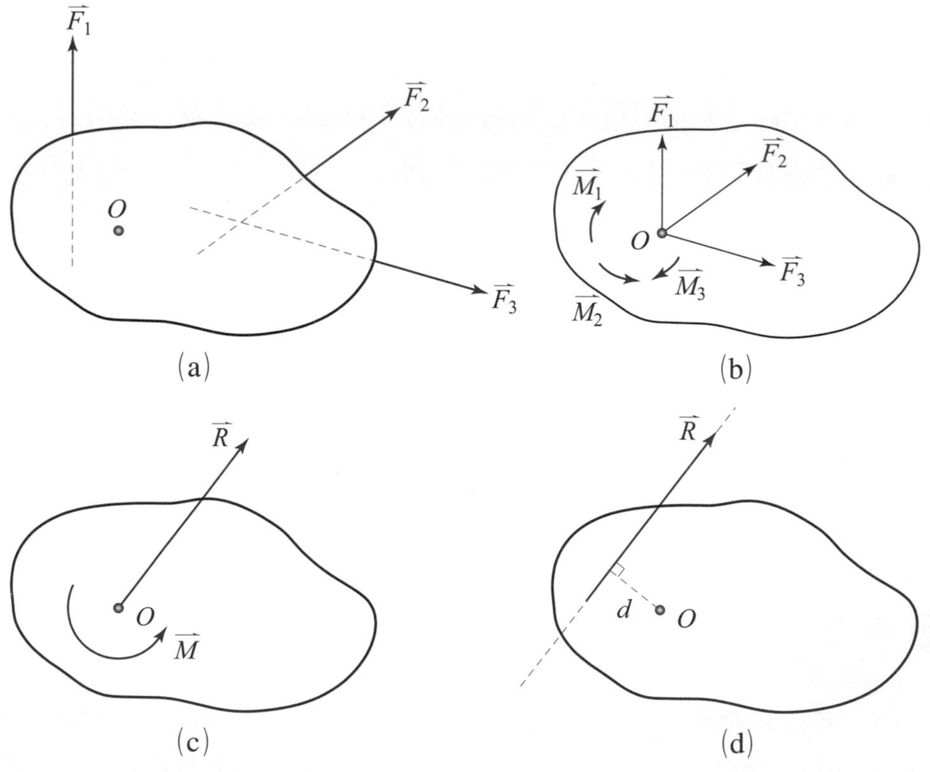

圖 4-1　平面力系之合力

共平面一般力系如圖 4–1 (a)所示，同一平面上之各力並未平行，亦沒有共同的交點，這樣的情況並不能直接依 §3–3 節所提到力的合成方式求得合力，因為缺乏共同交點的緣故。如欲求得此共平面一般力系之合力，首先必須將力系中的每個力量依 §3–9 節的方法，求出相對於某共同點的相等力與力偶系統，如圖 4–1 (b)所示，其中 $\overrightarrow{F_1}$、$\overrightarrow{F_2}$ 及 $\overrightarrow{F_3}$ 係由圖 4–1 (a)中的原作用位置，移至圖 4–1 (b)中的共同點 O，而 $\overrightarrow{M_1}$、$\overrightarrow{M_2}$ 及 $\overrightarrow{M_3}$ 則是因力的作用點改變所伴隨而生的偶矩。依 (3–26) 式可得

$$\overrightarrow{M_n} = \overrightarrow{r_n} \times \overrightarrow{F_n},\ n = 1, 2, 3, \cdots \tag{4–1}$$

上式中 $\overrightarrow{r_n}$ 為從 O 到 $\overrightarrow{F_n}$ 作用線上任意點之向量。

依 §4–2 節中對等值力系所提出的兩個條件，則共平面一般力系之等值力系可以是一個由單一作用力 $\vec{R}$ 及力矩 $\vec{M}$ 所組成的力系，以方程式表示如下：

$$\boxed{\begin{aligned} \vec{R} &= \overrightarrow{F_1} + \overrightarrow{F_2} + \cdots = \sum_{i=1}^{n} \overrightarrow{F_i} \\ \vec{M} &= \overrightarrow{r_1} \times \overrightarrow{F_1} + \overrightarrow{r_2} \times \overrightarrow{F_2} + \cdots = \sum_{i=1}^{n} (\overrightarrow{r_i} \times \overrightarrow{F_i}) \end{aligned}} \tag{4–2}$$

圖 4–1 (c)所示即為共平面力系之等值力系。

(4–2) 式所定義之等值力系並非是等值力系的最簡型式，由 §3–9 節所描述的方法可進一步將圖 4–1 (c)中的單一力與力偶系統，化簡為作用線距 O 點為 d 的單一作用力 $\vec{R}$，如圖 4–1 (d)，而距離 d 可求出為

$$d = \frac{M}{R} \tag{4–3}$$

在實際分析問題的過程中，如圖 4–1 (c)的力與力偶系統以及如圖 4–1 (d)的單一作用力，都可作為平面一般力系的合力，只是在順序上必需先求得等值的力與力偶系統，方可再進一步求得等值之單一作用力。

例題 4－1

如圖 4–2 所示之元件受力狀況，試求：(a)在 B 點處的合力？ (b)若合力為單一作用力，其作用線與 AB 線段交點之位置？ (c)同(b)，合力作用線與 BC 線段交點之位置？

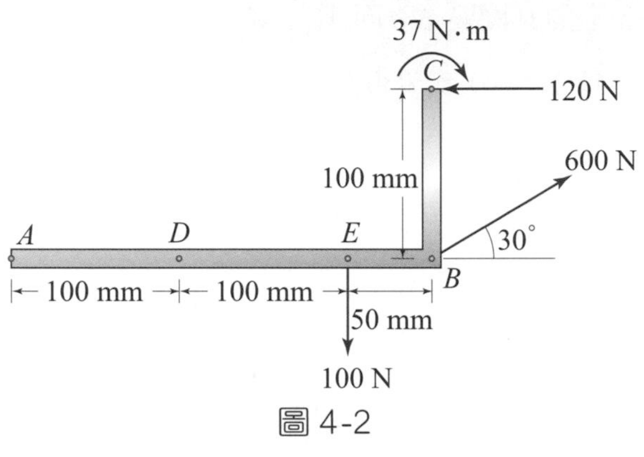

圖 4-2

解 (a)在 B 點處的合力即是在 B 點處的等值力系，應包括一作用力 $\vec{R}$ 及偶矩 $\overrightarrow{M}$，由 (4–2) 式可得

$$\vec{R}=\sum\vec{F}=-120\vec{i}+600\cos30°\vec{i}+600\sin30°\vec{j}-100\vec{j}$$

故 $\vec{R}=400\vec{i}+200\vec{j}$ 牛頓或 $\vec{R}=477\text{ N}\angle 26.6°$

而 $\overrightarrow{M}=\sum\overrightarrow{M_B}=-37\vec{k}+(0.1\vec{j})\times(-120\vec{i})+(-0.05\vec{i})\times(-100\vec{j})$

故 $\overrightarrow{M}=-20\vec{k}$ 牛頓・米或 $\overrightarrow{M}=20$ 牛頓・米　順時針

(b)假設合力作用線通過 AB 線段之位置距 B 為 x 公尺，則由圖 4–3

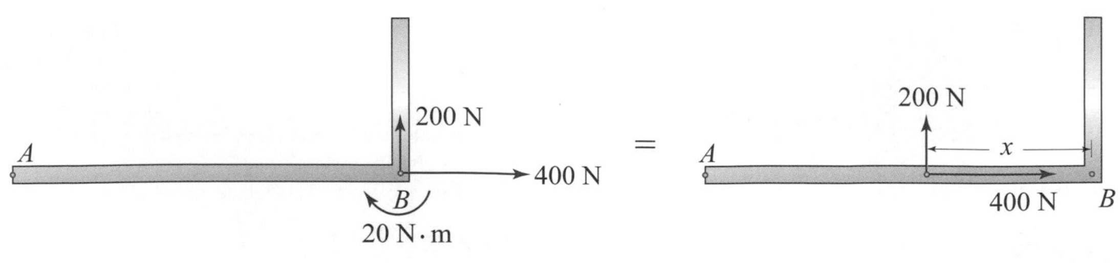

圖 4-3

可知等號兩邊之力系若是等值力系，則

$$(x\vec{i})\times(200\vec{j})=-20\vec{k}$$

即 $x=-0.1$ m

故合力之作用線與 AB 線段交點的位置在 B 的左側 100 mm 處。

(c)假設合力作用線通過 BC 線段之交點距 B 為 y 公尺，則由圖 4–4

可知等號兩邊之力系若為等值力系，則

$$(y\vec{j})\times(400\vec{i})=-20\vec{k}$$

即 $y=0.05$ m

即合力作用線通過 BC 線段之交點在 B 的上方 50 mm 處

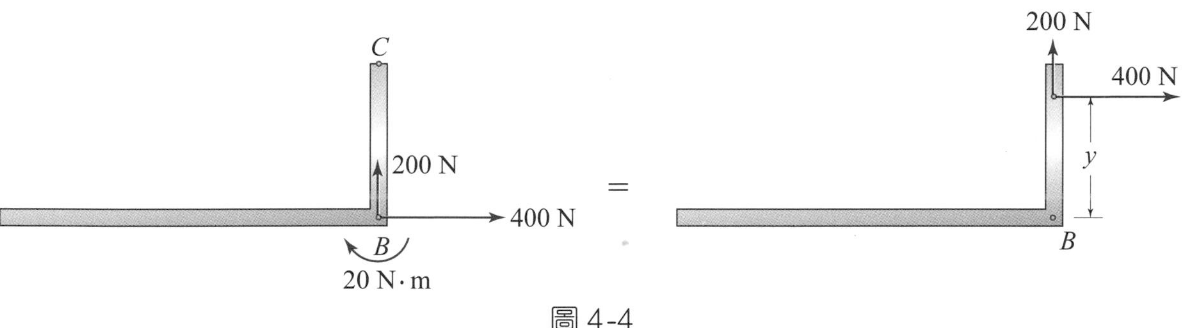

圖 4-4

例 題 4－2

一桁架受力如圖 4–5 所示，試求合力及作用點距 A 之位置?

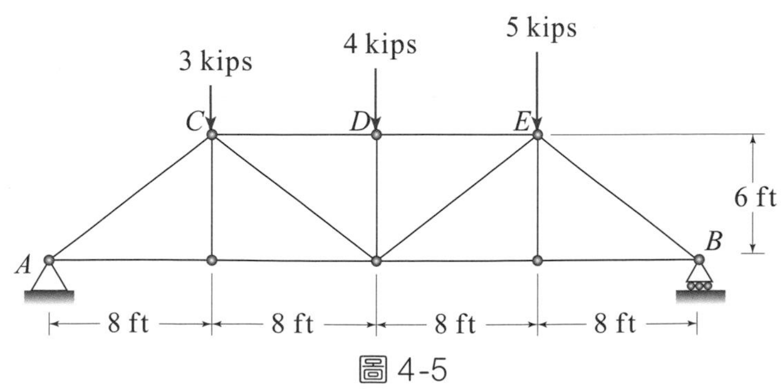

圖 4-5

解 先求出在 A 點處之相等力 $\vec{R}$ 與力偶 $\vec{M}$ 系統如下：

$$\vec{R}=\sum\vec{F}=3+4+5=12\text{ kips}\downarrow$$

$$\vec{M}=\sum\vec{M_A}=(8\vec{i})\times(-3\vec{j})+(16\vec{i})\times(-4\vec{j})+(24\vec{i})\times(-5\vec{j})$$

$$=-208\vec{k}\text{ kips}\cdot\text{ft}$$

故在 A 點處之等值力系為 $\vec{R}=12\text{ kips}\downarrow$，$\vec{M}=208\text{ kips}\cdot\text{ft}$ 順時針

假設合力 $\vec{R}$ 作用位置距 A 右側 x ft 處如圖 4–6 所示，則

$$x=\frac{M}{R}=\frac{208}{12}=17.33\text{ ft}$$

故合力 $\vec{R}=12$ kips 向下，作用於距 A 右側 17.33 ft 處

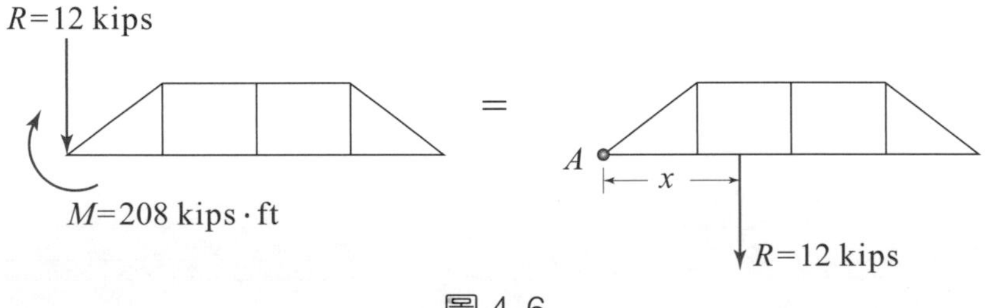

圖 4-6

例　題 4 – 3

如圖 4–7 之合力若通過 O 點，試求偶矩 $\vec{M}$ 為何？

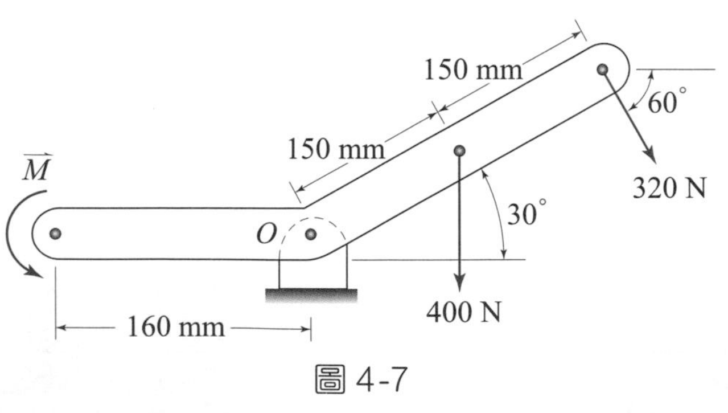

圖 4-7

解 由題意可知，若合力通過 O 點，則其等值力系中之力矩總和必定為零。即

$$\Sigma\vec{M}=\vec{M}+(0.15)(-400\cos30°)+(0.3)(-320)=0$$

故 $\vec{M}=147.96$ N·m 逆時針

例題 4－4

一平板受力如圖 4–8 所示，試求合力及其作用線通過 $\overline{OA}$ 及 $\overline{AB}$ 線段與 A 點之距離各為何?

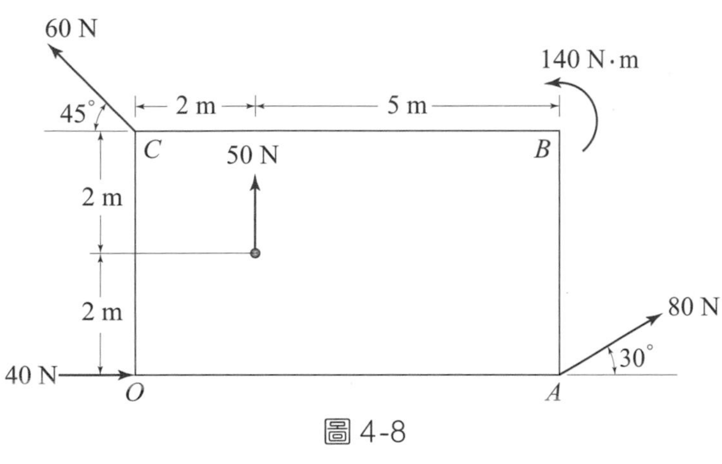

圖 4-8

解 先求出此力系在 A 點處之等值力系，即

$$\vec{R}=\Sigma\vec{F}$$

$$=40\vec{i}+(-60\cos45°\vec{i}+60\sin45°\vec{j})+(80\cos30°\vec{i}+80\sin30°\vec{j})+50\vec{j}$$

$$=66.86\vec{i}+132.43\vec{j}\text{ N 或 }\vec{R}=148.35\text{ N}\angle 63.2°$$

$$\vec{M}=\Sigma\vec{M_A}$$

$$=140\vec{k}+(-7\vec{i}+4\vec{j})\times(-60\cos45°\vec{i}+60\sin45°\vec{j})+(-5\vec{i}+2\vec{j})\times(50\vec{j})$$

$$=-237.28\vec{k}\text{ N·m}$$

假設合力作用線通過 $\overline{OA}$ 及 $\overline{AB}$ 線段處與 A 點的距離分別為 x 及 y，如圖 4–9 所示。則可由偶矩 $\vec{M}$ 求得 x 及 y 如下：

$$\vec{M}=(-x\vec{i})\times\vec{R}\text{ 即 }x=\frac{M}{132.43}=-1.792$$

故 $\vec{R}$ 之作用線通過 $\overline{OA}$ 線段之交點在 A 左側 1.792 m 處。

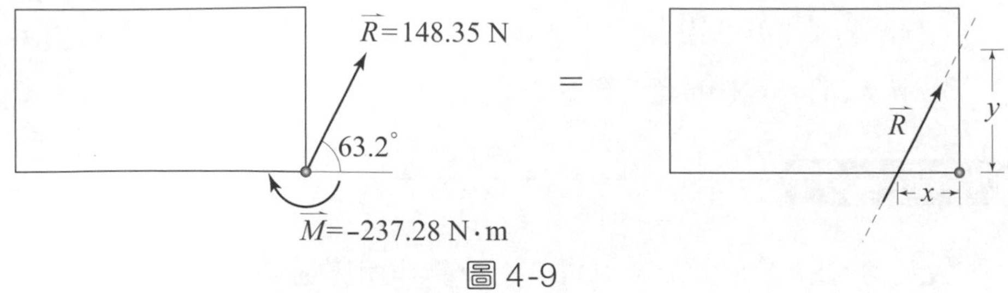

圖 4-9

同理

$$\overrightarrow{M}=(y\vec{j})\times\overrightarrow{R} \text{ 即 } y=\frac{-M}{66.86}=3.549$$

故 $\overrightarrow{R}$ 之作用線通過 $\overline{AB}$ 線段之交點在 A 上方 3.549 m 處。

習題

1. 有四箱物品置於一輸送帶上以等速由 A 運至 B 處，試求出在圖 4–10 所示之瞬間，合力之大小及其作用線之位置?

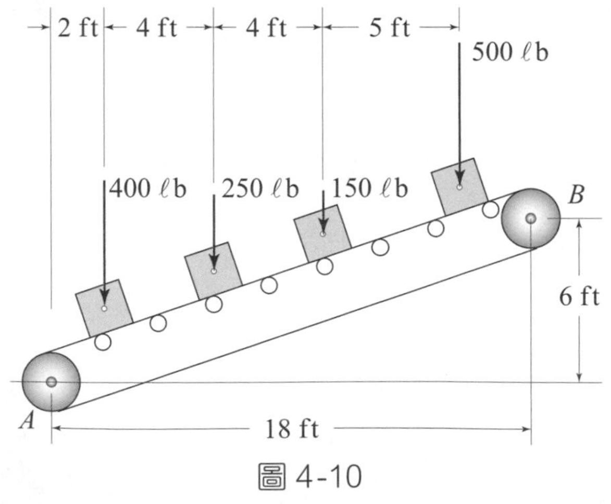

圖 4-10

2. 一彎管受到如圖 4–11 所示之力系的作用，試求合力及合力之作用線分別與(a) $\overline{AB}$，(b) $\overline{BC}$，(c) $\overline{CD}$ 線段相交之位置?

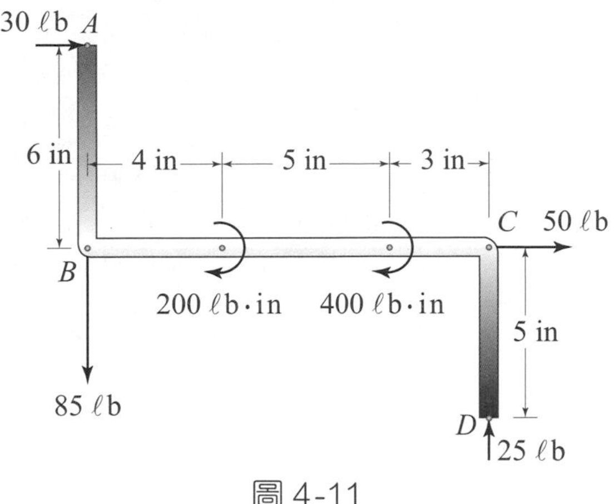

圖 4-11

3. 如圖 4–12 所示之力系，試求合力以及合力之作用線分別與(a) $\overline{AC}$，(b) $\overline{CD}$ 線段相交之位置？

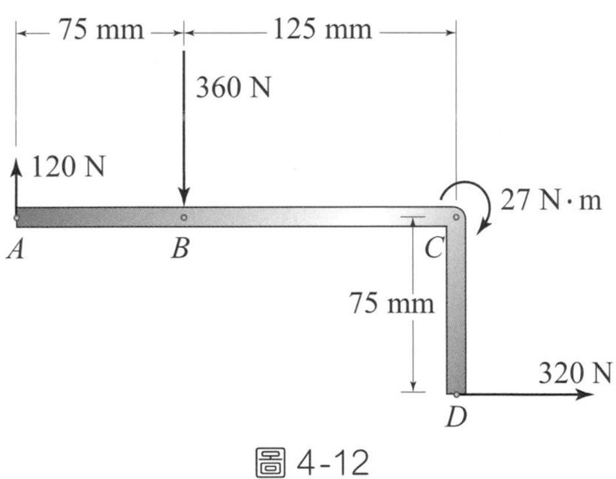

圖 4-12

4. 一懸臂樑受負荷如圖 4–13 所示，試求合力及其作用線之位置？

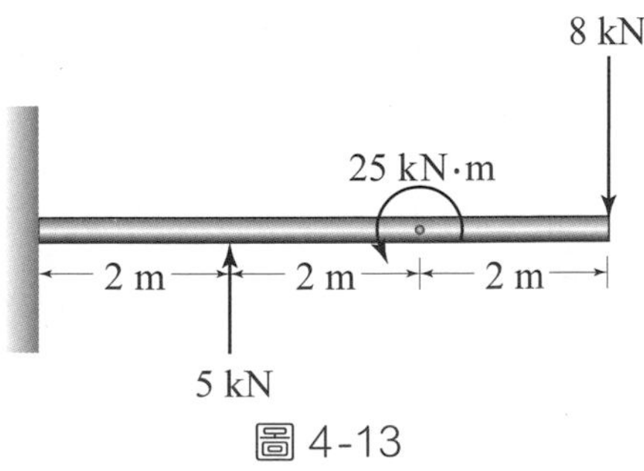

圖 4-13

5. 一平板受力如圖 4–14 所示，試求合力及其作用線與(a) $\overline{OA}$，(b) $\overline{AB}$ 相交之位置。

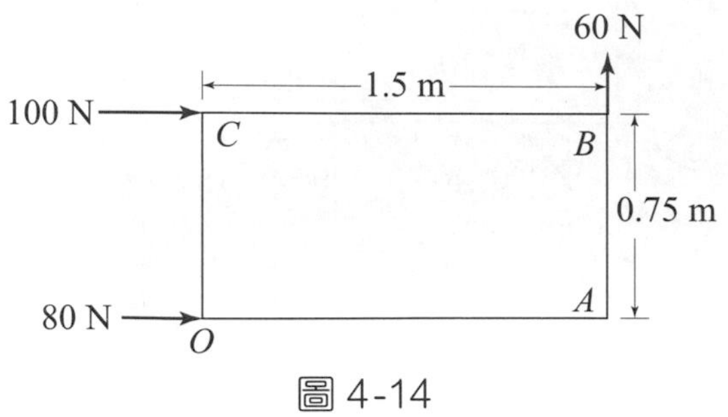

圖 4-14

6. 如圖 4–15 所示，已知合力作用線在 O 點右側 400 mm 處與 $\overline{OA}$ 線段相交，試求作用於 B 之 $\vec{P}$ 大小為何?

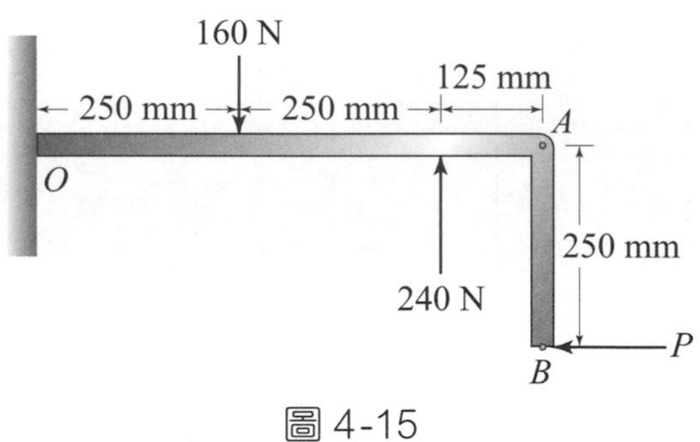

圖 4-15

4–4 空間一般力系之合力

空間一般力系的合力基本上與共平面力系的合力相同，均是將力系中的每一力移動至某共同的作用點後，再求出其等值力系。

如圖 4–16 (a)所示為某一剛體受到空間力系的作用，由於非共點力無法直接求其合力，故將每一個力量移至共同的作用點 O，而每一力亦因為此作用點之移動而產生偶矩如圖 4–16 (b)所示。而圖 4–16 (c)即是在 O 點處之等值力系。

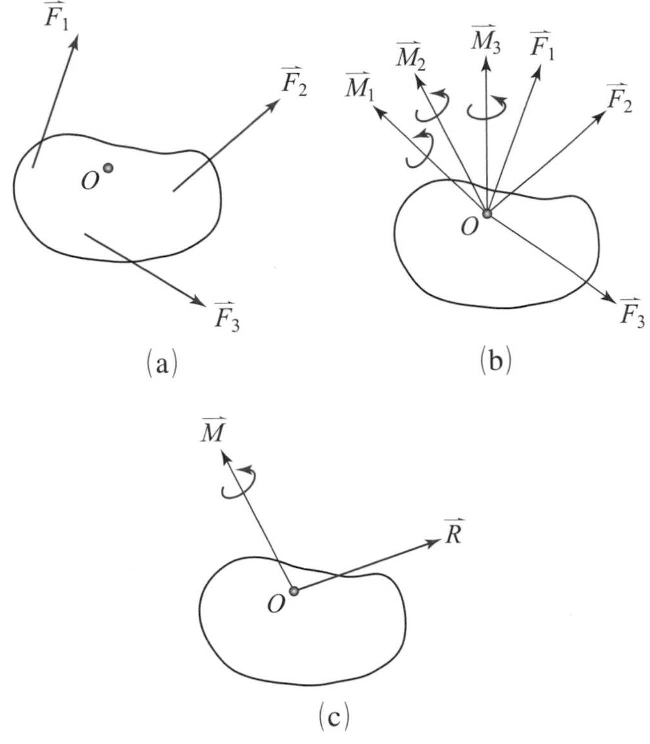

圖 4-16　空間一般力系之合力

共平面力系之合力除非指定作用點，否則是可以簡化為單一力量之合力，即力矩部份為零。而空間力系其合力的等值力系除非力與力偶的部份互相垂直，否則是無法如共平面力系般的簡化成單一力量之合力，換句話說，空間一般力系之合力通常是以力與力偶系統的方式來表示。

由圖 4–16 假設空間一般力系 $\vec{F_1}, \vec{F_2}, \vec{F_3}, \cdots$，作用於一剛體，則此力系相對於 O 之合力 $\vec{R}$ 及合力偶 $\vec{M}$ 為

$$\vec{R} = \vec{F_1} + \vec{F_2} + \vec{F_3} + \cdots = \sum_{i=1}^{n} \vec{F_i}$$
$$\vec{M} = \vec{r_1} \times \vec{F_1} + \vec{r_2} \times \vec{F_2} + \vec{r_3} \times \vec{F_3} + \cdots = \sum_{i=1}^{n} (\vec{r_i} \times \vec{F_i}) \tag{4–4}$$

其中 $\vec{r_1}, \vec{r_2}, \vec{r_3}, \cdots$，分別為由 O 點到作用力 $\vec{F_1}, \vec{F_2}, \vec{F_3}, \cdots$，作用線上任意點之位置向量。

例 題 4–5

如圖 4–17 之力系，若已知其合力通過點 P，且偶矩作用線沿 z 軸之方向，試求：(a) P 之位置 a，b 值為何？ (b)合力為何？

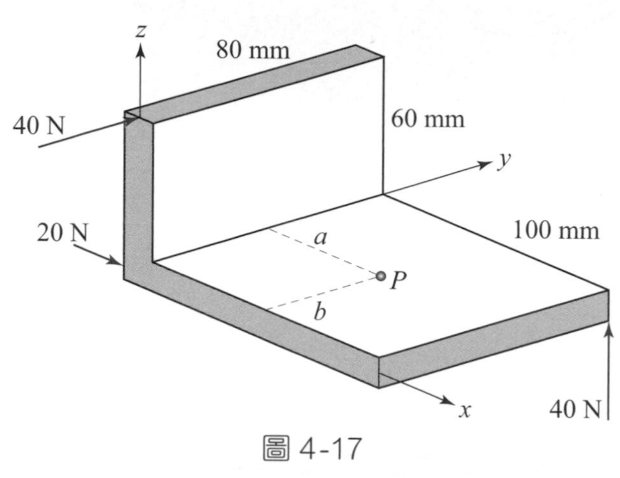

圖 4-17

解 由圖 4–17 知 P 之位置為 $a\vec{i}+b\vec{j}$，而相對於 P 之等值力系可由 (4–4)式求得如下：

$$\vec{R}=\Sigma\vec{F}=20\vec{i}+40\vec{j}+40\vec{k}$$

$$\begin{aligned}\vec{M}&=\Sigma\overrightarrow{M_P}\\&=(-a\vec{i}-b\vec{j})\times(20\vec{i})+(-a\vec{i}-b\vec{j}+0.06\vec{k})\times(40\vec{j})\\&\qquad+[(0.1-a)\vec{i}+(0.08-b)\vec{j}]\times(40\vec{k})\\&=(0.8-40b)\vec{i}-40(0.1-a)\vec{j}+(20b-40a)\vec{k}\end{aligned}$$

因偶矩 $\vec{M}$ 僅沿 z 軸方向，故

$0.8-40b=0$ 即 $b=0.02$ m 或 20 mm

$0.1-a=0$ 即 $a=0.1$m 或 100 mm

則偶矩 $\vec{M}$ 為

$\vec{M}=-3.6\vec{k}$ N·m 或 3.6 N·m 順時針

例 題 4－6

一邊長 a 之正立方體如圖 4–18 所示，若已知 $F_1 = F_2 = F$，試求相對於 O 點之合力？

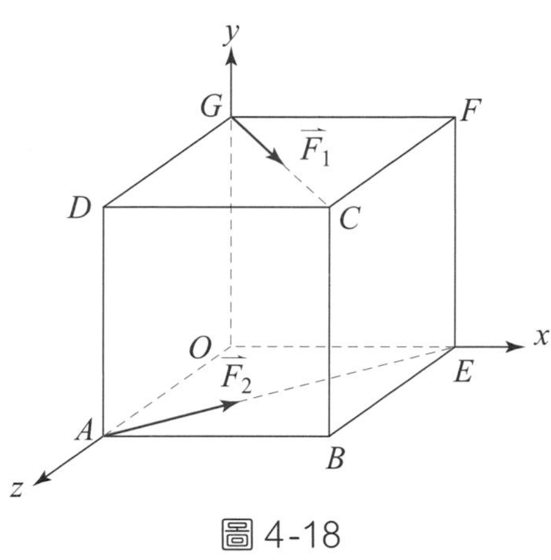

圖 4-18

解 在 O 點處之合力應包括合力 $\vec{R}$ 及偶矩 $\vec{M}$，由 (4–4) 式

$$\vec{R} = \Sigma\vec{F} = (\frac{P}{\sqrt{2}}\vec{i} + \frac{P}{\sqrt{2}}\vec{k}) + (\frac{P}{\sqrt{2}}\vec{i} - \frac{P}{\sqrt{2}}\vec{k}) = \sqrt{2}P\vec{i}$$

$$\vec{M} = \Sigma\overrightarrow{M_O} = (a\vec{j}) \times (\frac{P}{\sqrt{2}}\vec{i} + \frac{P}{\sqrt{2}}\vec{k}) + (a\vec{k}) \times (\frac{P}{\sqrt{2}}\vec{i} - \frac{P}{\sqrt{2}}\vec{k})$$

$$= \frac{Pa}{\sqrt{2}}(\vec{i} + \vec{j} - \vec{k})$$

例 題 4－7

試求出圖 4–19 中的兩個力量及一個偶矩在 A 點處之合力？

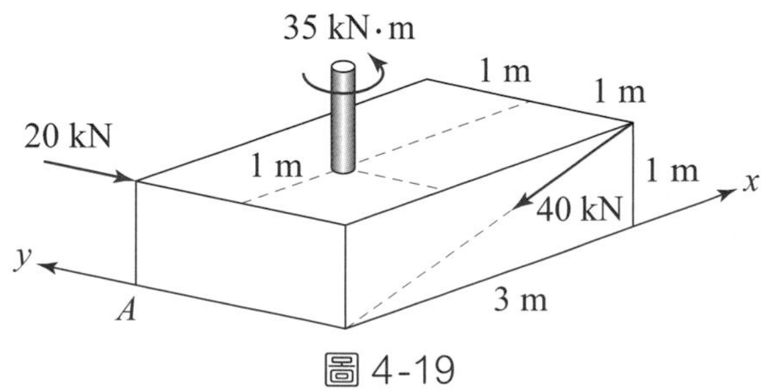

圖 4-19

解 由 (4–4) 式，此相等之合力 $\vec{R}$ 及偶矩和 $\vec{M}$ 分別為

$$\vec{R} = -20\vec{j} + 40(-\frac{3}{\sqrt{10}}\vec{i} - \frac{1}{\sqrt{10}}\vec{k})$$

$$= -37.95\vec{i} - 20\vec{j} - 12.65\vec{k}\ \text{kN}$$

$$\vec{M} = \Sigma\vec{M}_A = (1\vec{k}) \times (-20\vec{j}) + (-2\vec{j}) \times (-\frac{120}{\sqrt{10}}\vec{i} - \frac{40}{\sqrt{10}}\vec{k}) + 35\vec{k}$$

$$= 45.30\vec{i} - 40.89\vec{k}\ \text{kN}\cdot\text{m}$$

4–5 空間特殊力系之合力

前述 §4–4 節之結果亦可應用到特殊的力系上，在此所謂的特殊力系包括共點力系及平行力系兩者。

1. 共點力系

由 §4–1 節之介紹，共點力系指的是力系中的所有力量均通過某一共通點。依 §3–3 節中的方法即可直接求得共點力系的合力，共點力系相對於共通點之合力並沒有偶矩的部份，換句話說，共點力之合力為單一作用力。

2. 平行力系

平行力系之合力可依等值力系的觀念先求出相對於某特定點之相等力與力偶系統，而對平行力系而言，此相等之力與力偶系統中的力的作用線方向與偶矩之軸線方向必定互相垂直，因此，可以將此力與力偶系統進一步簡化為單一作用力。

圖 4–20 (a)所示為一平行力系，其相對於座標原點 O 之相等力與力偶系統如圖 4–20 (b)所示，注意其中力 $\vec{R}$ 與偶矩 $\vec{M}$ 是互相垂直的，而依據 §3–9 節可將此力與力偶系統進一步簡化成如圖 4–20 (c)所示的單一作用力 $\vec{R}$，而其在 xy 平面上的作用點 A 可由 $\vec{M} = \vec{r} \times \vec{R}$ 求得。

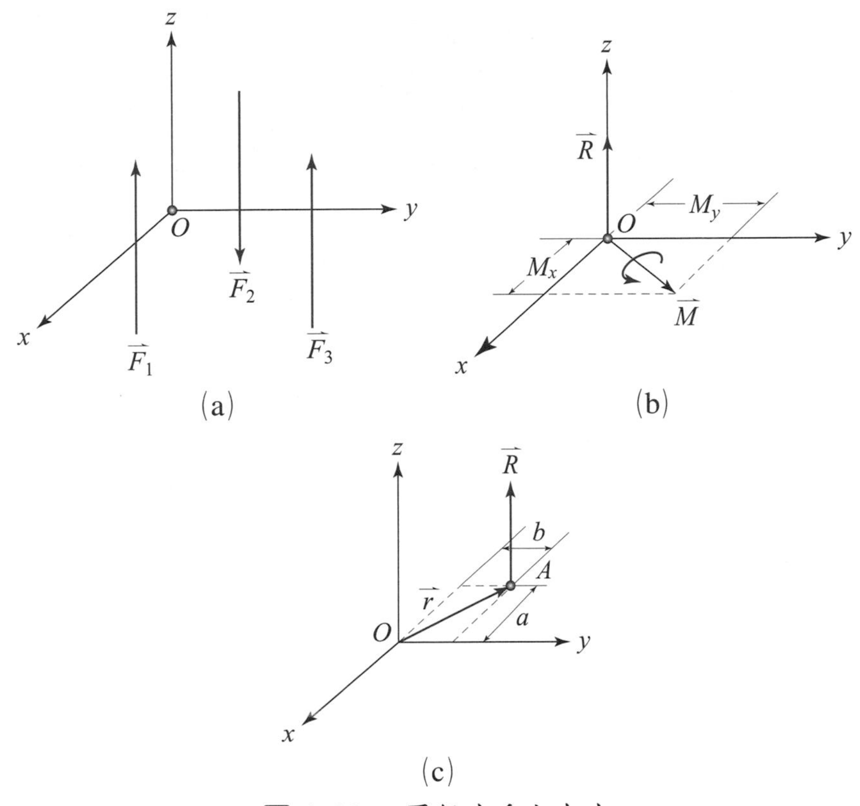

圖 4-20　平行力系之合力

$$\vec{M} = M_x\vec{i} + M_y\vec{j} = (a\vec{i} + b\vec{j}) \times (R\vec{k}) \tag{4–5}$$

則

$$a = -\frac{M_y}{R}, \quad b = \frac{M_x}{R} \tag{4–6}$$

例　題 4－8

一平板受到一平行力系之作用如圖 4–21 所示，試求合力 $\vec{R}$ 及其在 xy 平面上之作用點位置？

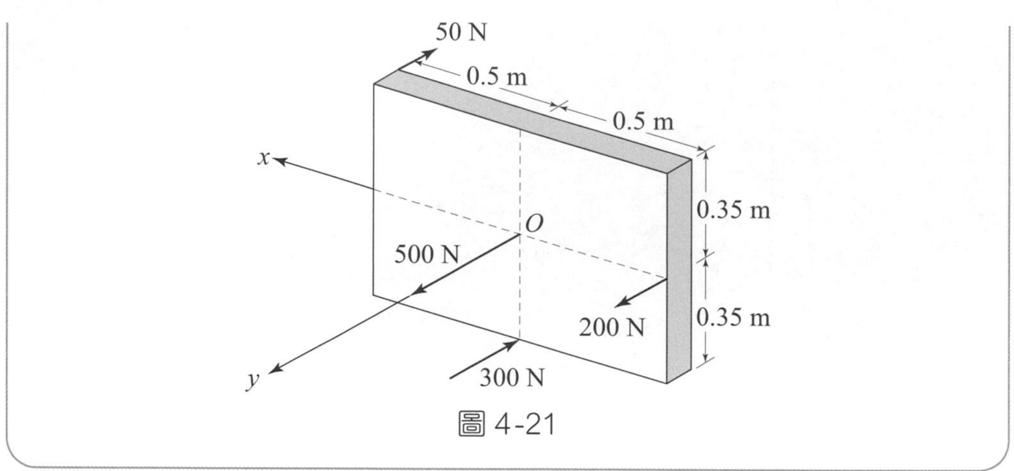

圖 4-21

解 先求出此平行力系相對於 O 點之等值力系，由 (4–4) 式，

$$\vec{R}=\sum\vec{F}=(200+500-300-50)\vec{j}=350\vec{j}\ \text{N}$$

$$\begin{aligned}\vec{M}&=\sum\vec{M_O}\\&=(0.5\vec{i}+0.35\vec{k})\times(-50\vec{j})+(-0.5\vec{i})\times(200\vec{j})\\&\qquad+(-0.35\vec{k})\times(-300\vec{j})\\&=-87.5\vec{i}-125\vec{k}\ \text{N}\cdot\text{m}\end{aligned}$$

現將 $\vec{R}$ 由 O 移至 A 以抵消偶矩 $\vec{M}$，如圖 4–22，則

$$\vec{M}=\vec{r}\times\vec{R}$$

其中 $\vec{r}=\overrightarrow{OA}=a\vec{i}+c\vec{k}$，則

$$-87.5\vec{i}-125\vec{k}=(a\vec{i}+c\vec{k})\times(350\vec{j})$$

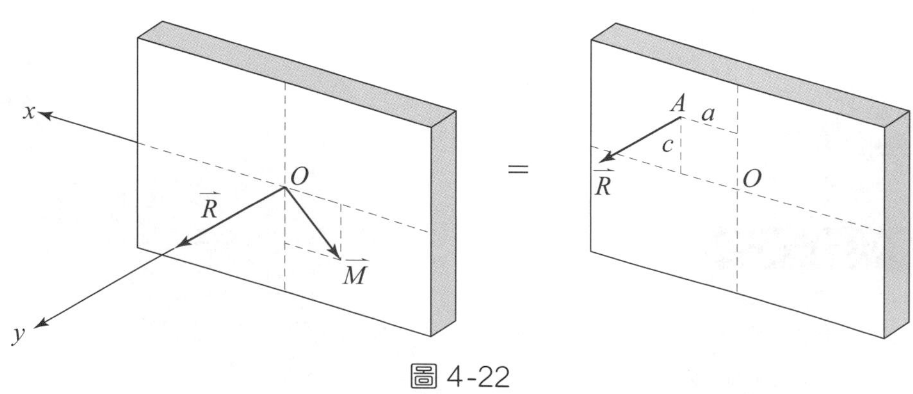

圖 4-22

解得 $a=-0.357$ m

$c=0.25$ m

例題 4-9

四個力作用於一垂直站立之四分之一圓板上如圖 4-23 所示，試求合力 $\vec{R}$ 及在 yz 平面上之作用點位置？

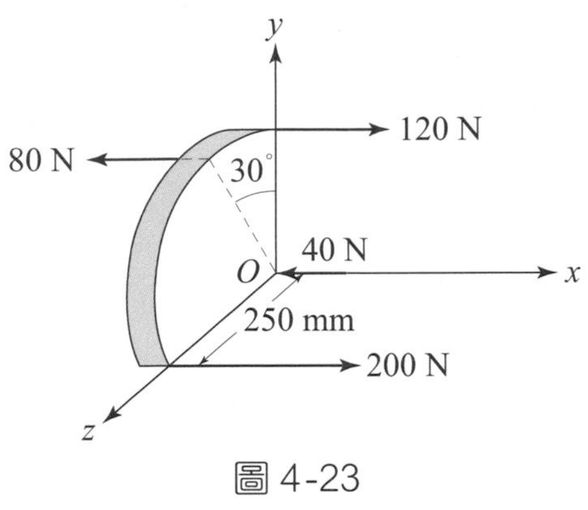

圖 4-23

解 先求出此平行力系相對於 O 點之相等力與力偶系統如下：

$$\vec{R}=\sum\vec{F}=120\vec{i}-80\vec{i}+200\vec{i}-40\vec{i}=200\vec{i}\text{ N}$$

$$\vec{M}=\sum\vec{M_O}$$

$$=(0.25\vec{j})\times(120\vec{i})+(0.25\cos30^\circ\vec{j}+0.25\sin30^\circ\vec{k})\times(-80\vec{i})$$

$$+(0.25\vec{k})\times(200\vec{i})$$

$$=40\vec{j}-12.68\vec{k}$$

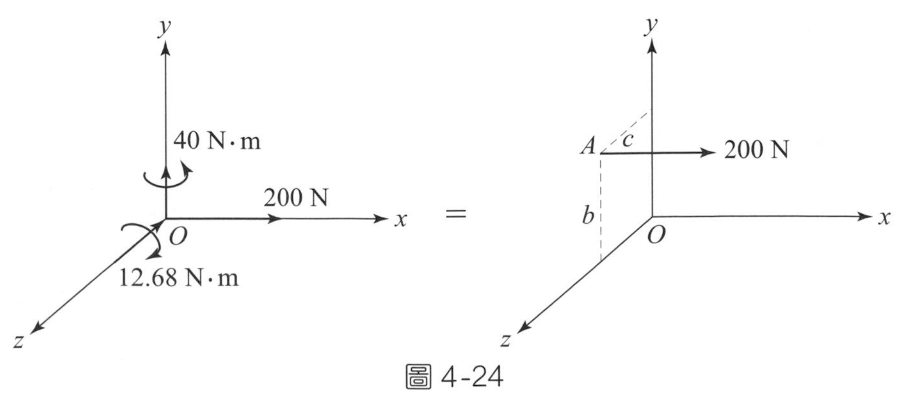

圖 4-24

由圖 4–24，設 A 點之位置 $\vec{r}=b\vec{j}+c\vec{k}$，則

$$\vec{M}=\vec{r}\times\vec{R}$$

$$40\vec{j}-12.68\vec{k}=(b\vec{j}+c\vec{k})\times(200\vec{i})$$

解得 $b=63.4\text{ mm}$

$c=200\text{ mm}$

例題 4－10

一直立之旗竿由三條纜繩 AB，AC 及 AD 支撐如圖 4–25 所示，知張力分別為 1800 N，1500 N 及 300 N，試求在 A 點處之合力為何?

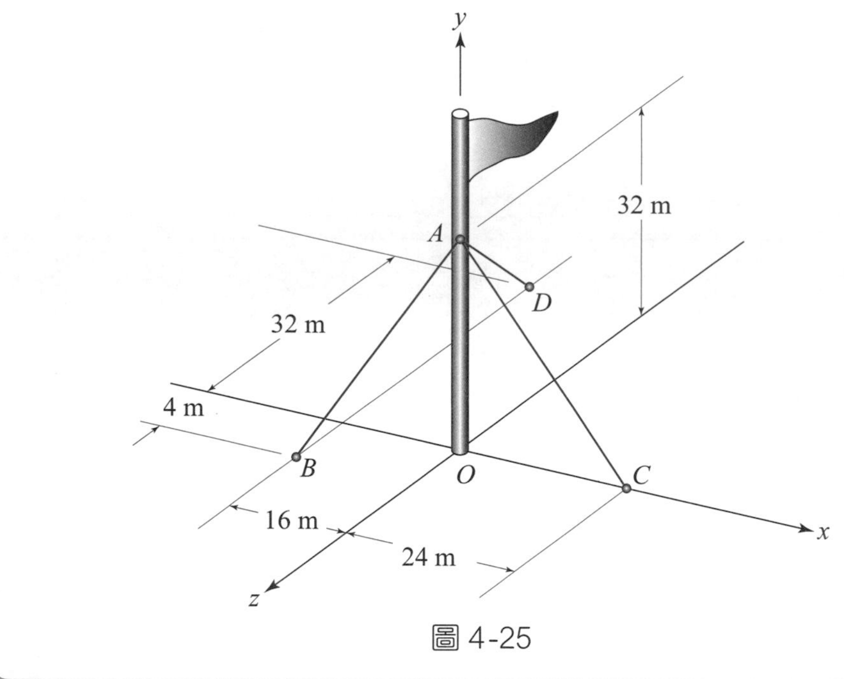

圖 4-25

解 由 $A(0, 32, 0)$，$B(-16, 0, 4)$，$C(24, 0, 0)$，$D(-16, 0, -32)$，則沿三段繩索之向量 $\overrightarrow{AB}$，$\overrightarrow{AC}$ 及 $\overrightarrow{AD}$ 分別為

$$\overrightarrow{AB}=-16\vec{i}-32\vec{j}+4\vec{k},\quad |\overrightarrow{AB}|=36\text{ m}$$

$$\overrightarrow{AC}=24\vec{i}-32\vec{j},\quad |\overrightarrow{AC}|=40\text{ m}$$

$\overrightarrow{AD} = -16\vec{i} - 32\vec{j} - 32\vec{k}$，$|\overrightarrow{AD}| = 48$ m

故三段繩索之張力 $\overrightarrow{T_{AB}}$，$\overrightarrow{T_{AC}}$ 及 $\overrightarrow{T_{AD}}$ 如下：

$$\overrightarrow{T_{AB}} = \frac{1800}{36}(-16\vec{i} - 32\vec{j} + 4\vec{k}) = -800\vec{i} - 1600\vec{j} + 200\vec{k} \text{ N}$$

$$\overrightarrow{T_{AC}} = \frac{1500}{40}(24\vec{i} - 32\vec{j}) = 900\vec{i} - 1200\vec{j} \text{ N}$$

$$\overrightarrow{T_{AD}} = \frac{300}{48}(-16\vec{i} - 32\vec{j} - 32\vec{k}) = -100\vec{i} - 200\vec{j} - 200\vec{k} \text{ N}$$

在 A 點處此三力為共點力，故合力應為單一作用力 $\vec{R}$，即

$$\vec{R} = \overrightarrow{T_{AB}} + \overrightarrow{T_{AC}} + \overrightarrow{T_{AD}} = -3000\vec{j} \text{ N}$$

習　題

7. 兩力施於一直立之竿如圖 4–26 所示，試求在 O 點處之相等力與力偶系統？

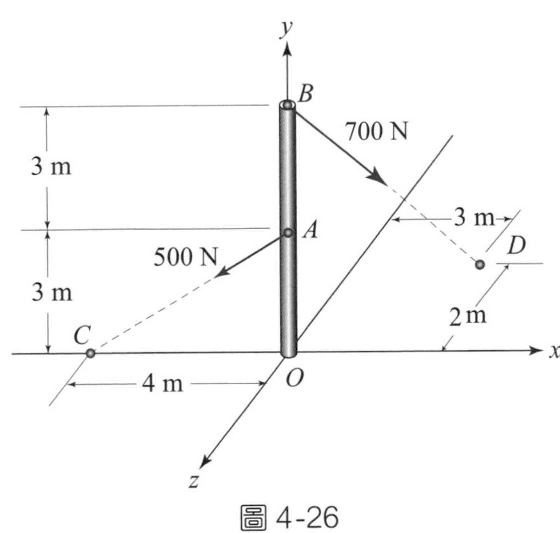

圖 4-26

8. 圖 4–27 所示為一彎管受到兩力的作用，試求出在 O 點處之合力？

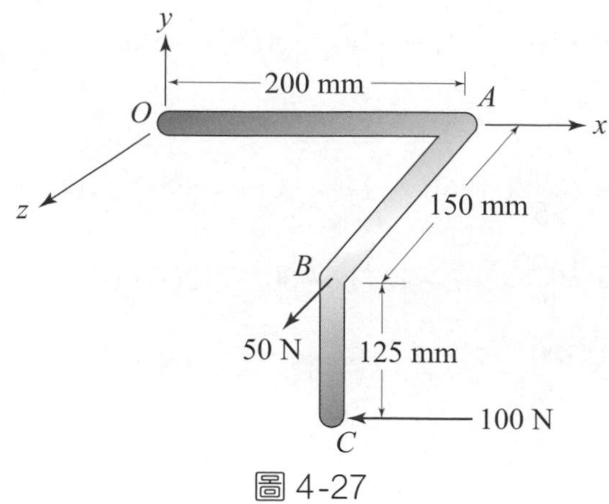

圖 4-27

9. 一旗竿由三條纜繩支撐如圖 4–28 所示，假設每條繩子的張力均為 P，試求 O 點處之合力？

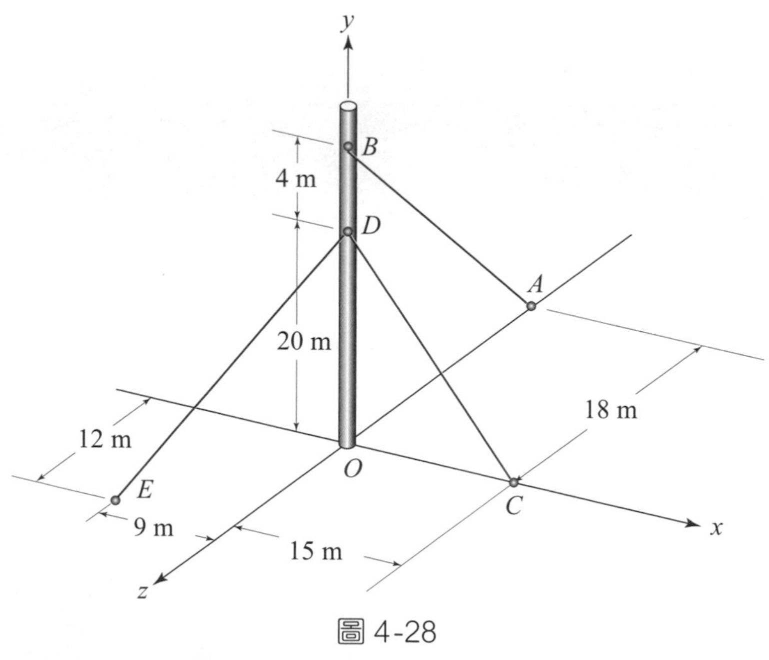

圖 4-28

10. 試求出圖 4–29 中三個力相對於原點 O 之合力？

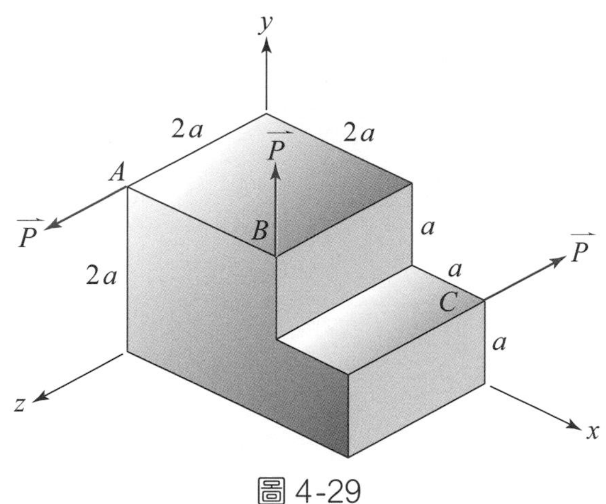

圖 4-29

11. 四力作用於一平板上如圖 4–30 所示，試求單一作用力之合力以及此力作用線在 xz 平面上之交點位置?

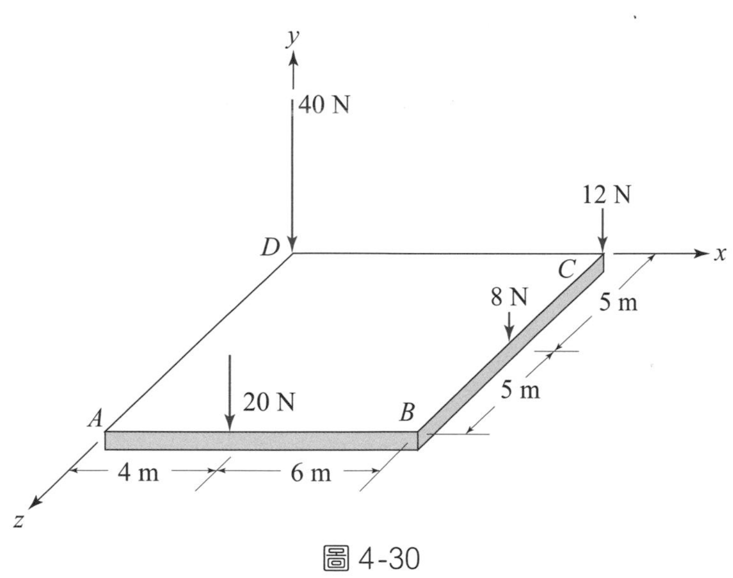

圖 4-30

12. 圖 4–31 中的四個平行力若其合力作用於四分之一圓板之圓周上，則 P 為何?

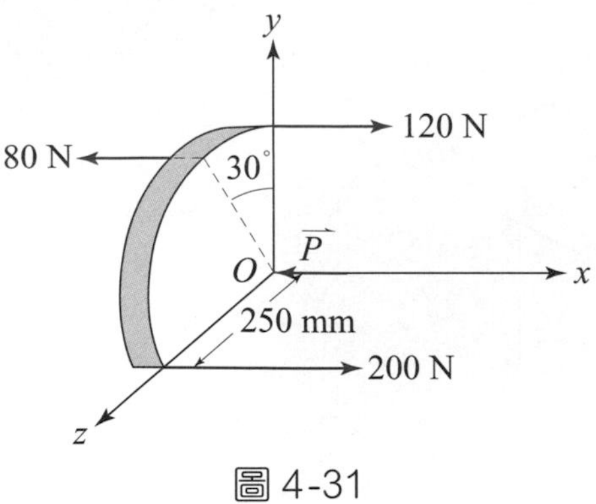

圖 4-31

第五章 力系之平衡

5-1 平衡之基本概念

由第四章可知作用於剛體之外力，可以利用等值力系的觀念，找出相對於某特定點的相等力與力偶系統，若此合力系統中的力與力偶均為零的話，則可稱此剛體為平衡 (equilibrium)。

由牛頓第一運動定律可知若剛體處於平衡狀態，則其可能的外在運動效應有兩種: 若原來為靜止則繼續保持靜止; 而若原來有運動則應作等速度運動，此種情況其運動軌跡為直線。

在分析平衡的問題時，首先應確定所欲分析的對象是質點或剛體，基本上外力對質點僅能產生移動的效應，而對剛體除了產生移動之外，尚有旋轉的效應。若以平衡條件來看的話，質點的平衡只是單純力的平衡，即合力為零。而剛體的平衡必須是合力與合力矩均為零。

除了質點與剛體在平衡條件上的差異外，另一個與平衡有關的重要觀念就是作用與反作用力。依牛頓第三運動定律，作用與反作用力大小相等，方向相反，但彼此作用於不同的物體上，假如這兩個物體互相接觸或由接頭連結在一起，則作用與反作力僅是內力，在平衡條件中可不予考慮; 但是假如將兩者分離成為自由體 (free body)，則作用及反作用力成為外力，必須在平衡條件中加以考慮。

最後，整個平衡的分析過程中最關鍵的步驟就是自由體圖 (free-body diagram)，或分離體圖。沒有正確的自由體圖，便無法建立正確的平衡條件，自然更無法求得正確的分析結果。

5-2 自由體圖

自由體圖或分離體圖顧名思義，乃是將所欲分析的部份自系統中分離出來，使其成為自由體。通常自由體的選擇，並沒有一定的規則或限制，可以大至整個系統，亦可小至某特定點，端賴所遇之情況而定。自由體圖乃是分析過程中不可缺少的步驟，初學者應儘可能多觀摩多練習，由經驗中去建立作圖的能力，唯有勤動手才是融會貫通的不二法門。

自由體圖的繪製可以歸納為以下的幾點步驟：

步驟一：選擇正確且適當的自由體，將此自由體自原系統中加以分離，並在自由體圖中以適當之幾何圖形表示自由體的外形。

步驟二：將自由體所受到的外力依大小、方向及作用點在自由體上完整標示出來。這些外力包括地面支撐的正向力、原系統與自由體相接觸與連結處因分離所產生的反作用力，以及自由體本身的重量。若自由體由數個部份所組成，則不同部份之間的結合力量屬於內力，不必加以考慮。

步驟三：除了步驟二中已知的外力需正確標示其大小及方向外，未知的外力則應利用適當的文字變數來代表其大小及方向，一般而言，未知的外力大多為反作用力，而有關反作用力將於以下各節中詳加討論。

步驟四：基於計算的需要，自由體的相關尺寸亦應加以標示，其餘與計算無關之特性則可忽略。

步驟五：依分析之需要列出相關之方程式並加以求解。關於方程式的屬性，在靜力學中所指的是平衡方程式，而在動力學中則是運動方程式。而在求解的過程中應注意方程式的數目與未知數的數目之間的關係。

5–3　力系平衡之基本條件

力系之平衡可以分為質點及剛體兩種情況來討論。所謂質點是指物體的形狀及大小，並不會對受力後的運動效應產生任何的影響，故可以假設物體的質量集中於一點，通常此點是取在物體的質心處。而當物體的形狀及大小會對受力後的運動效應造成影響時，則必須以剛體來處理。

1. 質點之平衡

對質點而言，當作用於其上的合力為零時，則稱該質點處於平衡狀態。若以方程式表示，則質點平衡之充分且必要條件為

$$\boxed{\vec{R} = \Sigma\vec{F} = 0} \tag{5–1}$$

對質點而言，因為所有外力 $\vec{F}$ 的作用線均通過該質點，亦即為共點力，故 (5–1) 式中的合力 $\vec{R}$ 可依 §3–3 節的方法來求得。

若質點所受到之外力 $\vec{F}$ 均為共平面力，則 (5–1) 式可以進一步表示為

$$\begin{cases} \Sigma F_x = 0 \\ \Sigma F_y = 0 \end{cases} \tag{5–2}$$

而對三度空間之受力狀況則可寫為

$$\begin{cases} \Sigma F_x = 0 \\ \Sigma F_y = 0 \\ \Sigma F_z = 0 \end{cases} \tag{5–3}$$

由 (5–2) 及 (5–3) 式可以發現，若質點受到共平面力系的作用而保持平衡，則最多可以解兩個未知數；而若質點受到三度空間力系的作用且保持平衡，則最多可以解三個未知數。

2.剛體之平衡

如前述剛體與質點的差異在於剛體的形狀及大小會影響到受力後的運動效應，此處所指的運動效應除了移動之外，尚包括旋轉。因此若作用於剛體之力系欲保持平衡，則對剛體上的任何一點而言，其相等力系（或相等之力與力偶系統）必須為零。換句話說，剛體平衡之充分且必要條件為

$$\boxed{\begin{array}{l}\Sigma\vec{F}=0\\ \Sigma\vec{M}=\Sigma(\vec{r}\times\vec{F})=0\end{array}} \tag{5–4}$$

若剛體受到共平面力系的作用而保持平衡，則由 (5–4) 式可得到

$$\begin{cases}\Sigma F_x=0\\ \Sigma F_y=0\\ \Sigma M_z=0\end{cases} \tag{5–5}$$

而對三度空間力系而言，(5–4) 式所代表的平衡條件為

$$\begin{cases}\Sigma F_x=0\\ \Sigma F_y=0\\ \Sigma F_z=0\\ \Sigma M_x=0\\ \Sigma M_y=0\\ \Sigma M_z=0\end{cases} \tag{5–6}$$

由 (5–5) 式及 (5–6) 式可知，在共平面力系作用下的剛體如為平衡，則最多可解三個未知數；而三度空間力系作用下的剛體若保持平衡，則最多可解六個未知數。

5–4　共平面力系之平衡

依 §5–2 節中對自由體圖的說明，有關質點或剛體的平衡條件分析當中，相當關鍵的一個部份是自由體（或分離體）與原系統連結處以及支撐處的反作用力。

1. 二維結構支撐與連結處之反作用力

依牛頓之作用與反作用力定律，兩相互作用的物體之間，其作用力與反作之力大小相等，方向相反，且位於相同之作用線上。因此在分析物體受力之平衡狀態時，將自由體由原系統分離出來的過程中，必定在支撐及連結的地方產生反作用力。

圖 5–1 列出了二維結構中常見的一些支撐及連結的型式，由這些不同的支撐或連結所提供的拘束方式及反作用力的未知數之間可以歸納出以下兩條規則：

規則一：若支撐或連結限制了自由體在平面上的移動，則自由體在沿被限制的方向上會受到反作用力的作用。
規則二：若支撐或連結限制了自由體在平面上的轉動，則自由體會受到一反作用力矩之作用，此力矩之軸線為沿垂直於平面的法線方向。

以一般常見的滾輪支撐為例，由於沿垂直於接觸面方向的移動受到限制，因此在該方向受到反作用力的作用，而此反作用力之大小為未知，故未知數的數目為 1。再以鉸鏈或迴轉接頭而言，由於其沿平面之水平及垂直方向的移動均受到限制，僅允許旋轉之運動，故其反作用力為沿水平及沿垂直兩個方向，同樣的僅有大小為未知，故未知數的數目為 2。而若採取固定支撐的方式，則在二維空間所有的自由度，包括兩個方向的移動及一個轉動均受到拘束，故反作用力除了沿水平及垂直兩個方向之外，尚包括一個偶矩，故未知數的數目為 3。

支撐或連結	反作用力	未知數數目
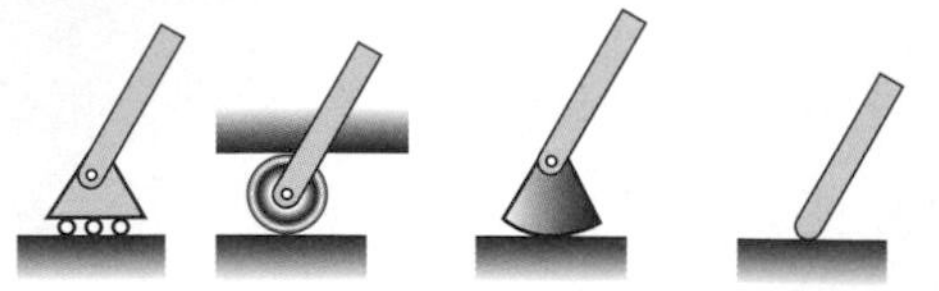 滾輪　搖桿　無摩擦表面	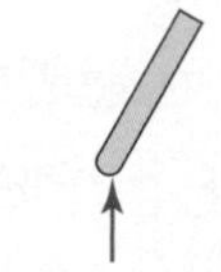 已知作用線之力	1
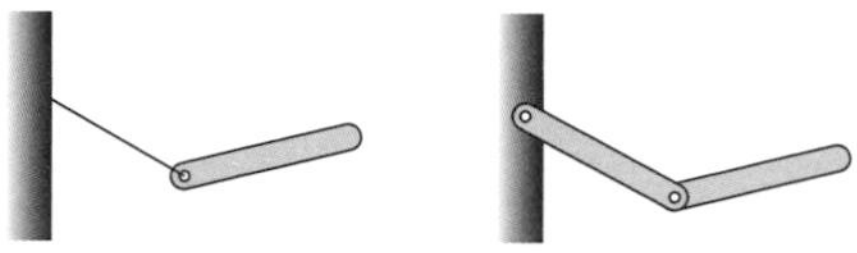 短繩　連桿	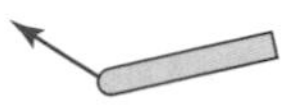 已知作用線之力	1
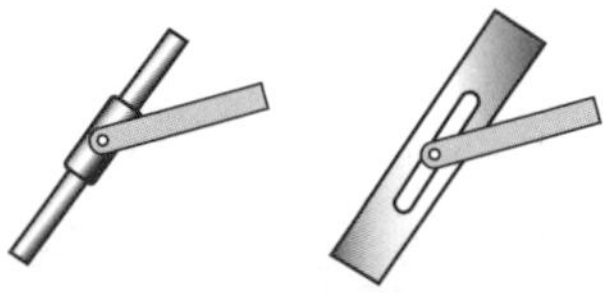 無摩擦之滑套　無摩擦之銷	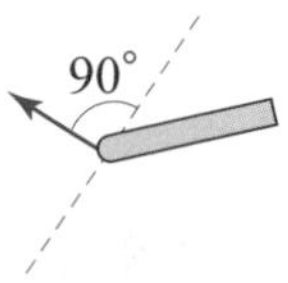 90° 已知作用線之力	1
鉸鏈（迴轉接頭）　摩擦面接觸	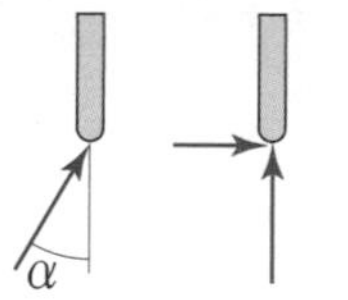 α 不知作用線之力	2
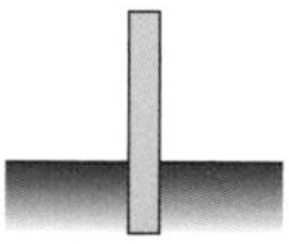 固定支撐	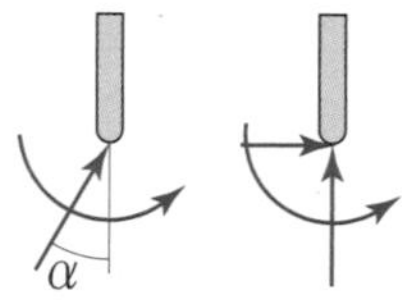 α 力與偶矩	3

圖 5-1　支撐與連結之反作用力（平面力系）

2. 共平面力系作用下之平衡分析

由 §5–3 節可知力系平衡之條件端視質點或剛體而有所不同。對於質點之平衡而言，共平面力系作用下之平衡條件可以由共點力之合力為零，或(5–2)式來找出其平衡條件，並進一步由平衡條件解出最多兩個未知數。

而對於共平面力系作用下之剛體而言，其平衡條件可以由 (5–4) 式來加以決定，由於未知數最多可以達到三個，為避免解聯立方程組之繁瑣計算及可能衍生的錯誤，應儘可能採取一個方程式可解出一個未知數的方式來定出平衡條件。

圖 5–2 (a)為以 A, B 為支撐點的桁架受到外力 $\vec{P}$, $\vec{Q}$ 及 $\vec{S}$ 的作用，依 §5–2 節及圖 5–1 可以繪出自由體圖如圖 5–2 (b)，其中 A 點處之反作用力 $\vec{A_x}$, $\vec{A_y}$ 及 B 處之反作用力 $\vec{B_y}$ 為未知數。依 (5–4) 式可列出平衡條件以及未知數求解之順序如下：

$$\Sigma F_x = 0 \quad \Rightarrow \quad \text{可求得 } A_x$$
$$\Sigma M_A = 0 \quad \Rightarrow \quad \text{可求得 } B_y$$
$$\Sigma F_y = 0 \quad \Rightarrow \quad \text{可求得 } A_y$$

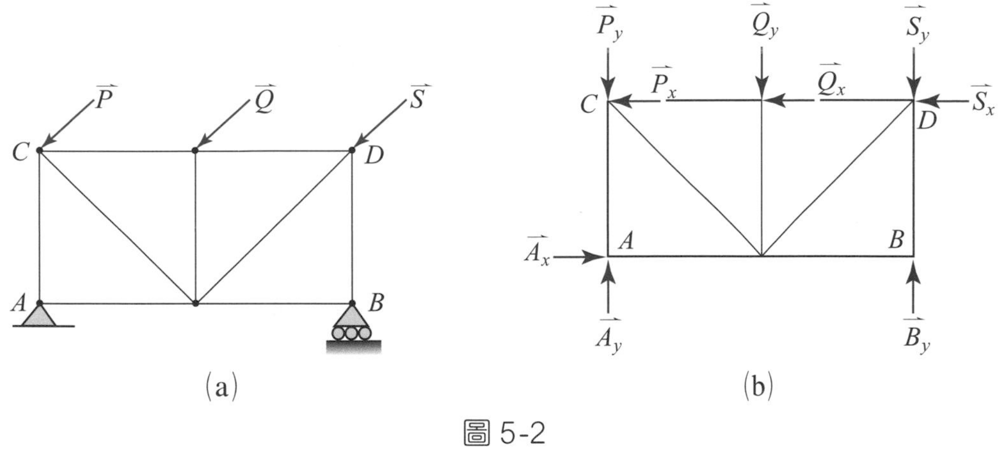

圖 5-2

除此之外，上述平衡條件中的最後一個條件亦可改為 $\Sigma M_B = 0$，其結果亦相同，即

$$\Sigma F_x = 0 \quad \Rightarrow \quad \text{可求得 } A_x$$
$$\Sigma M_A = 0 \quad \Rightarrow \quad \text{可求得 } B_y$$
$$\Sigma M_B = 0 \quad \Rightarrow \quad \text{可求得 } A_y$$

甚至於以如下之平衡條件亦可順利解出未知數：

$$\Sigma M_A = 0 \quad \Rightarrow \quad \text{可求得 } B_y$$
$$\Sigma M_B = 0 \quad \Rightarrow \quad \text{可求得 } A_y$$
$$\Sigma M_C = 0 \quad \Rightarrow \quad \text{可求得 } A_x$$

基於以上的說明可以發現，平衡條件本身之組合並非是唯一的，只要符合「一個平衡方程式可以解出一個未知數」的原則，不同的平衡方程式可以互相組合而成適當的平衡條件。

例 題 5－1

一橫樑受到三個外力作用如圖 5–3 所示，若橫樑重量可忽略，試求 A 及 B 兩支撐處之反作用力為何？

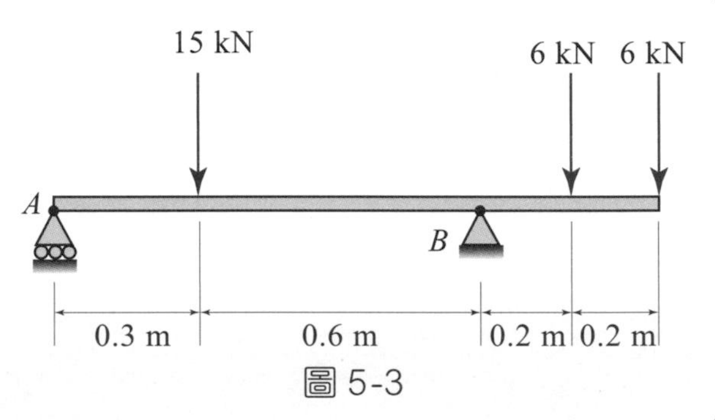

圖 5-3

解 先依 §5–2 節所述作出自由體圖如圖 5–4 所示。

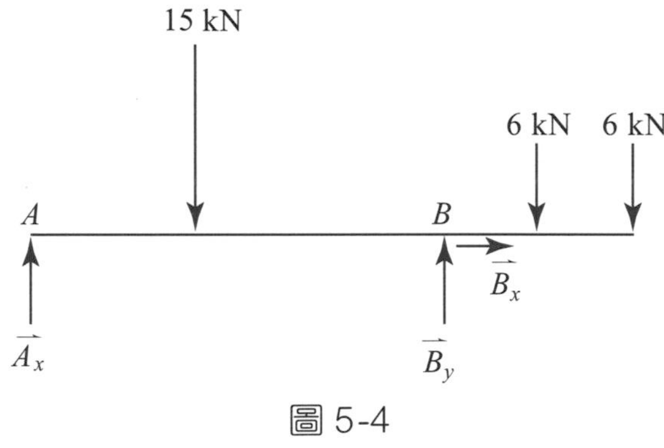

圖 5-4

則由平衡條件可分別解出未知數如下：

$\Sigma F_x = 0$：

$$B_x = 0$$

$\Sigma M_A = 0$：

$$-15 \times 0.3 + B_y \times 0.9 - 6 \times 0.11 - 6 \times 0.13 = 0$$

$$\Rightarrow B_y = 21 \text{ kN}$$

$\Sigma M_B = 0$：

$$-A \times 0.9 + 15 \times 0.6 - 6 \times 0.2 - 6 \times 0.4 = 0$$

$$\Rightarrow A = 6 \text{ kN}$$

故在 A 處之反作用力為 6 kN 向上，而在 B 處之反作用力為 21 kN 向上

例 題 5－2

不計摩擦及滑輪之半徑，在桿重可以忽略的情況下，試求：

(a)繩索 ADB 之張力？

(b)在 C 處之反作用力？

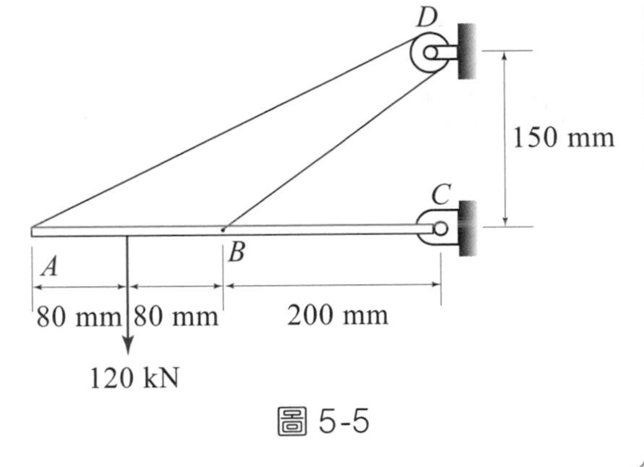

圖 5-5

解 自由體圖如圖 5–6，三個未知數 T，C_x 及 C_y 可分別由如下之平衡條件求出：

$\Sigma M_C = 0$：

$$120 \times 0.28 - \frac{5}{13} T \times 0.36 - \frac{3}{5} T \times 0.2 = 0$$

$$\therefore T = 130 \text{ N}$$

$\Sigma F_x = 0$：

$$C_x + \frac{12}{13} \times 130 + \frac{4}{5} \times 130 = 0$$

$$\therefore C_x = -224 \text{ 或 } C_x = 224 \text{ N} \leftarrow$$

$\Sigma F_y = 0$：

$$C_y - 120 + \frac{5}{13} \times 130 + \frac{3}{5} \times 130 = 0$$

$\therefore C_y = -8$ 或 $C_y = 8\ \text{N}\downarrow$

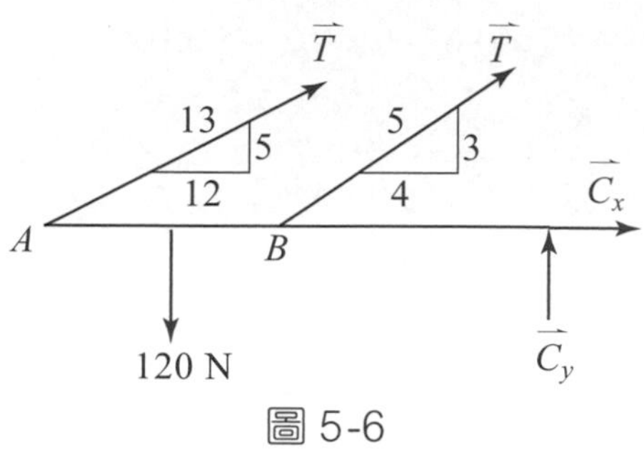

圖 5-6

例題 5－3

如圖 5–7 之結構，試求：

(a) D 處之反作用力？

(b)桿 BE 及桿 CF 之張力？

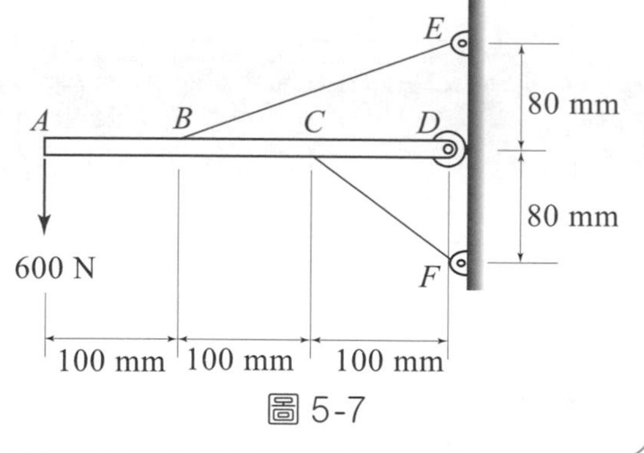

圖 5-7

解 如圖 5–8 之自由體圖，其中 α 及 β 分別為

$$\alpha = \tan^{-1}\frac{0.08}{0.2} = 21.80°$$

$$\beta = \tan^{-1}\frac{0.08}{0.1} = 38.66°$$

則未知數 T_{CF}，T_{BE} 及 R_D 可分別求得如下：

$\Sigma M_B = 0$：

$$600 \times 0.1 - T_{CF}\sin 38.66° \times 0.1 = 0$$

$$\therefore T_{CF} = 960.47\ \text{N}$$

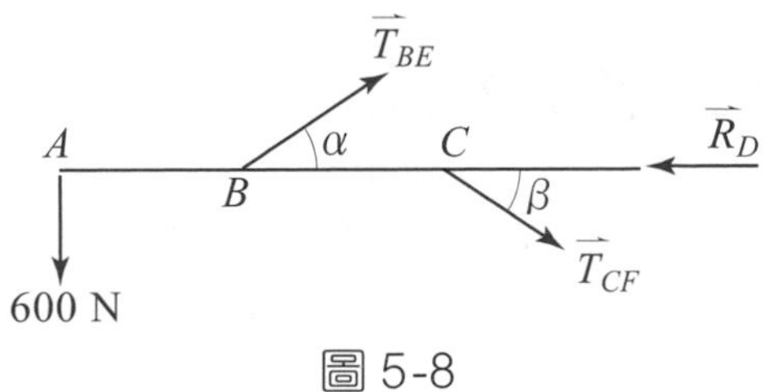

圖 5-8

$\sum M_C = 0$:

$$600 \times 0.2 - T_{BE}\sin 21.80° \times 0.1 = 0$$

$$\therefore T_{BE} = 3231.1 \text{ N}$$

$\sum F_x = 0$:

$$T_{BE}\cos 21.81° + T_{CF}\cos 38.66° - R_D = 0$$

$$\therefore R_D = 3750.03 \text{ N} \leftarrow$$

5–5　雙力元件之平衡

所謂雙力元件 (two-force body) 指的是僅受到兩個外力作用的剛體，這兩個外力必須分別作用於剛體上不同的位置，依圖 5–9 可知，處於平衡狀態之雙力元件，其兩個外力必定是大小相等，方向相反，且其作用線與兩個作用點的連線相互重合。

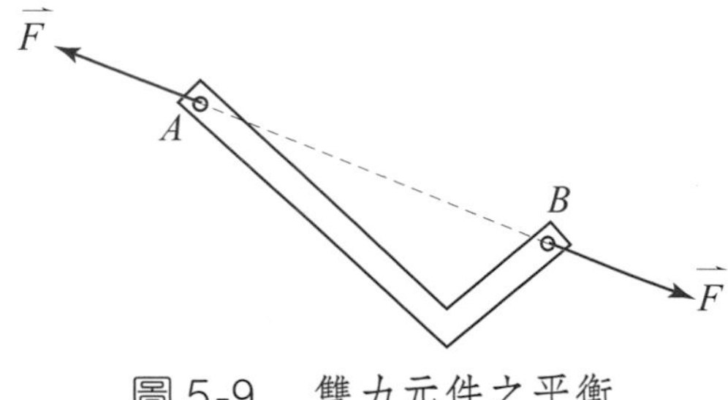

圖 5-9　雙力元件之平衡

若剛體受到數個外力之作用，且這些外力集中作用於 A, B 兩點，則由前述雙力元件平衡之觀念，作用於 A 點之外力的合力與作用於 B 點之外力的合力，必定是大小相等，方向相反，且兩合力之作用線與 AB 兩點之連線重合。

5–6 三力元件之平衡

三力元件 (three-force body) 指的是受到三個外力作用之剛體，或者以更為一般性的說法是外力作用於三個不同作用點之剛體。

三力元件之平衡可分為以下兩種情況來加以說明：

1. 三力為共點力

如圖 5–10 所示，三力元件若處於平衡狀態，則三個作用點上之力或合力必定為共點力，即作用線必定交於一點。

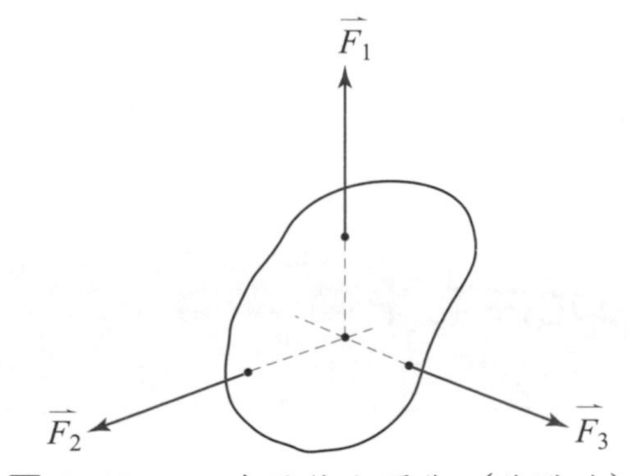

圖 5-10　三力元件之平衡（共點力）

2. 三力為平行力

若三力元件處於平衡狀態，但外力作用線並不交於一點，則這些外力必定互相平行，如圖 5–11 所示。

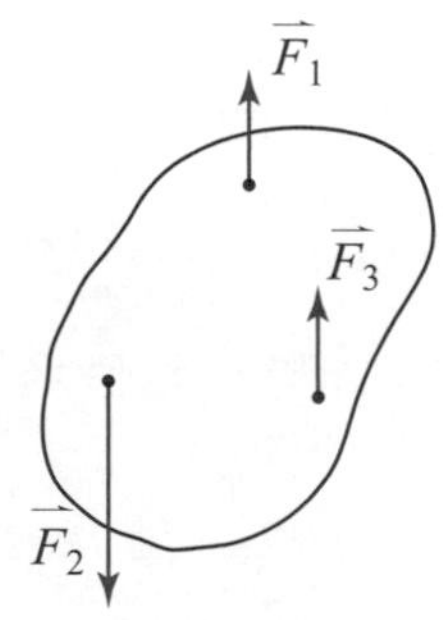

圖 5-11　三力元件之平衡（平行力）

例題 5-4

試求繩 BD 之張力及 C 處之反作用力?

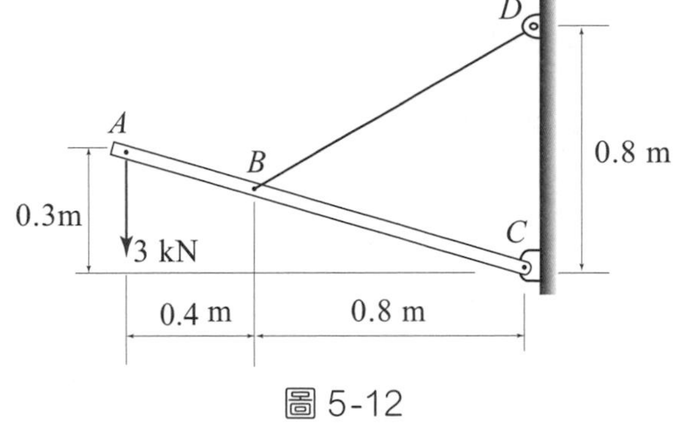

圖 5-12

解

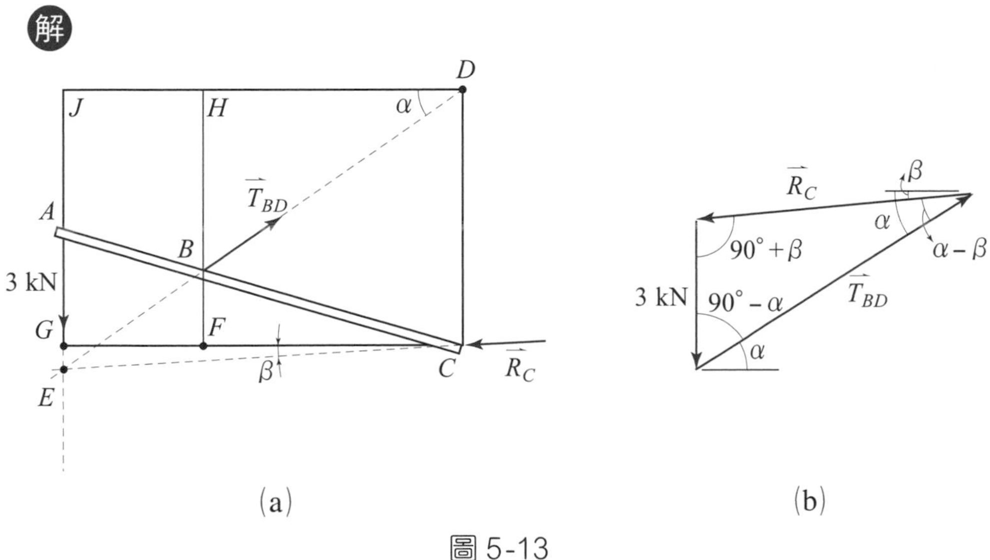

圖 5-13

由圖 5–13 (a)可知因為 3 kN 之力與 $\overrightarrow{T_{BD}}$ 交於 E，故反作用力 $\overrightarrow{R_C}$ 必通過點 E，

由 $\dfrac{\overline{BF}}{\overline{AG}} = \dfrac{\overline{CF}}{\overline{CG}}$ 或 $\dfrac{\overline{BF}}{0.3} = \dfrac{0.8}{1.2}$，可知 $\overline{BF} = 0.2$ m

則 $\overline{BH} = 0.8 - \overline{BF} = 0.6$ m

又 $\dfrac{\overline{JE}}{\overline{BH}} = \dfrac{\overline{DJ}}{\overline{DH}}$ 即 $\dfrac{\overline{JE}}{0.6} = \dfrac{1.2}{0.8}$，故 $\overline{JE} = 0.9$ m

故 $\overline{EG} = \overline{JE} - \overline{JG} = 0.9 - 0.8 = 0.1$ m

由△CEG 得 $\tan\beta = \dfrac{\overline{EG}}{\overline{CG}} = \dfrac{0.1}{1.2}$，故 $\beta = 4.764°$

又△BDH 得 $\tan\alpha = \dfrac{\overline{BH}}{\overline{DH}} = \dfrac{0.6}{0.8}$，故 $\alpha = 36.87°$

由圖 5–13(b)可知

$$\frac{3\text{ kN}}{\sin(\alpha-\beta)} = \frac{T_{BD}}{\sin(90+\beta)} = \frac{R_C}{\sin(90-\alpha)}$$

$$T_{BD} = 3\text{ kN} \times \frac{\sin 94.76}{\sin 32.11°} = 5.625\text{ kN}$$

$$R_C = 3\text{ kN} \times \frac{\sin 53.13}{\sin 32.11°} = 4.516\text{ kN}$$

即 C 處之反作用力 $\overrightarrow{R_C} = 4.516\text{ kN } 4.76°$ ↗

例題 5–5

試求出圖 5–14(a)中 A 及 B 處之反作用力？

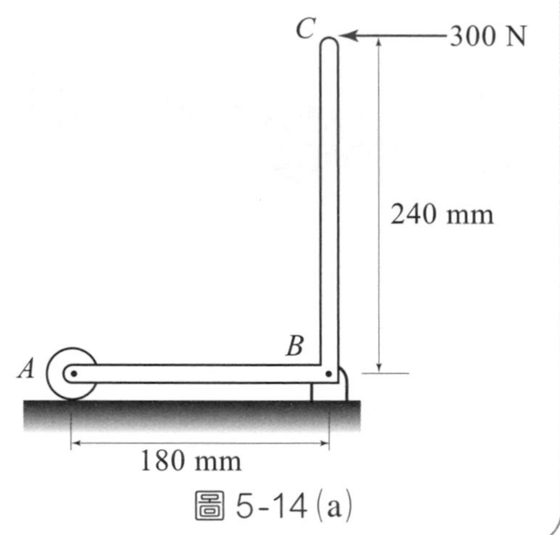

圖 5-14(a)

解 如圖 5–14(b)所示之自由體圖，可知 B 處之反作用力 $\vec{B}$ 必通過 $\vec{A}$ 及 300N 力之交點，即 $\vec{A}, \vec{B}$, 300 N 應形成一力三角形，則

$$\tan\beta = \frac{240}{180}$$

$$\therefore \beta = 53.13°$$

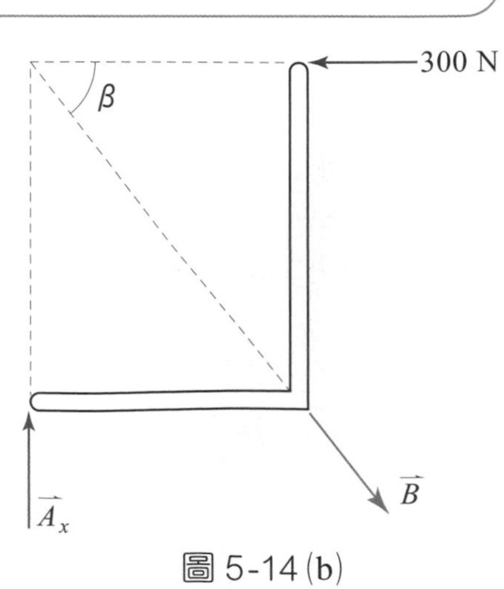

圖 5-14(b)

$$A = 300\tan 53.13° = 400\ \text{N}\uparrow$$

$$B = \frac{300}{\cos 53.13°} = 500\ \text{N}$$

故 A 處之反作用力為 400 N↑，而 B 處之反作用力為 500 N ↖ 53.1°

習題

1. 如圖 5–15 所示之裝置，－75 N 之外力作用於 B 點，而在 A 點則由一繩索連結於 D，試求：(a)繩 AD 之張力為何？ (b)在 C 處之反作用力為何？
2. 如圖 5–16 中的 AB 桿與半徑為 r 之圓盤係固定在一起運動，試求當平衡時，P 之大小為何？（試以 W, r, ℓ, θ 表示之）

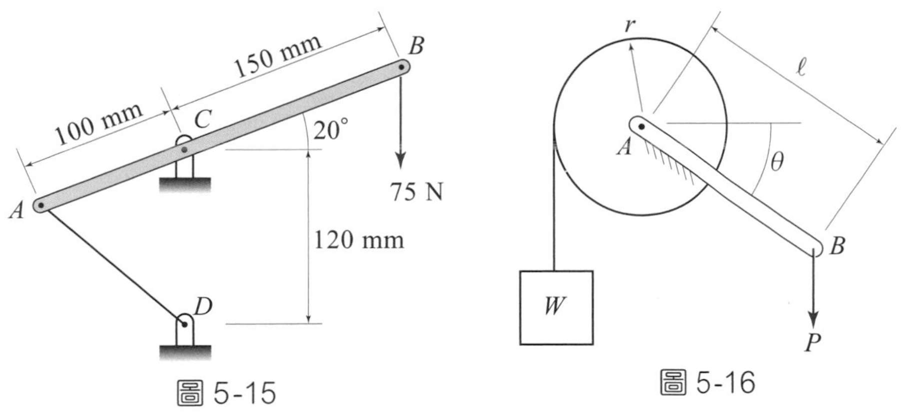

圖 5-15　　圖 5-16

3. 如圖 5–17 所示，若 $\alpha = 60°$，試求 A 及 B 處之反作用力？

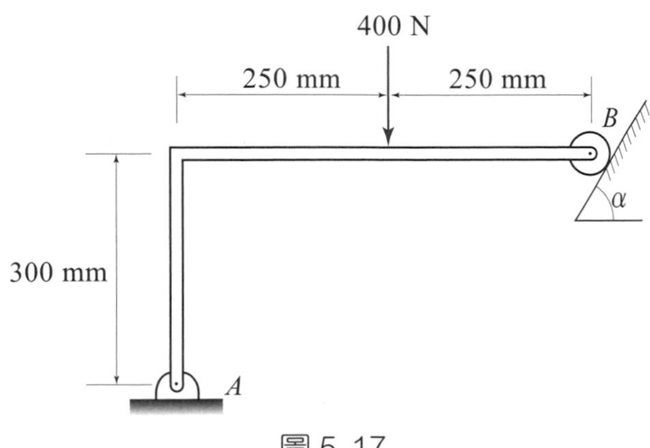

圖 5-17

4. 如圖 5–18 所示之三種不同的受力狀況，試求 *A* 點處之反作用力各為何？

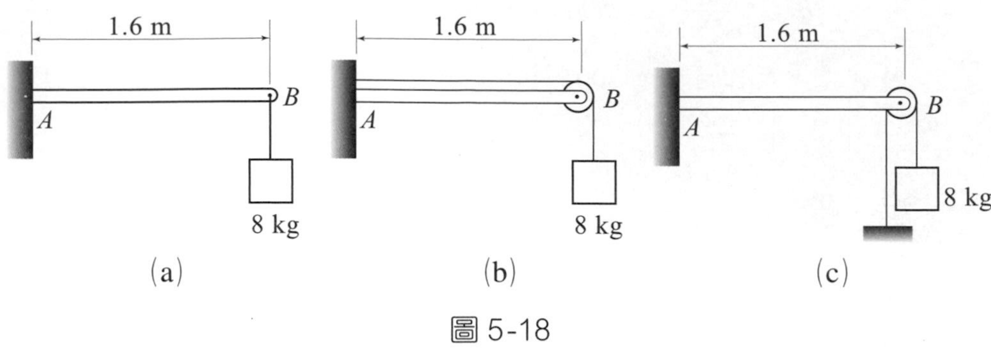

圖 5-18

5. 一個重量為 50N 之招牌由繩 $\overline{BC}$ 及支點 *A* 支撐如圖 5–19 所示，試求：
(a)繩之張力？ (b) *A* 點處之反作用力？

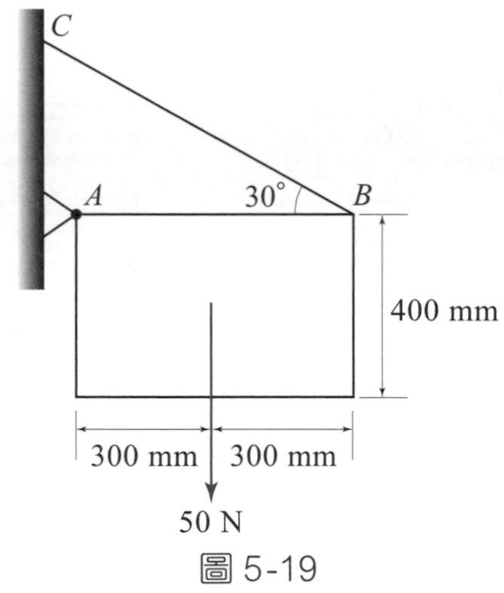

圖 5-19

6. 兩根彎曲的桿以銷連結於 *B* 如圖 5–20 所示，– 800N 之力作用於 *D* 點，試求：(a) *A* 點處之反作用力？ (b) *E* 點處之反作用力？

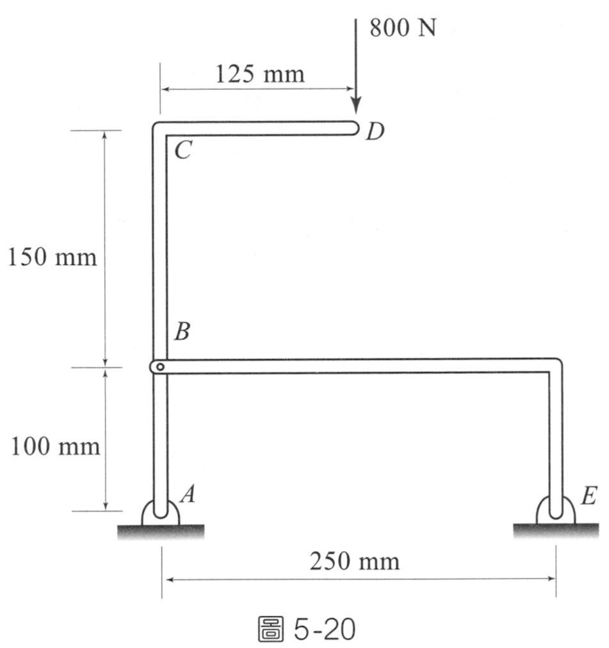

圖 5-20

5–7　空間力系之平衡

空間力系之平衡仍依 (5–4) 式及 (5–6) 式，最多可決定六個未知數，在所有六個平衡條件中，三個是力的方程式，其餘三個是力矩方程式。而空間結構的支撐與連結處的反作用力仍為決定平衡方程式的重要關鍵。

1. 空間結構支撐與連結處之反作用力

依 §5–4 節所歸納出的兩點規則，亦可進一步用於空間結構之分析當中，圖 5–21 列出一些常見之空間結構所使用的支撐與連結方式與反作用力之間的關係。

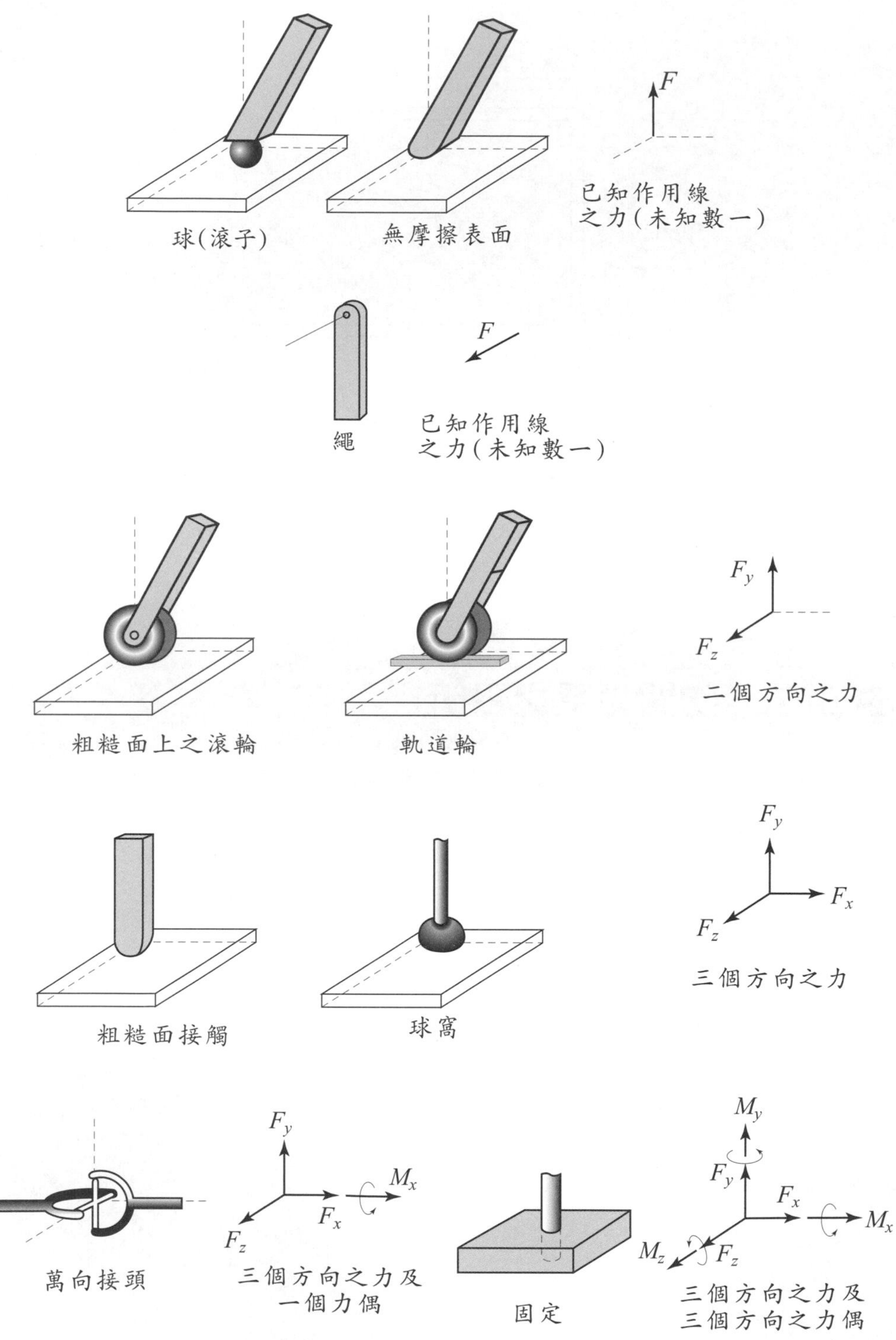

圖 5-21　支撐與連結處之反作用力（空間力系）

例題 5-6

如圖 5–22 之裝置，試求固定端 A 處之反作用力？（請以沿 x, y, z 方向之分量分別表示）

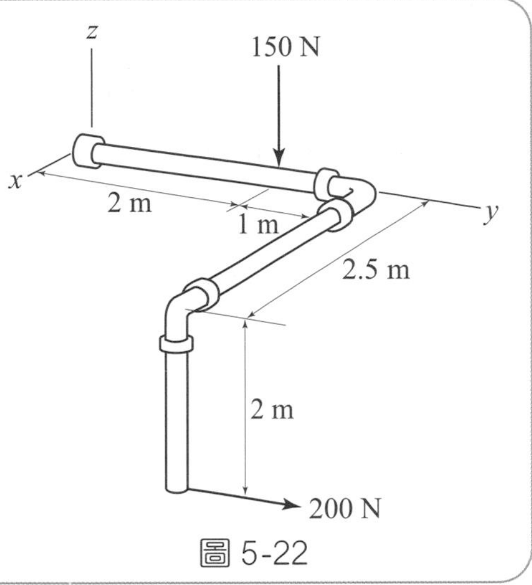

圖 5-22

解 由圖 5–23 之自由體圖可得平衡方程式如下：

$\sum F_x = 0$：

$$A_x = 0$$

$\sum F_y = 0$：

$$A_y + 200 = 0$$

$$\therefore A_y = -200\ \text{N}$$（沿負 y 方向）

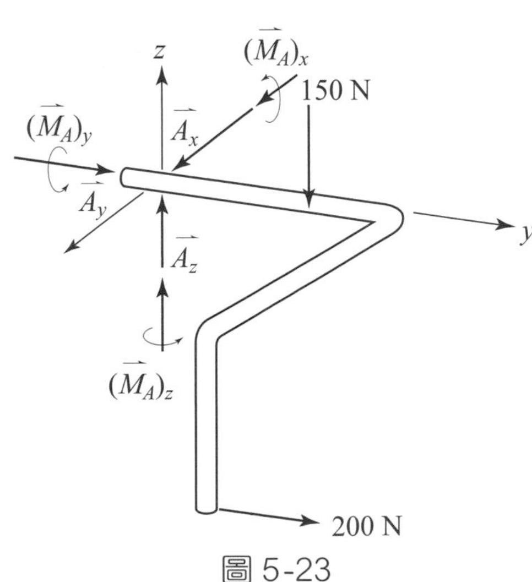

圖 5-23

$\Sigma F_z = 0$:

$A_z - 150 = 0$

$A_z = 150$ N（沿正 z 方向）

而對座標原點之合力矩為零可得

$\Sigma M_x = 0$:

$(M_A)_x + 200 \times 2 - 150 \times 2 = 0$

$\therefore (M_A)_x = -100$ N·m（沿負 x 方向）

$\Sigma M_y = 0$:

$(M_A)_y = 0$

$\Sigma M_z = 0$:

$(M_A)_z + 200 \times 2.5 = 0$

$\therefore (M_A)_z = -500$ N·m（沿負 z 方向）

例題 5－7

一垂直力 50 N 作用於曲軸上，試求：

(a)平衡時需施加之水平力 P 之大小？

(b)軸承處 A 及 B 處之反作用力應為何？

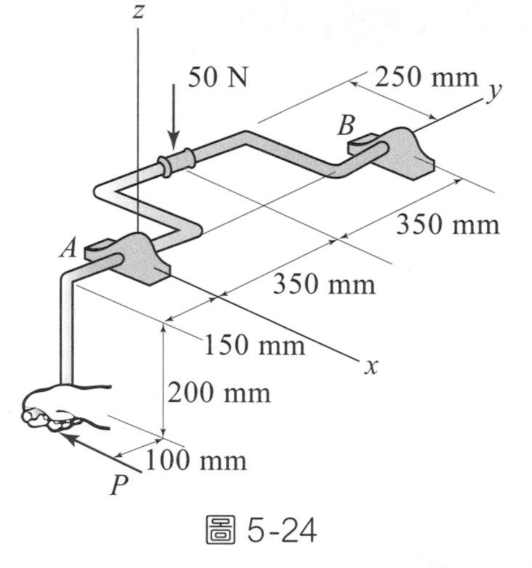

圖 5-24

解 由圖 5–25 之自由體圖可得如下之六個平衡方程式，可用以求出 A_x, A_y, A_z, B_x, B_y 及 B_z 六個未知數。

對 A 取合力矩為零可得

$\Sigma M_x = 0$:

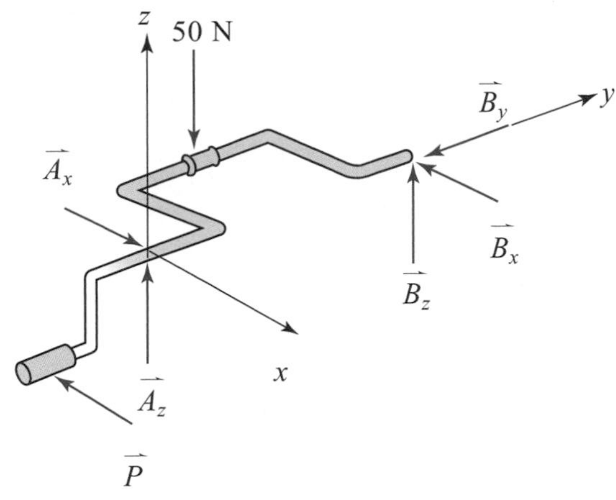

圖 5-25

$$B_z \times 700 - 50 \times 350 = 0$$

$$\therefore\ B_z = 25\ \text{N}$$

$\sum M_y = 0$:

$$P \times 200 - 50 \times 250 = 0$$

$$\therefore\ P = 62.5\ \text{N}$$

$\sum M_z = 0$:

$$B_x \times 700 - 62.5 \times 250 = 0$$

$$\therefore\ B_x = 22.32\ \text{N}$$

$\sum F_x = 0$:

$$62.5 + 22.32 - A_x = 0$$

$$\therefore\ A_x = 84.8\ \text{N}$$

$\sum F_y = 0$:

$$B_y = 0$$

$\sum F_z = 0$:

$$A_z + 25 - 50 = 0$$

$$\therefore\ A_z = 25\ \text{N}$$

習題

7. 如圖 5–26 之絞盤支撐質量為 50 kg之重物，試求平衡時，球窩 A 及軸承處 B 之反作用力各為何？ P 之力大小為何？

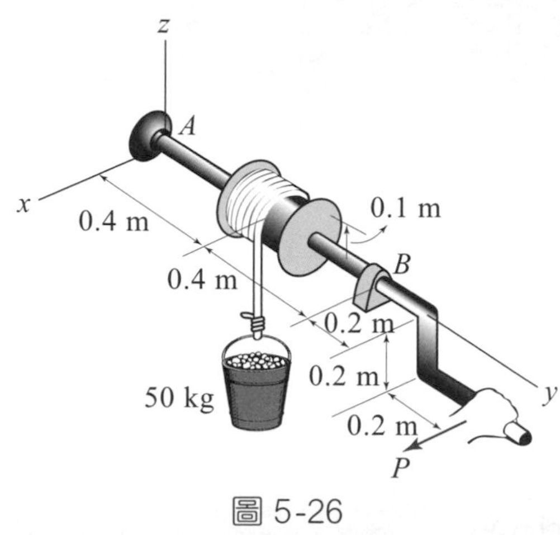

圖 5-26

8. 一軸 AB 由一連桿組支撐如圖 5–27 所示，若軸承受一 250 N·m 之力矩作用，試求軸承 A 及 B 處之受力？連桿 DC 之受力？(已知連桿 DC 位於 yz 平面上)

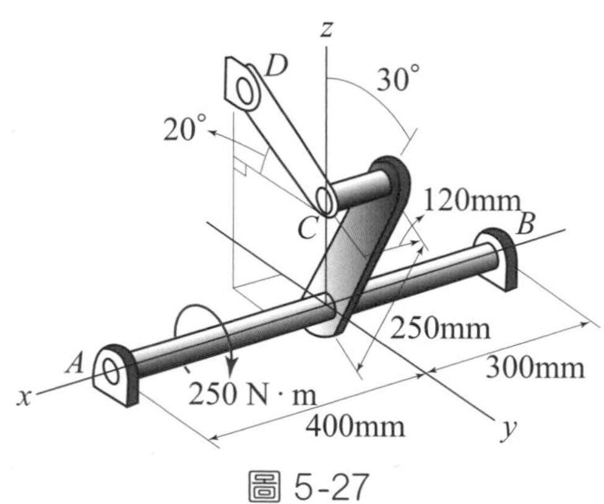

圖 5-27

9. 兩滑輪固定於軸 CD 上如圖 5–28 所示。若已知 $\theta = 45°$，試求水平皮帶之張力 T 為何？軸承 C 處之反作用力為何？軸承 D 處之反作用力為何？

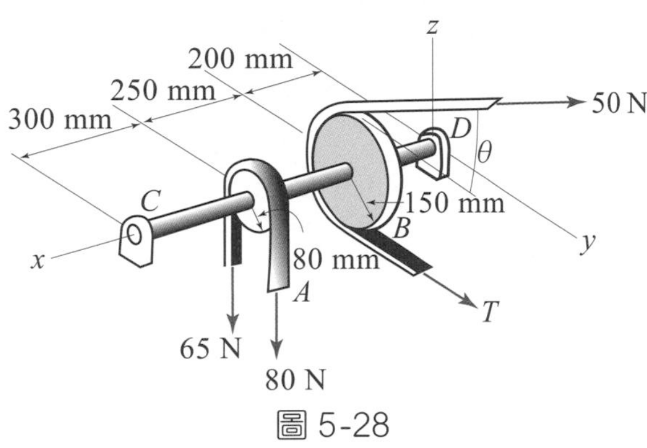

圖 5-28

10. 如圖 5–29 之四分之一圓板平衡時，試求 CD 繩之張力為何？滾子 B 之反作用力為何？球窩 A 之反作用力為何？

11. 電線桿由張力均為 6 kN 之兩繩索支撐如圖 5–30 所示，若 AB 之張力為 8 kN，試求 O 點處之反作用力？（假設 O 點處為固定支撐）

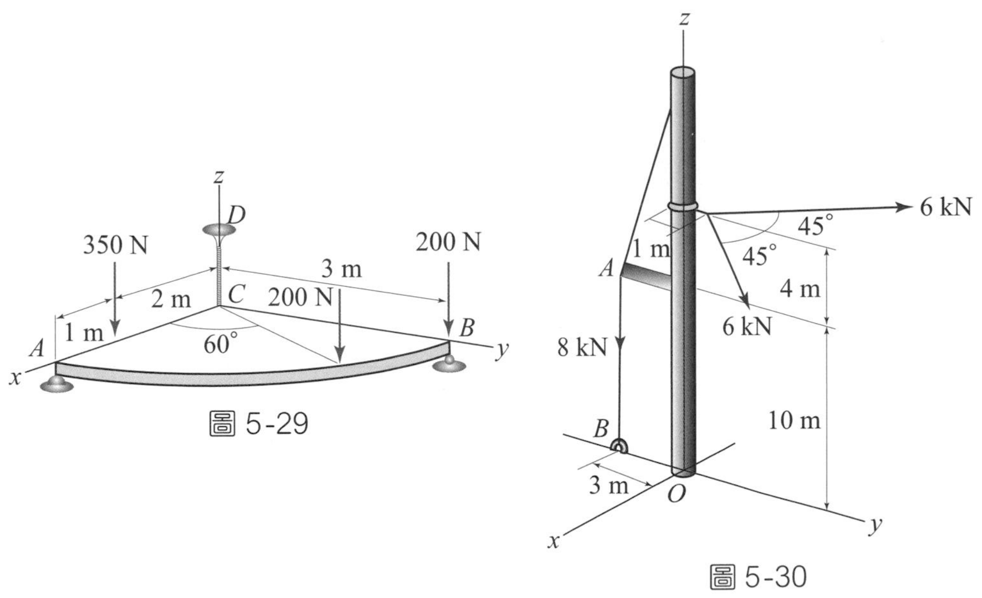

圖 5-29

圖 5-30

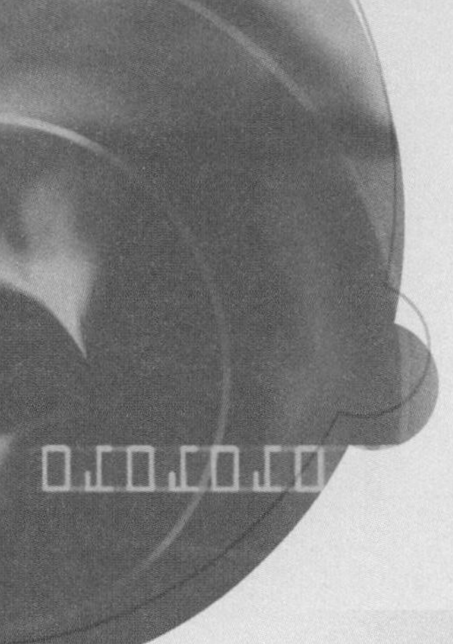

第六章
結構分析

6–1 簡　介

結構 (structure) 是由數個不同的剛體，透過適當的接頭連結及支撐，來達到承受負荷及傳遞運動的目的。由第五章剛體平衡的觀念，對於結構分析而言，不僅需要考慮作用於結構本身且來自外在環境的「外力」，亦要考慮將結構不同部分結合在一起的「內力」。在本章中，除了剛體平衡的觀念外，在§1–3 所介紹的牛頓第三運動定律亦經常被引用，根據牛頓第三運動定律或所謂的「作用與反作用力定律」，對於互相接觸或連結的兩相鄰元件或剛體間的作用與反作用力，必須符合大小相同、方向相反，且具有相同的作用線。

在本章中將探討以下三種類型的結構：

桁架 (Trusses)——屬於靜止且完全受到拘束的結構，主要用於承受負荷。桁架均由長條狀的桿件所構成，且都在桿件的末端透過接頭與其他桿件相連結。在分析上，桁架的每一根桿件均是「雙力元件」。

構架 (Frames)——亦屬於靜止且完全受到拘束的結構，主要亦用於承受負荷。構架與桁架最主要的不同在於構架本身具有至少一個「多力元件」，即元件本身受到三個或三個以上外力的作用，且這些外力並非如雙力元件一般均為沿桿件之方向，大部份的情況下這些外力應為共點力。

機具 (Machines)——為具有可移動元件之結構，主要用來傳遞運動或改變力量之大小或方向。與構架類似具有至少一個多力元件。

6–2 平面桁架分析——接頭法

在分析平面桁架時，如欲求得桁架中每一根桿件的受力，則必須利用接頭法 (Method of Joints)，在這個方法中，連結桿與桿之間的接頭被當作自由體來加以分析，而原本被視為內力的每一根桿件的受力，便成為接頭法中的外力，通常利用接頭法必須由桁架中至少具有一個已知外力的接頭著手，且搭接於此接頭之總連結桿數不可超過 2，即最多只能有兩個未知力，這是因為平面質點之平衡至多只能決定兩個未知數的緣故，這兩個未知力的方向可由雙力元件之定義及已知外力的方向來決定，然後利用 $\Sigma F_x = 0$ 及 $\Sigma F_y = 0$ 兩個平衡方程式來決定未知力的大小，最後由所求得之結果判定該桿之受力為壓力或張力。接著由此已知的接頭及連結桿件之受力，逐一將相鄰之接頭依同樣的過程求出所有桿件的受力。

如圖 6–1 (a)所示之桁架若先考慮接頭點 B，則如圖(b)所示之接頭 B 的自由體圖中共有三個力作用於接頭 B 上，其中 500 N 之力為原有之外力，而力 $\overrightarrow{F_{BC}}$ 則依雙力元件之定義為沿 BC 桿之方向，惟注意箭頭的方向為指向 B，這是因為需平衡 500 N 之外力的緣故，而此指向接頭 B 之力 $\overrightarrow{F_{BC}}$ 對桿 BC 而言則是壓力 (Compression)，以括號中之字母 C 表示，如圖(c)所示。同理圖(b)中的 AB 桿之受力 $\overrightarrow{F_{BA}}$ 則為沿 AB 桿之方向，而其箭頭為指向 A (即遠離 B)，這是因為要平衡 $\overrightarrow{F_{BC}}$ 具有向上之分量所致，而對桿 AB 而言，此 $\overrightarrow{F_{BA}}$ 為張力 (Tension)，以括號中之字母 T 表示，亦如圖(c)所示。依上述方式求出 $\overrightarrow{F_{BA}}$ 及 $\overrightarrow{F_{BC}}$ 後，接下來可以取接頭 C 為自由體圖，求出 AC 桿之受力及 C 點處之反作用力，注意不可先以接頭 A 為自由體，除非 A 點處之反作用力已先行求出，否則無法求 AC 桿之受力。通常依此方法求出所有桿件之受力後，仍會有一個接頭未被使用到，此時可利用該接頭之自由體圖來檢驗先前的過程是否正確。

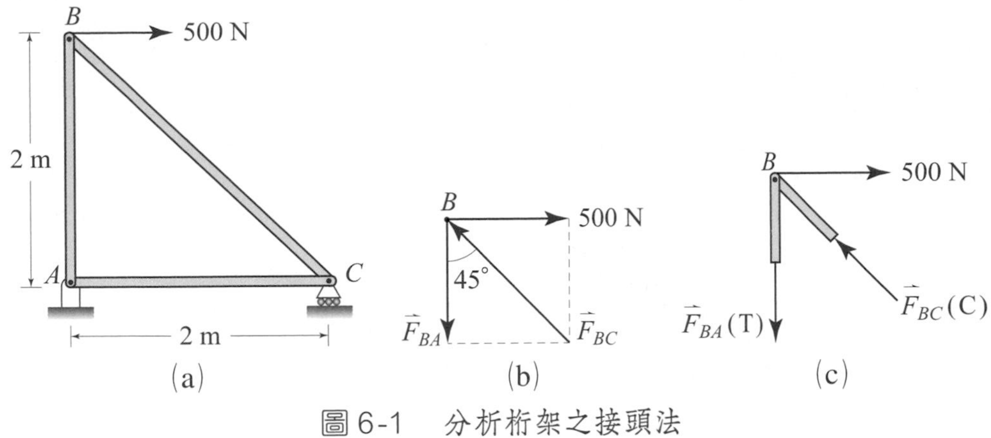

圖 6-1　分析桁架之接頭法

6–3　零力構件

以接頭法分析平面桁架時，若能預先判定某些桿件未受力，則可以使分析的過程得到簡化。基本上這些不受力的零力構件 (zero-force member) 主要用於增加桁架之穩定性及安全性。

零力構件通常可經由觀察接頭與相鄰桿件之連結情況來加以判定。首先觀察如圖 6–2 (a)所表示的 *AB*, *AC*, *AD* 及 *AE* 四根桿以接頭 *A* 搭接在一起之情況，由於接頭 *A* 必須維持平衡，故相反方向的受力大小必定相同，如圖 6–2 (b)及(c)所示，故 $F_{AB} = F_{AD}$ 且 $F_{AC} = F_{AE}$。

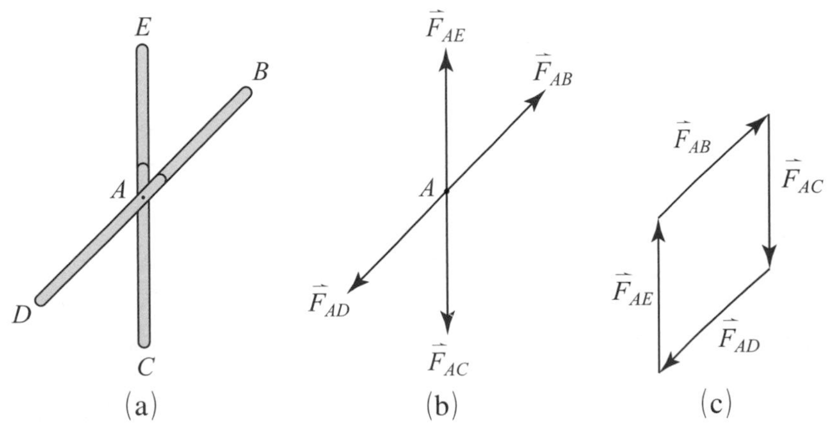

圖 6-2　四根桿成兩直線之平衡

現在將桿 AE 之受力以外力 P 取代如圖 6–3 (a)所示，依上述之討論則桿 AC 之受力必定等於 P。若更進一步令 $P = 0$，則圖 6–3 (b)中之桿 AC 即成為零力構件。

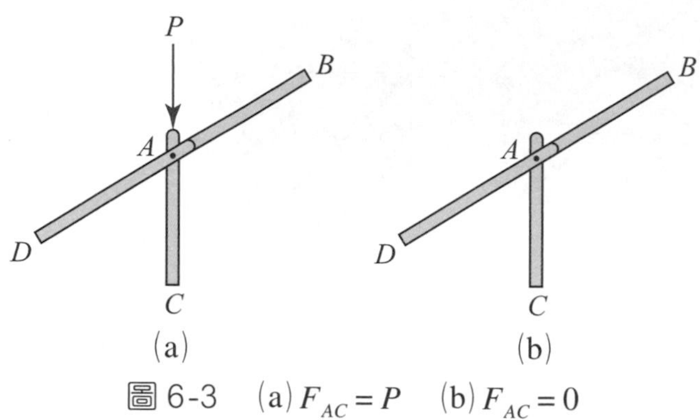

圖 6-3　(a) $F_{AC} = P$　(b) $F_{AC} = 0$

若更進一步將兩根桿 AD 及 AB 以接頭連結如圖 6–4 所示，且接頭 A 未受到任何外力的作用的話，則此兩根桿 AD 及 AB 均為不受力的零力構件。

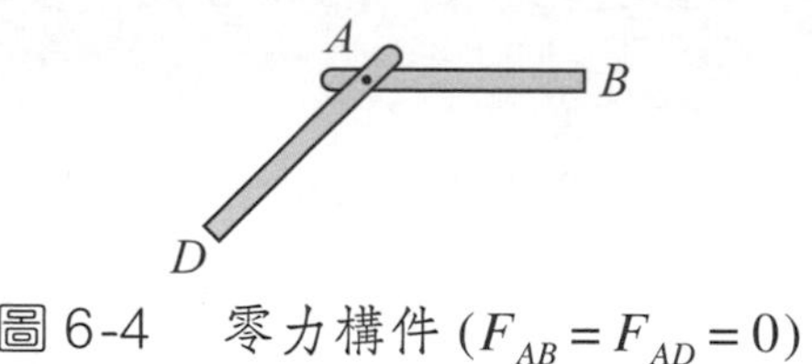

圖 6-4　零力構件 $(F_{AB} = F_{AD} = 0)$

例 題 6－1

試求出圖 6–5 (a)所示桁架中的每一根桿件之受力?

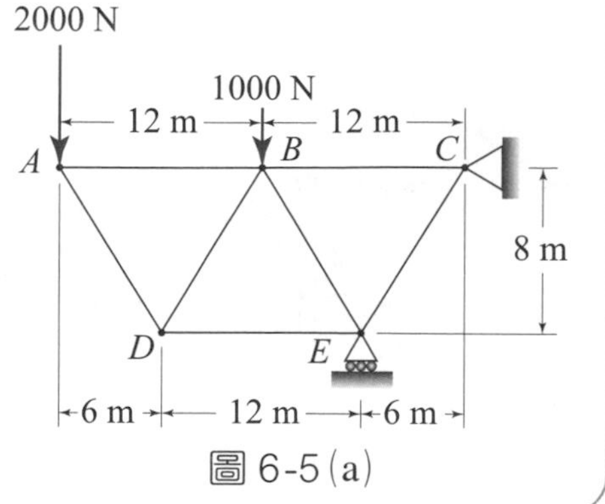

圖 6-5 (a)

解 由圖 6–5 (b)所示的自由體圖，先以整個結構為自由體，可先求出支撐處之反作用力 E_y, C_x 及 C_y 如下：

由 $\Sigma M_C = 0$ 可得

$$2000 \times 24 + 1000 \times 12 - E_y \times 6 = 0$$

$$\therefore \overrightarrow{E_y} = 10000 \text{ N} \uparrow$$

由 $\Sigma F_x = 0$ 可得

$$C_x = 0$$

由 $\Sigma F_y = 0$ 可得

$$-2000 - 1000 + 10000 + C_y = 0$$

$$\therefore C_y = -7000 \text{ N}$$

即 $\overrightarrow{C_y} = 7000 \text{ N} \downarrow$

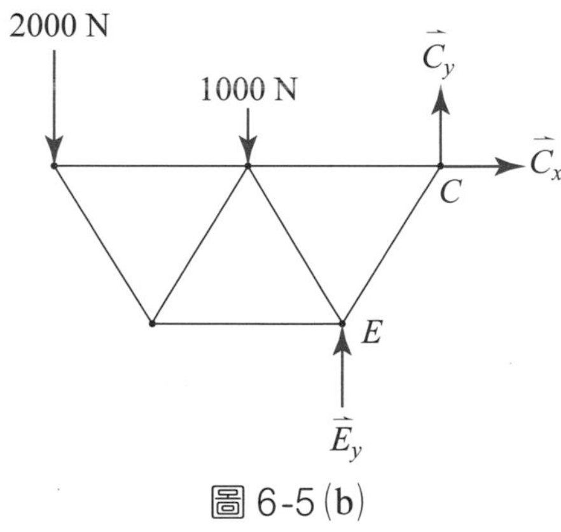

圖 6-5 (b)

<u>接頭 A：</u>

參考圖 6–5 (c)，注意 $\overrightarrow{F_{AD}}$ 之方向應朝左上以平衡向下之 2000 N 外力，故 $\overrightarrow{F_{AB}}$ 必定朝右。考慮接頭 A 之平衡，則

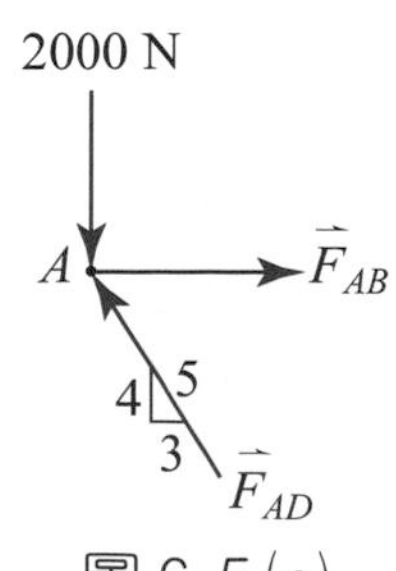

圖 6-5 (c)

$$F_{AD} = \frac{5}{4} \times 2000 = 2500 \text{ N (T)}$$

$$F_{AB} = \frac{3}{5} F_{AD} = 1500 \text{ N (C)}$$

接頭 D:

圖 6–5(d)為接頭 D 之自由體圖，其中 $\overrightarrow{F_{DB}}$ 應朝右上方以平衡 2500 N 之 $\overrightarrow{F_{DA}}$ 的向下分量，故 $\overrightarrow{F_{DE}}$ 必定朝左。由 D 點之平衡條件可得

圖 6-5(d)

$$F_{DB} = F_{DA} = 2500 \text{ N (T)}$$

$$F_{DE} = 2(\frac{3}{5})F_{DA} = 3000 \text{ N (C)}$$

接頭 B:

參考圖 6–5(e)之自由體圖，由於已知的 1000 N 外力及 $\overrightarrow{F_{DB}}$ 均有朝下的分量，故 $\overrightarrow{F_{BE}}$ 必定要朝左上方，而 $\overrightarrow{F_{BC}}$ 必定朝向右方。

由 $\Sigma F_y = 0$ 可得

$$-1000 - \frac{4}{5} \times 2500 + \frac{4}{5}F_{BE} = 0$$

$$\therefore F_{BE} = 3750 \text{ 即 } F_{BE} = 3750 \text{ N (C)}$$

由 $\Sigma F_x = 0$ 可得

$$F_{BC} - 1500 - \frac{3}{5} \times 2500 - \frac{3}{5} \times 3750 = 0$$

$$\therefore F_{BC} = 5250 \text{ 即 } F_{BC} = 5250 \text{ N (T)}$$

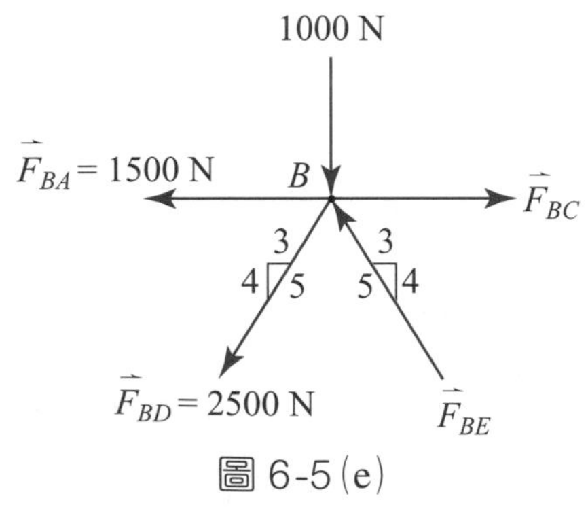

圖 6-5(e)

接頭 E:

圖 6–5 (f)中僅 $\overrightarrow{F_{EC}}$ 為未知，由已知之 $\overrightarrow{F_{EB}}$ 及 $\overrightarrow{F_{ED}}$ 均有向右之分量，可知 $\overrightarrow{F_{EC}}$ 必定朝左下方。由 E 點之平衡條件可得

$$-\frac{3}{5}F_{EC}+3000+\frac{3}{5}\times 3750=0$$

$$\therefore F_{EC}=8750$$

即 $F_{EC}=8750$ N (C)

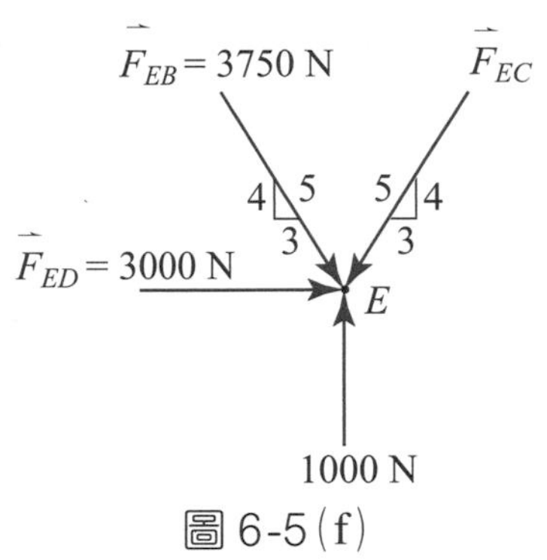

圖 6-5 (f)

接頭 C（檢查用）：

最後僅餘接頭 C，但所有桿件之受力均已求出，故接頭 C 可用來檢查上述之分析之過程是否正確，若依自由體圖確定接頭 C 的受力保持平衡，則可以得知上述之分析正確無誤。由圖 6–5 (g)，其中

$$\Sigma F_x=-5250+\frac{3}{5}\times 8750=0$$

$$\Sigma F_y=-7000+\frac{4}{5}\times 8750=0$$

故檢查無誤，結果正確。

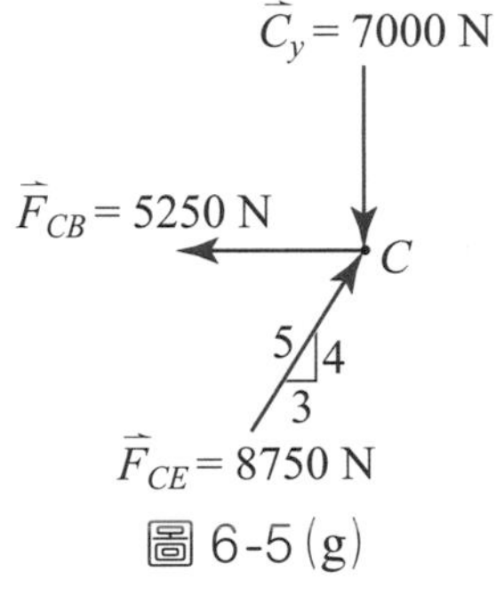

圖 6-5 (g)

例 題 6－2

一桁架及其受力如圖 6–6 所示，試求每根桿件之受力?

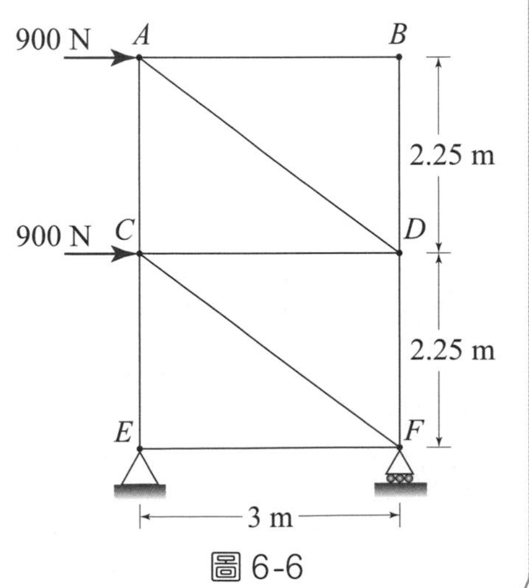

圖 6-6

解 由 §6–3 節中的討論，可以發現桁架中桿 AB 及 AD 均為零力構件，即

$$F_{AB}=F_{AD}=0$$

故自由體圖可如圖 6–7 (a)所示。

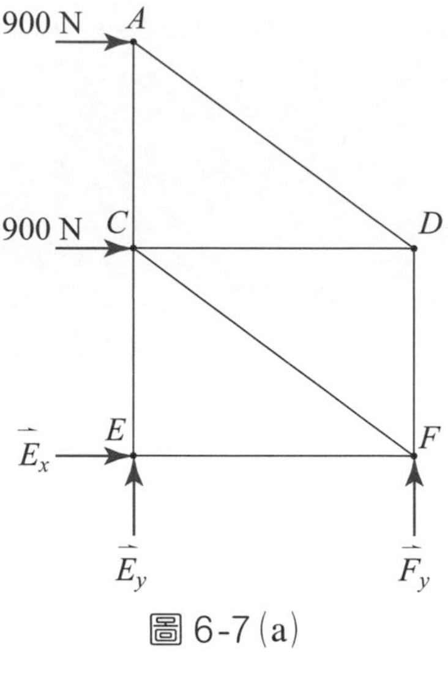

圖 6-7 (a)

先以整個桁架為自由體圖，則由

$\Sigma M_E=0$ 可得

$$F_y\times 3-900\times 2.25-900\times 4.5=0$$

$$\therefore\ F_y=2025\text{ N}\uparrow$$

由 $\Sigma F_x=0$ 可得

$$E_x+900+900=0$$

得 $E_x=-1800$，即 $\overrightarrow{E_x}=1800\text{ N}\leftarrow$

由 $\Sigma F_y=0$ 可得

$$E_y+2025=0$$

得 $E_y=-2025$，即 $\overrightarrow{E_y}=2025\text{ N}\downarrow$

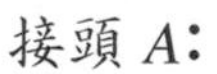
接頭 A：

由圖 6–7 (b)可知 $\overrightarrow{F_{AD}}$ 之方向必定朝左上方，故 $\overrightarrow{F_{AC}}$ 必定朝下。

$$F_{AC}=\frac{2.25}{3}\times 900=675\text{ N (T)}$$

$$F_{AD}=\frac{3.75}{3}\times 900=1125\text{ N (C)}$$

接頭 D：

由圖 6–7 (c)，已知 $F_{DA}=1125$ N，方向指向 D，$\overrightarrow{F_{DC}}$ 必定朝左，且 $\overrightarrow{F_{DF}}$

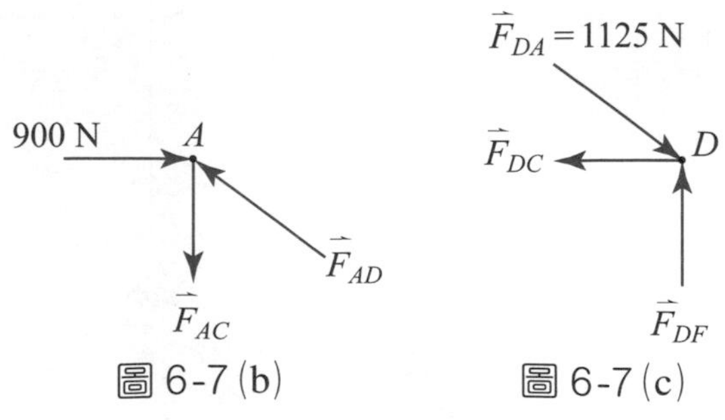

圖 6-7 (b)　　圖 6-7 (c)

必定朝上。故

$$F_{DC}=\frac{3}{3.75}\times 1125=900\text{ N (T)}$$

$$F_{DF}=\frac{2.25}{3.75}\times 1125=675\text{ N (C)}$$

接頭 C：

由圖 6–7 (d)可知 $\overrightarrow{F_{CF}}$ 朝接頭 C 之方向，而 $\overrightarrow{F_{CE}}$ 為遠離接頭 C。

$$F_{CF}=\frac{3.75}{3}\times(900+900)=2025\text{ N (C)}$$

$$F_{CE}=675+2025\times\frac{2.25}{3.75}=2025\text{ N (T)}$$

接頭 E：

由圖 6–7 (e)可知

$$F_{EF}=1800\text{ N (T)}$$

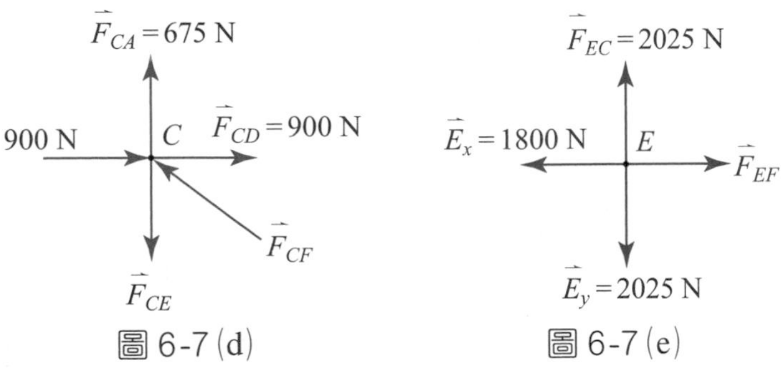

圖 6-7 (d)　　圖 6-7 (e)

接頭 F（檢查）：

依圖 6–7 (f)，取 F 點之平衡方程式可得，

$\Sigma F_y=0$：

$$\frac{2.25}{3.75}F_{FC}+F_{FD}-2025=0$$

$\Sigma F_x=0$：

$$\frac{3}{3.75}F_{FC}=1800$$

故結果正確

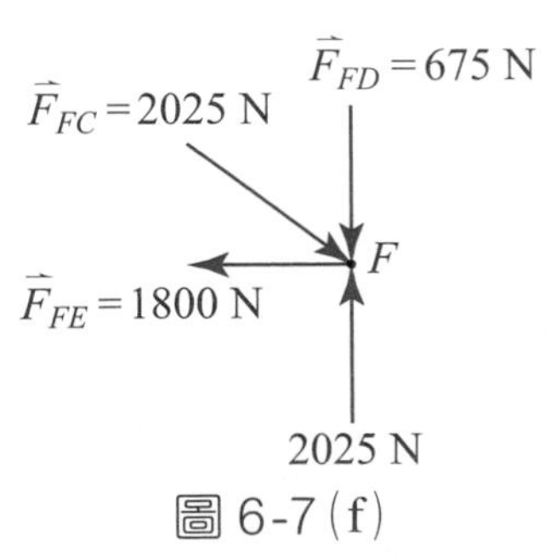

圖 6-7 (f)

習題

1. 試求出圖 6–8 所示結構中各桿的受力？

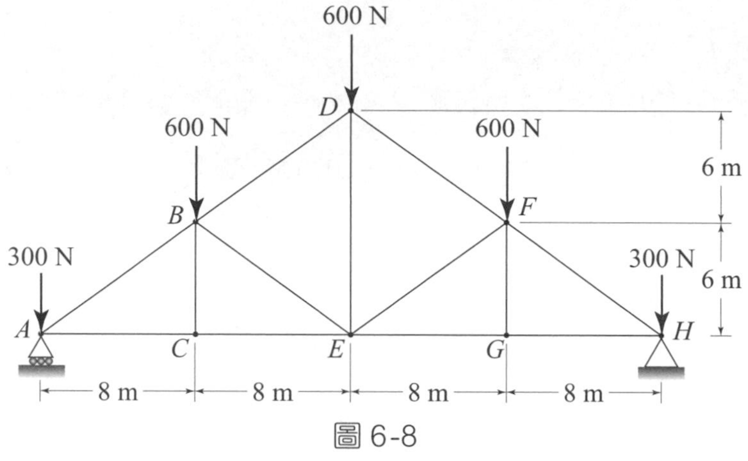

圖 6-8

2. 試求出圖 6–9 所示結構中各桿的受力？

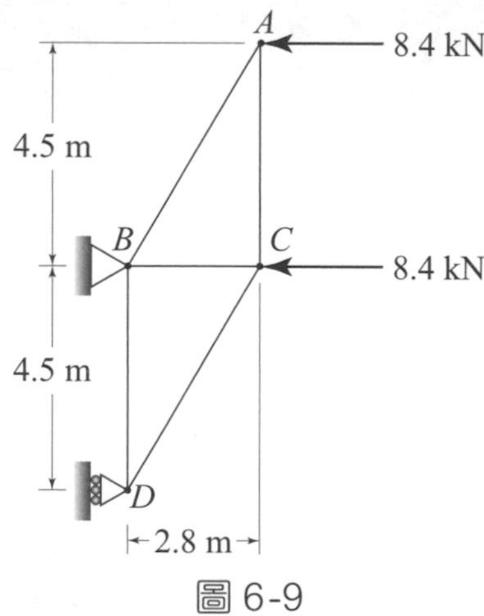

圖 6-9

3. 試求出圖 6–10 所示結構中各桿件之受力？

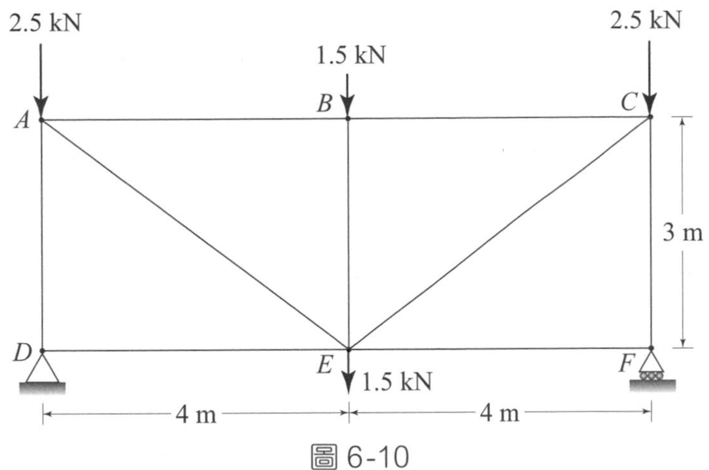

圖 6-10

4. 試求圖 6–11 所示結構中各桿件之受力?

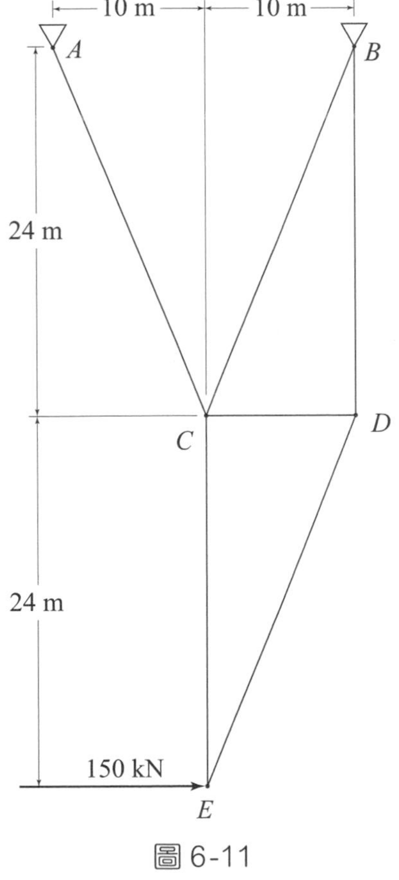

圖 6-11

5. 試求圖 6–12 所示結構中各桿件之受力?

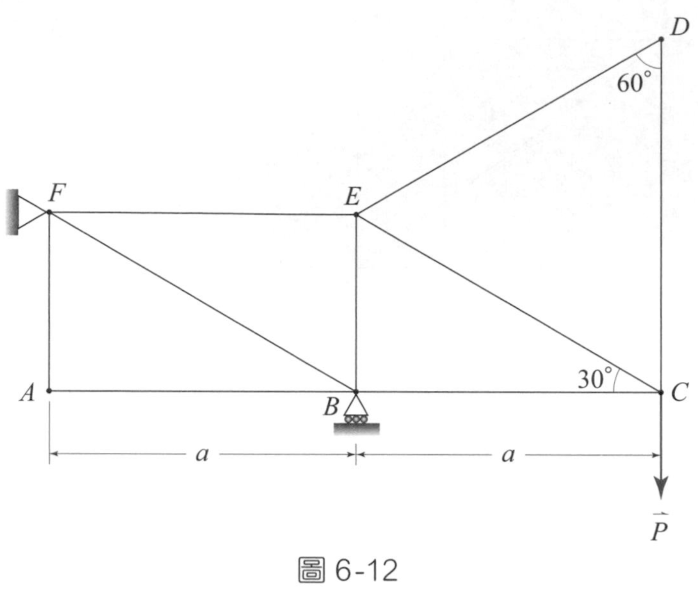

圖 6-12

6–4　平面桁架分析——截面法

截面法 (Methods of Sections) 是依據剛體處於平衡狀態時，剛體內的每一個部份亦處於平衡狀態，來決定物體內部的受力情形。而桁架的分析利用截面法係假想一截面將整個桁架一分為二，並對其中的任一部份作自由體圖加以分析，接著利用平衡方程式求得截面上桿之作用力。

由於考慮平面剛體之平衡至多可以寫出三個平衡方程式，因此理論上任何截面不能產生超過三個以上的未知數。換句話說，任何截面所能通過的桿數最多為三根。超過三根以上的情況必須在特殊的情況下方有可能解出。基本上截面法係針對特定桿件的分析時使用。

例 題 6－3

試求圖 6–13 中桿 *GE*, *GC* 及 *BC* 之受力各為何?

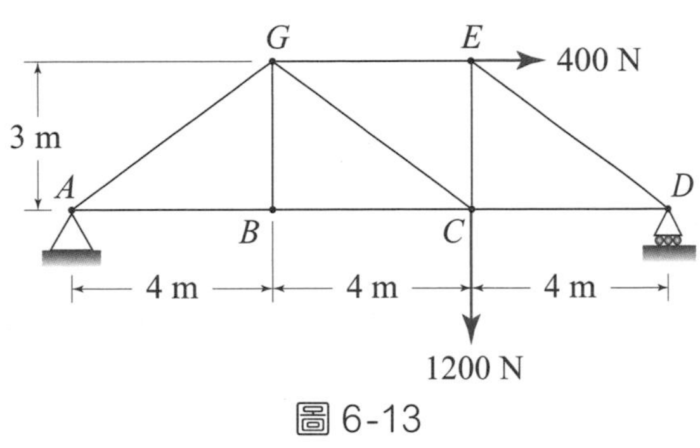

圖 6-13

由自由體圖 6–14 (a)，先以整個桁架為自由體圖，則

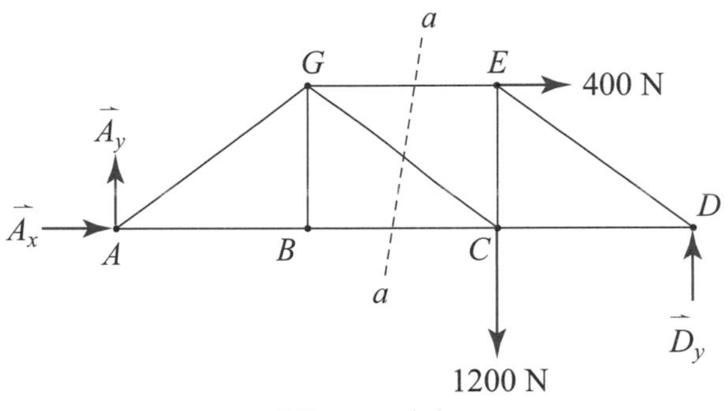

圖 6-14 (a)

由 $\Sigma F_x = 0$ 可得

$$\overrightarrow{A_x} = 400\ \text{N} \leftarrow$$

由 $\Sigma M_D = 0$ 可得

$$A_y \times 12 + 400 \times 3 = 1200 \times 4$$

$$\therefore \overrightarrow{A_y} = 300\ \text{N}\ \uparrow$$

利用截面 *a*–*a* 將桁架一分為二後，取左半部，其自由體圖如 6–14 (b)所示，由平衡方程式可求得 F_{GE}, F_{GC} 及 F_{BC} 如下：

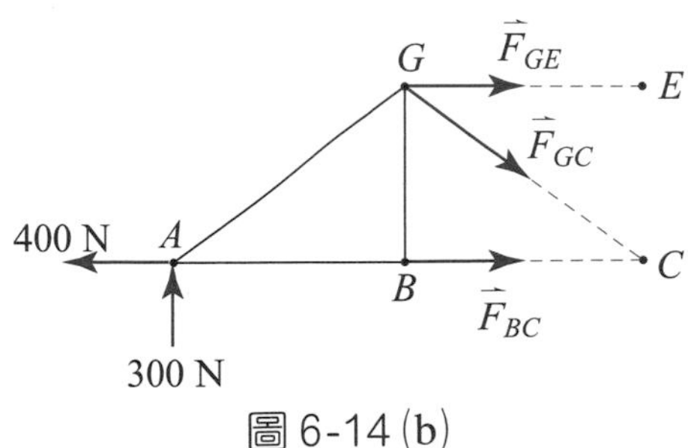

圖 6-14 (b)

由 $\Sigma M_C = 0$ 可得

$$300 \times 8 + F_{GE} \times 3 = 0$$

$$\therefore F_{GE} = -800\ \text{N} \text{ 或 } F_{GE} = 800\ \text{N (C)}$$

由 $\Sigma M_G = 0$ 可得

$$300 \times 4 + 400 \times 3 = F_{BC} \times 3$$

$$\therefore F_{BC} = 800 \text{ N (T)}$$

由 $\Sigma F_x = 0$ 可得

$$-400 + (-800) + 800 + \frac{4}{5} F_{GC} = 0$$

$$\therefore F_{GC} = 500 \text{ N (T)}$$

例題 6-4

試求圖 6–15 中桿 *AF* 及 *EJ* 之受力?(註:利用截面 *a–a*)

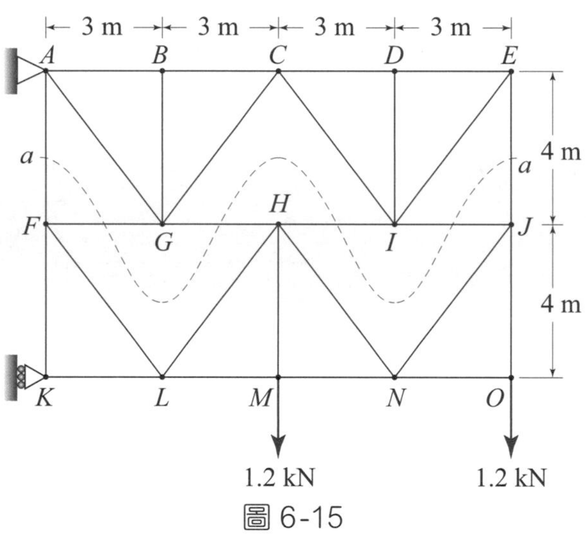

圖 6-15

解 由自由體圖 6–16 (a)先以整個桁架為自由體,則

由 $\Sigma M_A = 0$ 可得

$$K_x \times 8 - 1.2 \times 6 - 1.2 \times 12 = 0$$

$$\therefore \overrightarrow{K_x} = 2.7 \text{ kN} \rightarrow$$

依 *a–a* 截面取下半部為自由體,則如圖 6–16 (b)所示:

由 $\Sigma M_F = 0$ 可得

$$F_{JE} \times 12 + 2.7 \times 4 - 1.2 \times 6 - 1.2 \times 12 = 0$$

$$\therefore F_{JE} = 0.9 \text{ kN (T)}$$

由 $\Sigma F_y = 0$ 可得

$$F_{FA} + 0.9 - 1.2 - 1.2 = 0$$

$$\therefore F_{FA} = 1.5\text{ kN (T)}$$

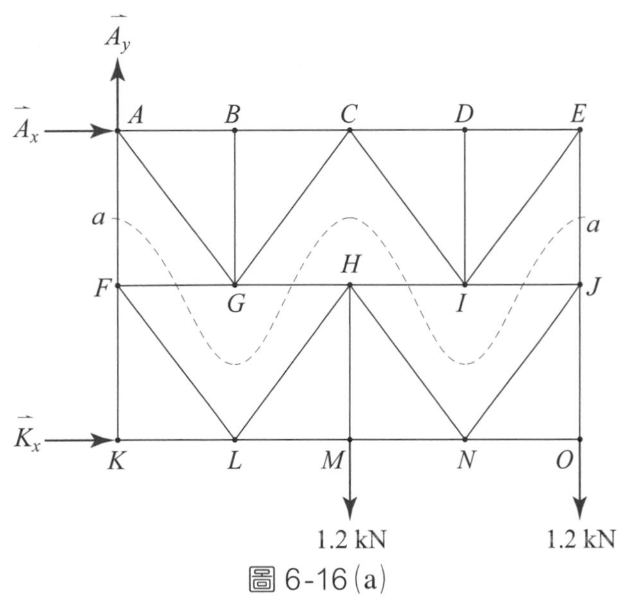

圖 6-16(a)

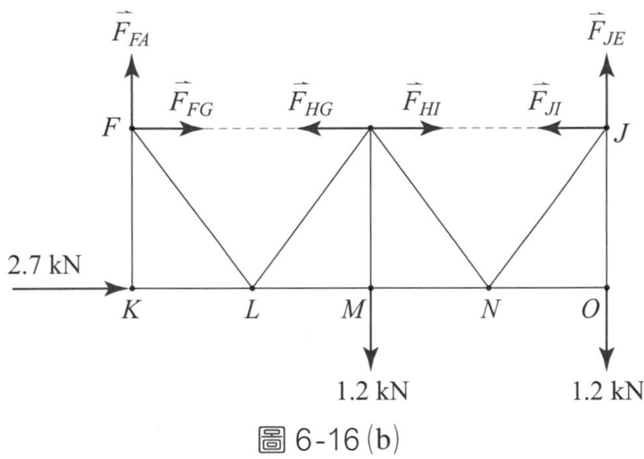

圖 6-16(b)

習 題

6. 試求出圖 6–17 中桿 GF, CF 及 CD 所受之力?

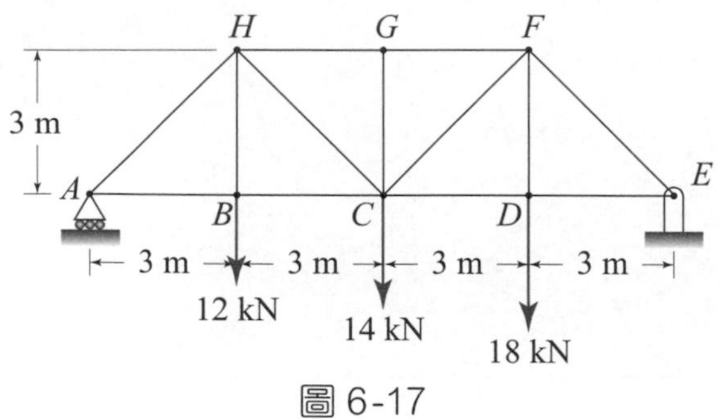

圖 6-17

7. 試求出圖 6–18 中桿 *GF*, *FB* 及 *BC* 所受之力?

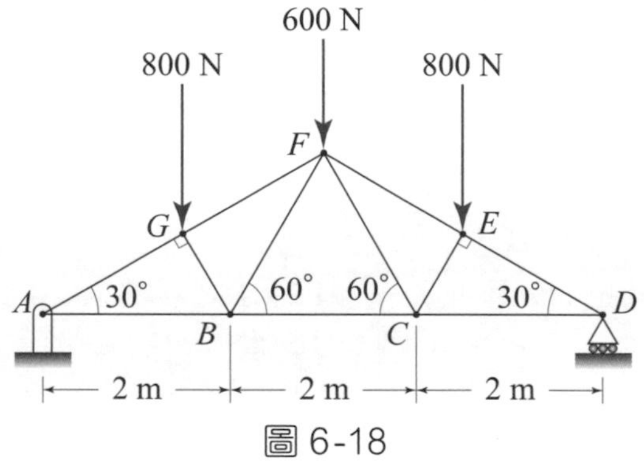

圖 6-18

8. 試求圖 6–19 中桿 *CE*, *CD* 及 *BD* 所受之力?

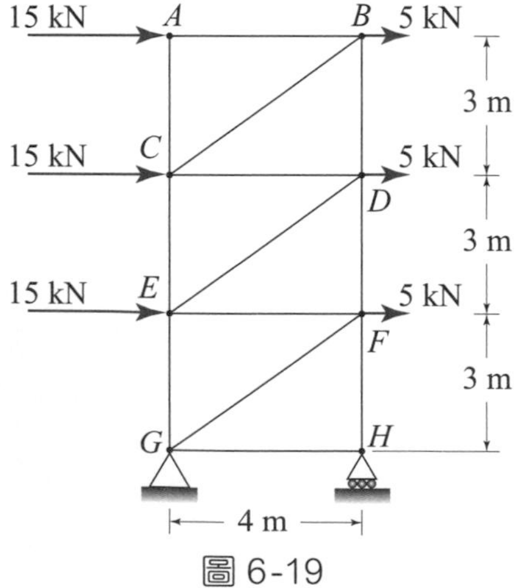

圖 6-19

9. 試求出圖 6–20 中之桿 AB 及 KL 之受力為何?（註：利用截面 a–a）

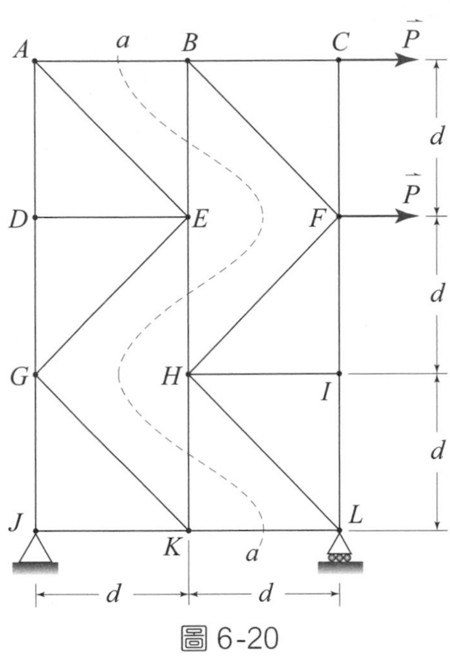

圖 6-20

6–5 構　架

構架 (Frames) 與桁架類似，均為常見用以承受負載的結構，惟構架與桁架最主要之不同為構架中存在至少一個「多力元件」(Multiforce Member)，因此在分析上無法採用如 §6–2 或 §6–4 的方法，但是在分析的過程中，很重要的是必須先行找出雙力元件，此乃因為雙力元件的受力方向為沿元件的方向，故僅受力大小為未知以避免增加未知數的數目。忽略這點可能導致未知數的數目多過方程式的數目，使得未知數無法順利求出。

在構架的分析上，可分為本身具有剛性的構架，及本身不具剛性的構架兩種情況，如圖 6–21 (a)及(b)所示，前者若將構架從支撐處分離出來，仍能維持其原有形狀，但後者自支撐點 B 及 C 脫離後將無法維持原有之形狀。

對本身具有剛性的構架，在分析時可以先以整個構架為自由體，先求出支撐處之反作用力後，再將個別的桿件以自由體來加以分析。但對於本身不

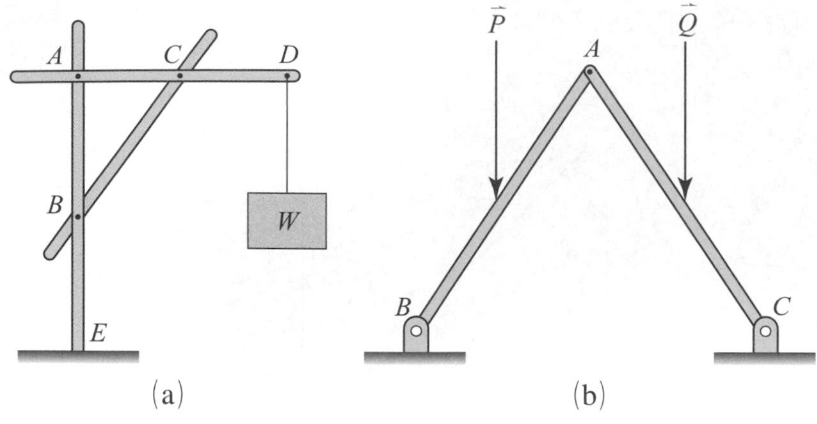

圖 6-21　構架之種類

具剛性之構架而言，在分析時便無法先以整個構架為自由體來求得支撐處之反作用力，如圖 6–22 (a)中所示，圖中未知數的個數為 4，而方程式的個數為 3，面對這種情況，只有直接將每根桿件獨立成自由體加以分析。如圖 6–22 (b) 所示，兩個自由體圖共有六個平衡方程式，恰好可以解出 B_x, B_y, A_x, A_y 及 C_x, C_y 等六個未知數。

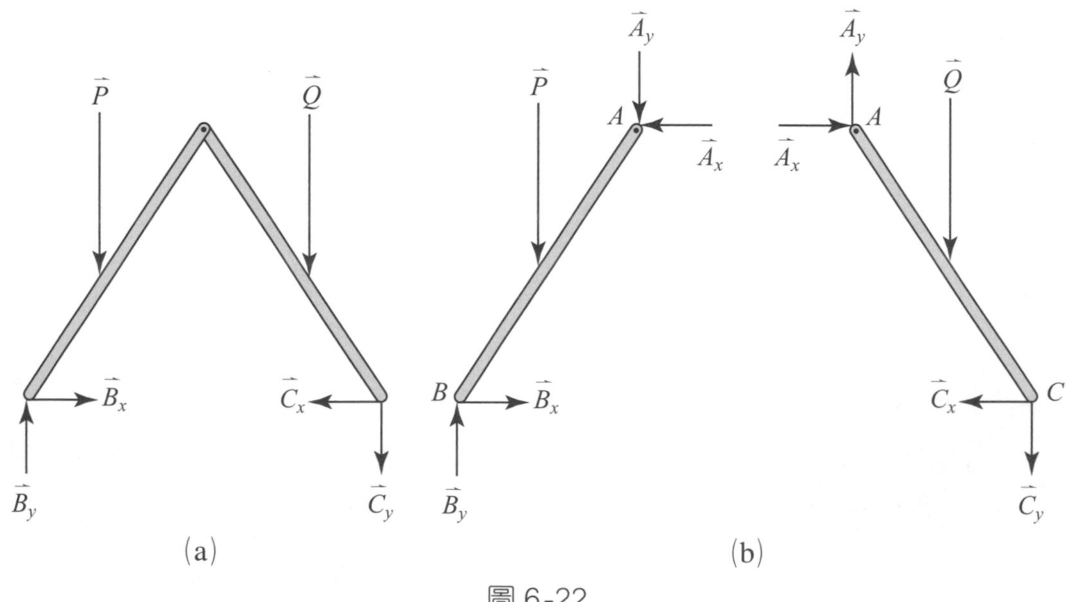

圖 6-22

例 題 6－5

試求出如圖 6–23 之結構中，桿 BC 在接頭 C 處的反作用力之水平及垂直分量各為何?

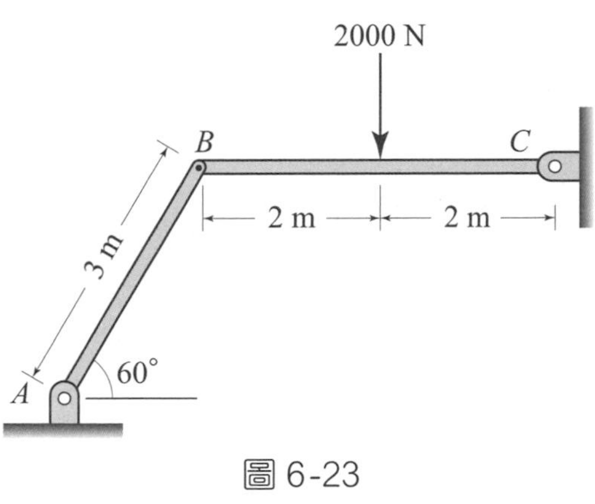

圖 6-23

解 桿 BC 之負荷 2000 N 作用於桿的中間，因此並非雙力元件，屬於多力元件，故此結構為構架而非桁架。而桿 AB 為雙力元件，其自由體圖如圖 6–24 (a)所示，依雙力元件之定義則 $\overrightarrow{F_{AB}}$ 之方向為已知。

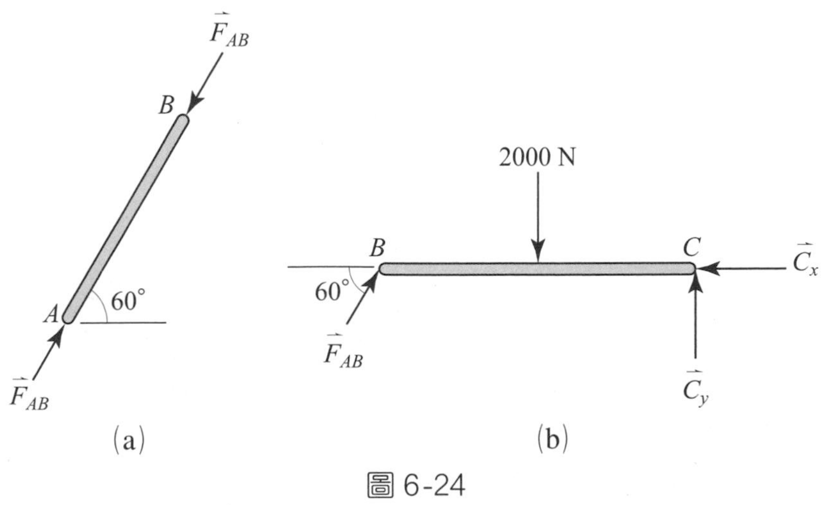

圖 6-24

由圖 6–24 (b)可知 BC 桿處於平衡時，其平衡方程式如下：

由 $\Sigma M_C = 0$ 可得

$$2000 \times 2 - F_{AB}\sin60° \times 4 = 0$$

$$\therefore F_{AB} = 1154.7 \text{ N}$$

由 $\Sigma F_x = 0$ 可得

$$1154.7\cos60° - C_x = 0$$

$$\therefore \overrightarrow{C_x} = 577 \text{ N} \leftarrow$$

由 $\Sigma F_y = 0$ 可得

$$1154.7\sin60° - 2000 + C_y = 0$$

$$\therefore \overrightarrow{C_y} = 1000 \text{ N} \uparrow$$

例題 6-6

試求出如圖 6–25 所示之結構中每一根桿件之受力?

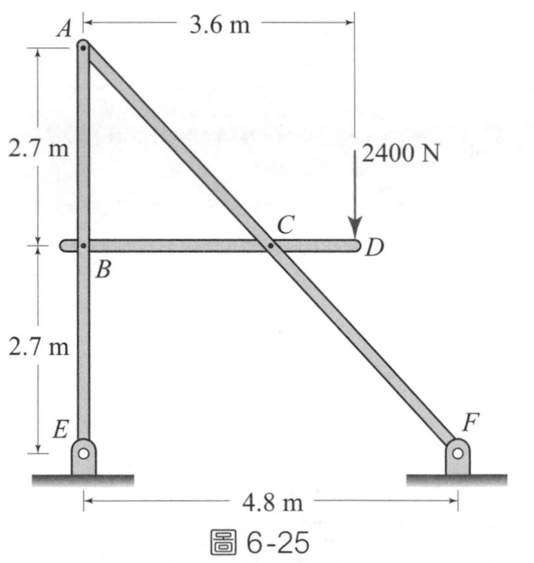

圖 6-25

解 先以整個結構為自由體圖，如圖 6–26 (a)，則利用平衡方程式之分析過程如下：

由 $\Sigma M_E = 0$ 可得

$$-2400 \times 3.6 + F_y \times 4.8 = 0$$

$$\therefore \overrightarrow{F_y} = 1800 \text{ N} \uparrow$$

由 $\Sigma F_y = 0$ 可得

$$-2400 + 1800 + E_y = 0$$

$$\therefore \overrightarrow{E_y} = 600 \text{ N} \uparrow$$

由 $\Sigma F_x = 0$ 可知

$$E_x = 0$$

桿 *BCD*：

參考圖 6–26 (b)，則

由 $\Sigma M_B = 0$ 可得

$$-2400 \times 3.6 + C_y \times 2.4 = 0$$

$$\therefore C_y = 3600 \text{ N}$$

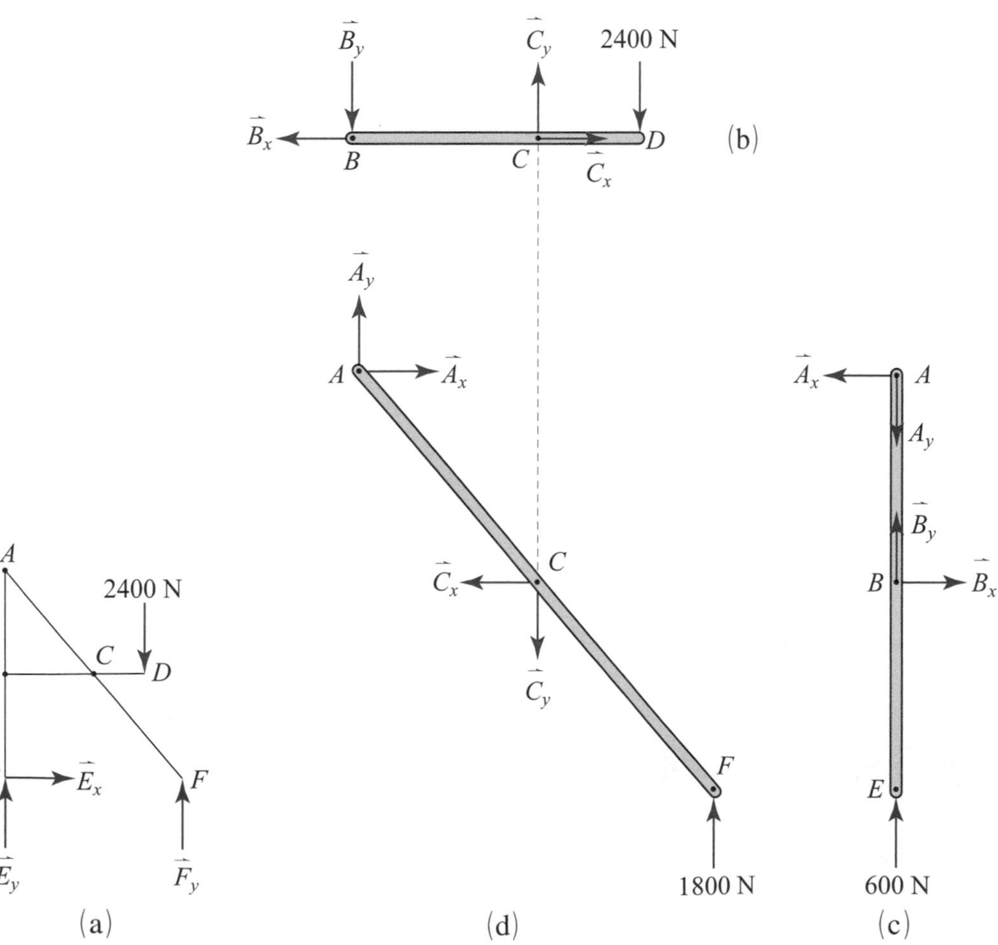

圖 6-26　自由體圖

由 $\Sigma M_C = 0$ 可得

$$-2400 \times 1.2 + B_y \times 2.4 = 0$$

$$\therefore B_y = 1200 \text{ N}$$

由 $\Sigma F_x = 0$ 可得

$$-B_x + C_x = 0 \cdots\cdots (*)$$

桿 *ABE*:

由圖 6–26 (c)，則

由 $\Sigma M_A = 0$ 可得 $B_x = 0$

故由式 (*)，得 $C_x = 0$

由 $\Sigma F_x = 0$ 可得

$$B_x - A_x = 0$$

$$\therefore A_x = 0$$

由 $\Sigma F_y = 0$ 可得

$$-A_y + B_y + 600 = 0$$

$$\therefore A_y = 1800 \text{ N}$$

桿 *ACF*:

所有未知力均已求出，因此可以由桿 *ACF* 之受力是否達成平衡來檢視結果是否正確，參考圖 6–26 (d)，

由 $\Sigma M_C = 0$ 可得

$$1800 \times 2.4 - A_y \times 2.4 - A_x \times 2.7 = 0$$

上式代入 $A_x = 0$ 及 $A_y = 1800$ N 後等號兩邊相等，故結果正確!

6–6 機 具

機具 (Machines) 與構架類似的地方在於兩者均包含至少一根多力元件，但機具設計的目的與桁架及構架有極大的不同，機具是用來傳遞或改變力的效應，因此機具本身具有可動的元件以達成上述之使用目的。

機具的分析可以採用如 §6–5 中有關本身不具剛性之構架的分析方法，將機具中的元件逐一作自由體圖加以分析以求出其受力。

例　題 6 – 7

試求出如圖 6–27 所示之結構，在不計摩擦的情況下，如欲保持平衡，則 M 之值應為若干？

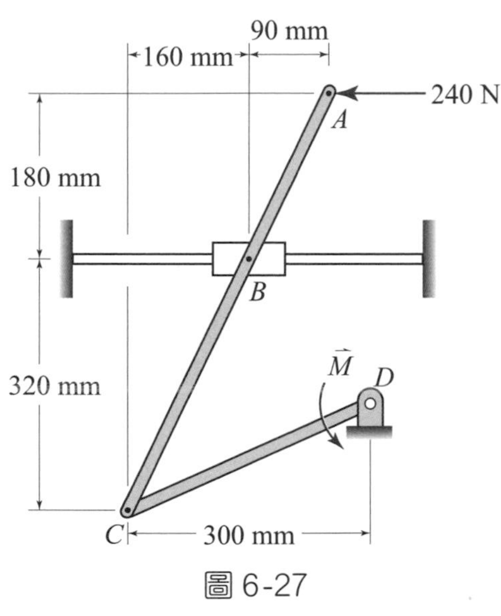

圖 6-27

解 桿 ABC：

參考圖 6–28 (a)之自由體圖，

由 $\Sigma F_x = 0$ 可得

$$C_x - 240 = 0$$

$$\therefore C_x = 240 \text{ N}$$

由 $\Sigma M_C = 0$ 可得

$$240 \times 500 - B_y \times 160 = 0$$

$$\therefore B_y = 750 \text{ N}$$

由 $\Sigma F_y = 0$ 可得

$C_y - 750 = 0$

$\therefore C_y = 750$ N

桿 *CD*：

參考圖 6–28 (b)之自由體圖，

由 $\Sigma M_D = 0$ 可得

$M + 750 \times 300 - 240 \times 125 = 0$

$\therefore M = -195 \times 10^3$ kN·mm 或 195 kN·m 順時針

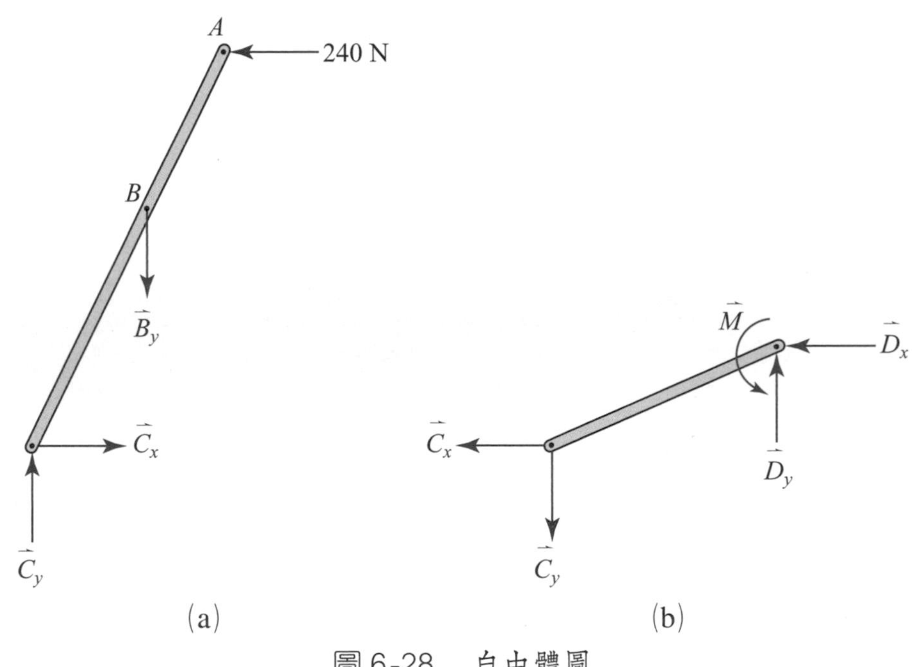

圖 6-28　自由體圖

例題 6－8

如圖 6–29 所示之螺栓剪，若施於把手部位之力為 300 N，則刀口部位施於螺栓之力大小為若干？

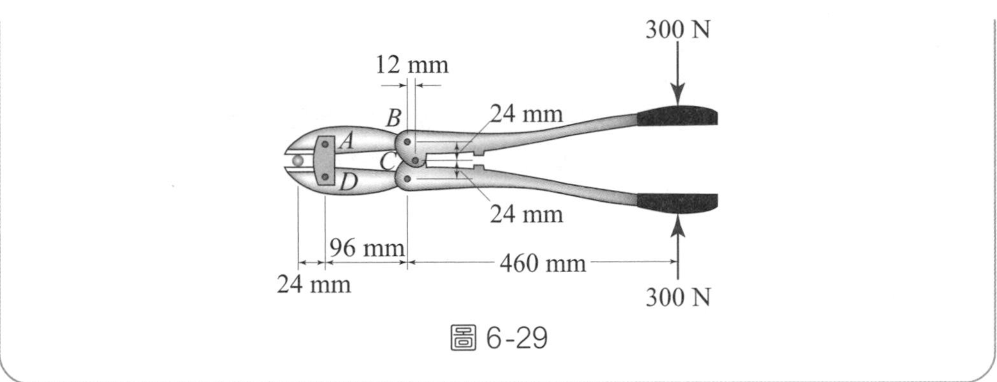

圖 6-29

解 注意 AD 桿為雙力元件，故圖 6–30 (a)中之 F_{AD} 為沿桿 AD 的方向

故考慮 AB 桿之平衡，

由 $\Sigma F_x = 0$ 可得

$$B_x = 0$$

由 $\Sigma M_A = 0$ 可得

$$B_y \times 96 - Q \times 24 = 0$$

$$\therefore Q = 4B_y \cdots\cdots (*)$$

同理，考慮把手處之平衡，如圖 6–30 (b)所示，

由 $\Sigma M_C = 0$ 可得

$$B_y \times 12 - 300 \times 448 = 0$$

$$\therefore B_y = 11200 \text{ N}$$

由式 (*) 可知剪子刀口處之力 $Q = 4B_y = 4 \times 11.2 = 44.8 \text{ kN}$

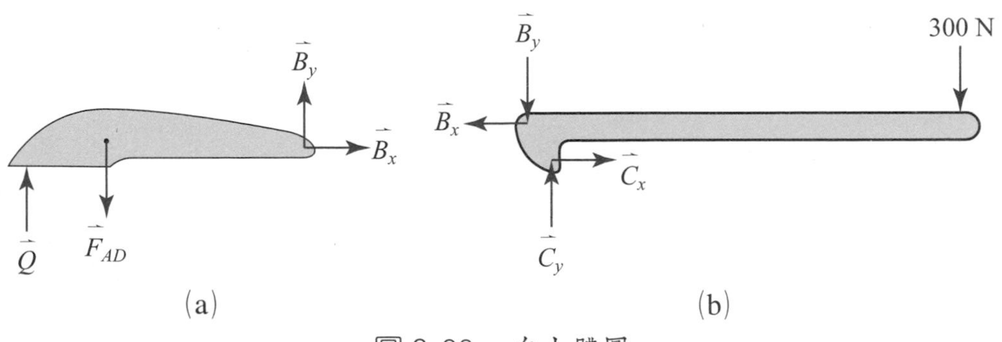

圖 6-30　自由體圖

習 題

10. 試求出如圖 6–31 之結構中 *BD* 桿之受力及 *C* 處的反作用力?

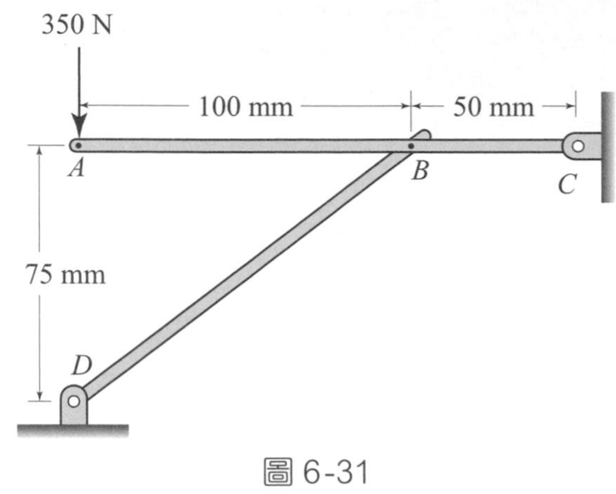

圖 6-31

11. 試求出如圖 6–32 所示之結構中桿 *AE* 所受之力?

12. 如圖 6–33 之結構，其中桿 *AB* 之兩端與無摩擦之表面接觸，試求桿 *AB* 之受力?

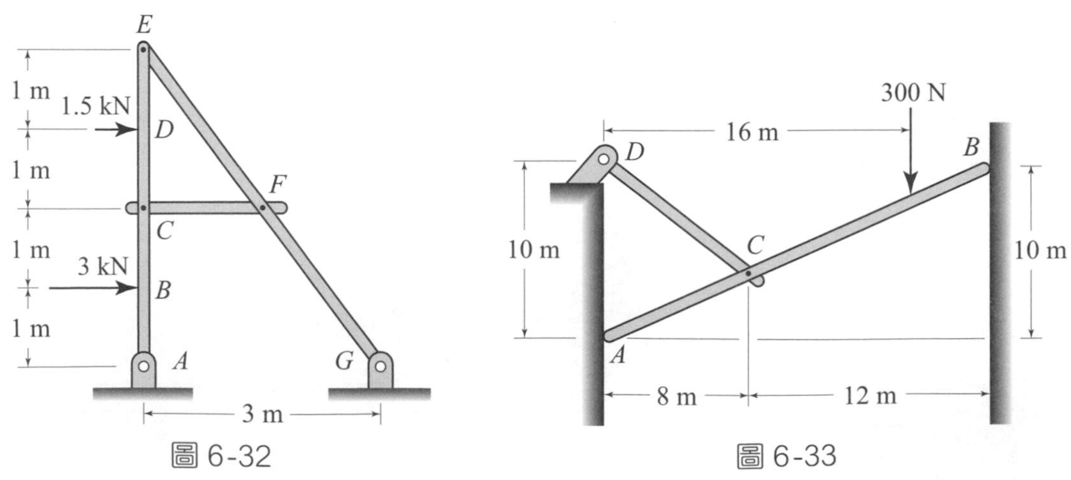

圖 6-32　　圖 6-33

13. 圖 6–34 之裝置可透過 360 N 之施力將力量傳遞至 *D* 處之物體，試求:
(a) *D* 處之物體所受之力大小為何?　(b)桿 *ABC* 於 *B* 處所受之力為何?

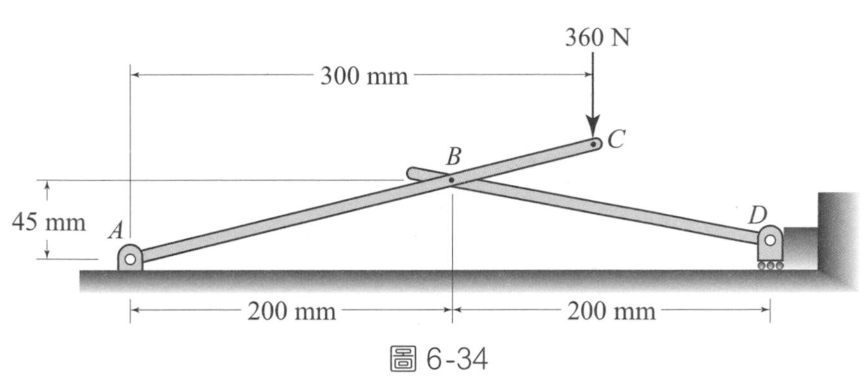

圖 6-34

14.如圖 6–35 之活塞裝置，試求平衡所需之力矩 M 為何?

15.試求如圖 6–36 所示之鉗子於 a–a 線處所產生之夾持力量大小為何? 假設 A 及 D 處之溝槽中之銷可自由移動。

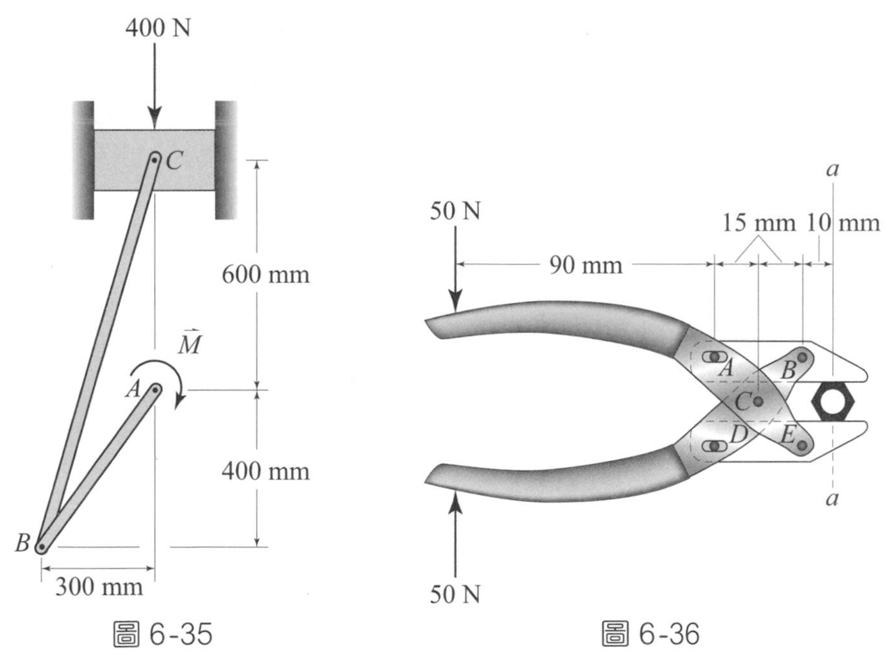

圖 6-35

圖 6-36

第七章
摩　擦

7-1　摩擦之性質

摩擦 (friction) 為存在兩互相接觸的表面之間，阻止產生相互運動的一種阻力，此阻力為沿著接觸面之切線方向，與接觸面之面積大小無關，但與接觸面之表面性質有關。一般所稱的摩擦力基本上與運動的方向相反，且與垂直運動表面的正向力 (normal force) 成正比。

摩擦通常可區分為乾摩擦 (dry friction) 或庫侖摩擦 (coulomb friction)，以及流體摩擦 (fluid friction) 兩種。流體摩擦存在於不同層次的流體，因流動速度的差異所產生，而本章僅就乾摩擦加以討論，亦即互相接觸之剛體沿粗糙之表面所接觸而產生。

摩擦在人類的日常生活中可說無處不在，如果從機械效率及能量的觀點上來衡量摩擦，往往會認為摩擦是不好的，但是如果真的沒有了摩擦，我們人類可說是寸步難行，而摩擦的應用也是隨處可見，因此充份瞭解摩擦的觀念及理論，將摩擦的效果作正面的、建設性的導入到我們人類的生活之中，才是積極面對摩擦應有的態度。

7-2　摩擦定律與摩擦係數

考慮一重量為 $\vec{W}$ 的剛體置於水平面上如圖 7-1 (a)所示，其中向上之力量 $\vec{N}$ 為水平面所施於剛體的反作用力，依牛頓第三運動定律 $\vec{N}$ 與 $\vec{W}$ 之間為大小相等且方向相反。若此剛體受到一水平力 $\vec{P}$ 之作用，則依 $\vec{P}$ 之大小由零逐漸增加的過程，可以分成以下幾種情況加以討論。

(1)靜止 ($P=0$)

即沒有任何水平力作用於剛體，則摩擦力 $\vec{F}$ 亦為零，剛體保持靜止於水平表面上，此即代表圖 7–1 (b)中原點之情況。

(2)靜止 ($P>0$)

作用於剛體上的水平力之大小雖已大於零，但是剛體仍然保持靜止的狀態，此乃因為剛體與水平面間的靜摩擦力 (static friction) $\vec{F}$ 與外力 $\vec{P}$ 之間維持平衡的緣故。即

$$F=P \tag{7–1}$$

此種情況即如圖 7–1 (b)中之 45° 斜直線的部份。

(3)即將開始運動 ($P=F_m$)

當作用於剛體之外力逐漸增加到某一個臨界值，此時剛體的運動即將開始，而此時的靜摩擦力達到最大值 F_m，依實驗結果可知，此最大靜摩擦力與正向力 N 成正比，即

$$\boxed{F_m=\mu_s N} \tag{7–2}$$

其中 μ_s 稱為靜摩擦係數 (coefficient of static friction)。

此狀態為圖 7–1 (b)中之 45° 斜直線的頂點。

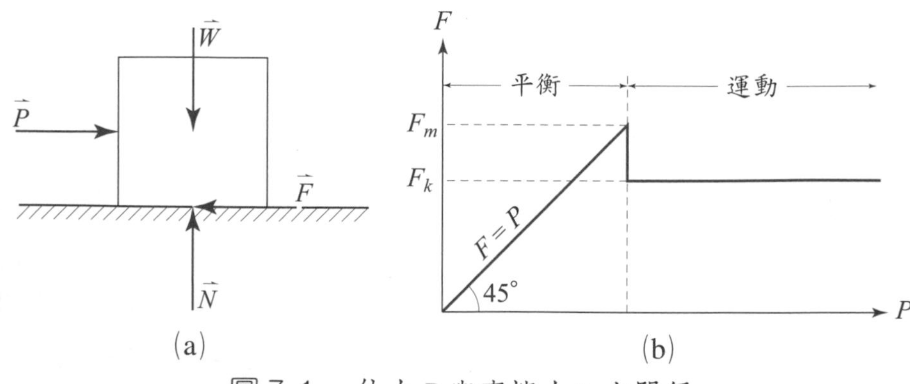

圖 7-1　外力 P 與摩擦力 F 之關係

(4)運動開始（$P > F_m$）

若外力持續增加，則剛體產生運動，此時剛體與水平面間的摩擦力將維持在一個定值 F_k，稱為動摩擦力 (kinetic friction)，依實驗得知

$$\boxed{F_k = \mu_k N} \tag{7–3}$$

其中 μ_k 稱為動摩擦係數 (coefficient of kinetic friction)。此階段之運動為圖 7–1 (b)中水平之部份。

靜摩擦係 μ_s 及動摩擦係數 μ_k 均與接觸面的面積大小無關，而與接觸面的特性有關。表 7–1 列出了一些典型且常見的 μ_s 值，而對應之 μ_k 值通常約小 25% 左右。注意摩擦係數為無因次之物理量，因此不論在公制或 U.S. 單位制中其數值均相同。

表 7-1　乾燥表面之靜摩擦係數（近似值）

金屬與金屬	0.15 ～ 0.60
金屬與木材	0.20 ～ 0.60
金屬與石材	0.30 ～ 0.70
金屬與皮革	0.30 ～ 0.60
木材與木材	0.25 ～ 0.50
木材與皮革	0.25 ～ 0.50
石材與石材	0.40 ～ 0.70
地面與地面	0.20 ～ 1.00
橡膠與混凝土	0.60 ～ 0.90

7–3　摩擦角

考慮一重量為 W 之物體受到水平力 P 之作用如圖 7–2 (a)所示，而其自由體圖則如圖 7–2 (b)所示。其中力量 $\vec{R}$ 為正向力 $\vec{N}$ 與摩擦力 $\vec{F}$ 之合力，則 $\vec{R}$ 與正向力 $\vec{N}$ 之間的夾角 ϕ 即是所謂的摩擦角 (angle of friction)，由圖 7–1 (b)可知摩擦力 $\vec{F}$ 的大小介於零與最大靜摩擦力 $F_m = \mu_s N$ 之間，而後者的情況即是摩擦角 ϕ 達到最大值 ϕ_s，稱為靜摩擦角 (angle of static friction)，即

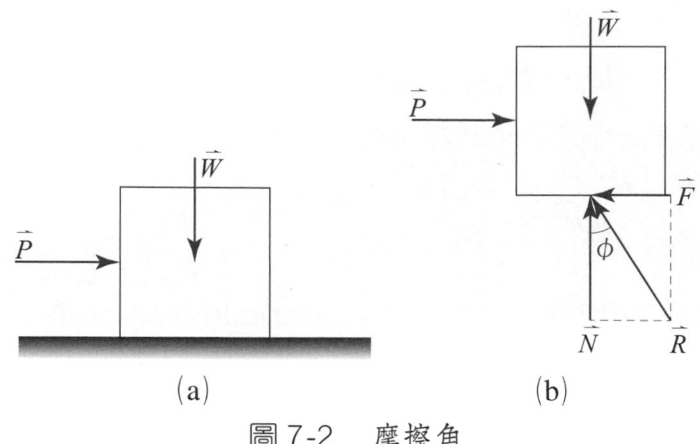

圖 7-2　摩擦角

$$\tan\phi_s = \frac{F_m}{N} = \frac{\mu_s N}{N}$$

或 $$\boxed{\mu_s = \tan\phi_s} \tag{7–4}$$

同理亦有所謂的動摩擦角 (angle of kinetic friction) ϕ_k，即

$$\tan\phi_k = \frac{F_k}{N} = \frac{\mu_k N}{N}$$

或 $$\boxed{\mu_k = \tan\phi_k} \tag{7–5}$$

利用摩擦角的觀念，可以將圖 7–2 (a)的情況分成以下四種情況加以討論及說明。

(1) $\phi = 0$

摩擦角等於零，即水平外力 P 為零，合力 R 即為正向力 N，物體保持靜止，摩擦力為零。

(2) $0 < \phi < \phi_s$

摩擦角大小介於零與靜摩擦角之間，物體仍然保持靜止，此時摩擦力大小等於水平外力 P 之值。

(3) $\phi = \phi_s$

水平外力 P 之值達到某個程度使摩擦力大小等於最大靜摩擦力 F_m，運動即將開始。

(4) $\phi = \phi_k$

運動開始，摩擦角等於動摩擦角。

例 題 7－1

如圖 7–3 所示，一物體重 W 置於一傾斜角度可調整的平面上，假設物體與平面間的靜摩擦係數為 μ_s，試問當傾斜角 θ 由零度開始逐漸增加時，其與靜摩擦角 ϕ_s 及物體運動之間有何關係，試討論之。

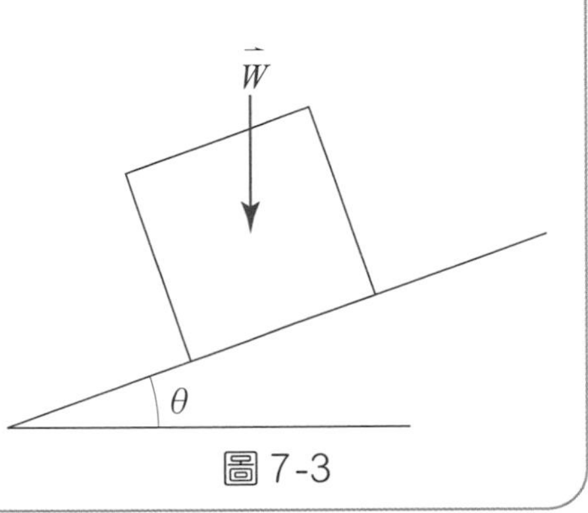

圖 7-3

解 (1)當傾斜角 $\theta = 0$

則物體沒有受到任何方向的水平作用力，摩擦力亦為零，物體保持靜止。

(2) $0 < \theta < \phi_s$

由 (7–4) 式可知靜摩擦角 $\phi_s = \tan^{-1}\mu_s$，則由圖 7–4 (a)所示，因傾斜角 θ 的緣故使得物體沿斜面產生 $W\sin\theta$ 的作用力，但是物體仍然保持靜止，表示物體與斜面間的摩擦力 F 與 $W\sin\theta$ 之間保持平衡。

(3) $\theta = \phi_s$

若傾斜角 θ 繼續增加，則當 θ 與靜摩擦角相等時，物體沿斜面下滑的運動即將開始，此時物體的重量沿斜面的分量等於物體與斜面間的最大靜摩擦力，由圖 7–4 (b)，此時 $\theta = \phi_s$。

(4) $\theta > \phi_s$

當斜面傾斜角大於靜摩擦角，則物體的重量沿斜面的分量大於物體與斜面間的最大靜摩擦力，物體沿斜面向下運動，斜面之間的摩擦力為動摩擦力，而摩擦角 $\phi = \phi_k$，如圖 7–4 (c)所示。

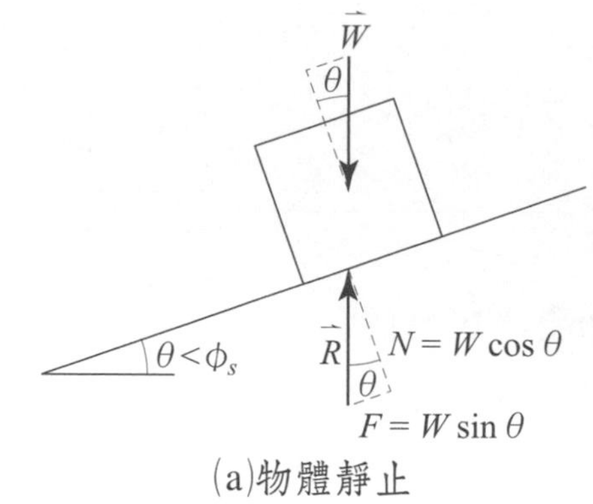

(a)物體靜止

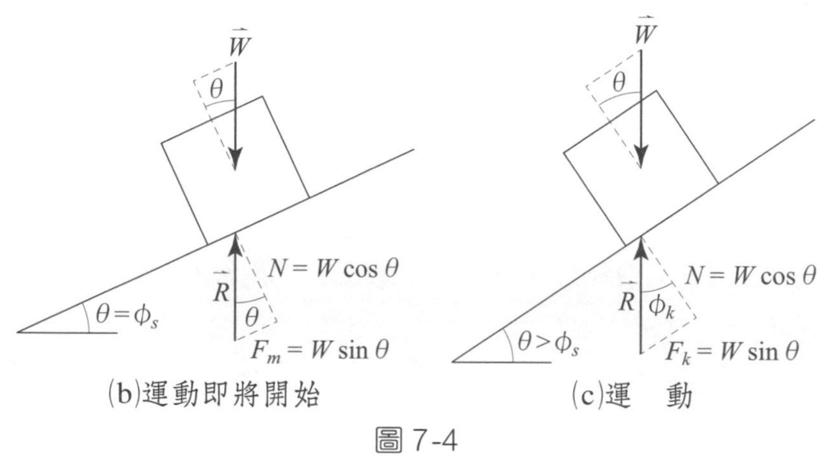

(b)運動即將開始　　(c)運　動

圖 7-4

7-4　含摩擦力之問題

對於牽涉到摩擦力的問題，其分析的方法與先前在第五章中所介紹的力系平衡的分析是完全類似的，若問題只牽涉到移動，沒有任何轉動發生的話，則摩擦問題中的物體可以視為質點來處理即可。但是若有轉動的情況發生，則前述中的物體必須視為剛體來加以分析。

一般而言，含摩擦力的問題大致可分為以下三類，討論如下：

1.所有外力及摩擦係數均為已知

此類型的問題主要是在決定物體究竟是保持靜止抑或產生運動。其中特別要注意在自由體圖以及平衡方程式當中的摩擦力，應該以未知數（大小未知而方向已知）的型式來處理。由於物體的運動狀態未定，故千萬不可將摩擦力以 $\mu_s N$ 來加以取代。

在利用自由體圖解出平衡方程式中的摩擦力後，將其與最大靜摩擦力 $F_m = \mu_s N$ 來作比較，若前者小於或等於後者，則物體保持靜止；若前者大於後者，則物體產生運動，此情形下物體所受到的摩擦力為動摩擦力 $F_k = \mu_k N$。

2.運動即將開始且所有外力為已知

在這類型的問題中，主要是要求出靜摩擦係數之大小。同樣的，摩擦力仍然以未知數的方式處理。藉由自由體圖及平衡方程式求出摩擦力後，因運動即將開始故該摩擦力為最大靜摩擦力 F_m，由 $F_m = \mu_s N$ 即可求出靜摩擦係數。

3.運動即將開始且靜摩擦係數為已知

此類型的問題主要是用以求出其他未知的外力。由於靜摩擦係數為已知，且運動即將開始，故自由體圖或平衡方程式中的摩擦力即是最大靜摩擦力 $F_m = \mu_s N$，則未知外力可由平衡方程式中求解獲得。

除了前述所提出的包含摩擦力的問題類型及對應的分析方式外，在此仍要再次提出有關兩相互作用的物體依牛頓第三運動定律，其作用力與反作用力之間為大小相等，而方向相反。而在製作自由體圖的時候，應該尤其注意摩擦力的正確方向。假設 A 與 B 為相互作用中的物體，則在包含 A 的自由體圖中，其摩擦力的方向是相反於由 B 觀察 A 所得之運動方向。同理，在包含 B 的自由體圖中其摩擦力的方向是相反於由 A 觀察 B 所得之運動方向。例如圖 7–5 (a)所示之裝置，其中 A 的自由體圖中其摩擦力的方向為向左，因由 B 所觀察到的 A 是向右運動，如圖 7–5 (b)；而依牛頓第三運動定律在圖 7–5 (c)中該摩擦力即向右。

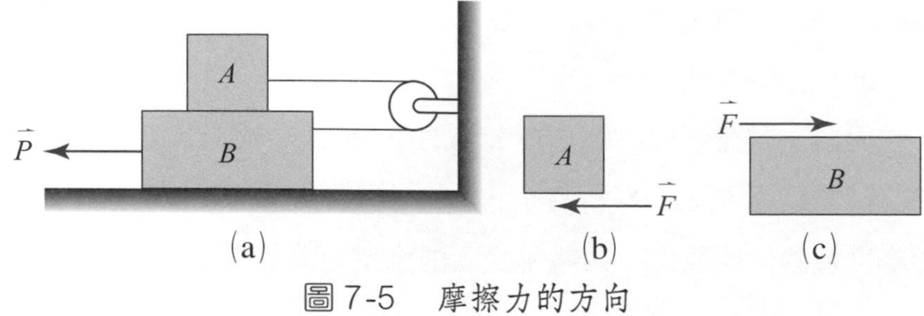

圖 7-5　摩擦力的方向

例 題 7－2

如圖 7–6 所示，重量為 10 N 之均勻桿 AB 受到水平力 $\vec{P}$ 之作用使其保持於圖示之位置，已知所有接觸面之摩擦係數為 0.2，試求保持平衡之最小 P 值為何?

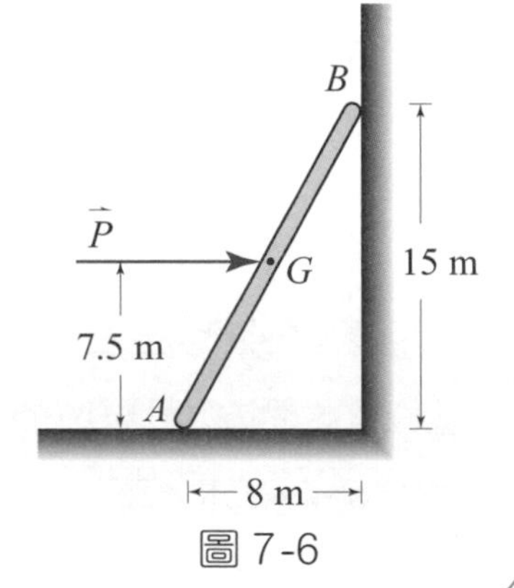

圖 7-6

解 由圖 7–6 可以觀察得知，若水平力無法維持平衡（小於平衡所需之 P 值），則桿 AB 之 B 可能向下滑動，同時 A 向左滑動。故 A, B 處之摩擦力的方向如圖 7–7 之自由體圖所示，其中摩擦力 $\vec{F_A}$ 及 $\vec{F_B}$ 因運動即將開始，故均等於最大靜摩擦力，依平衡方程式則

圖 7-7

由 $\Sigma F_y = 0$ 可得

$$N_A + 0.2N_B - 10 = 0$$

$$\therefore N_A = 10 - 0.2N_B \cdots\cdots (*)$$

由 $\Sigma M_G=0$ 可得

$$N_A\times 4-0.2N_A\times 7.5-N_B\times 7.5-0.2N_B\times 4=0$$

$$\therefore\ 2.5N_A-8.3N_B=0$$

將 (*) 式代入上式得

$$2.5(10-0.2N_B)-8.3N_B=0$$

$$\therefore\ N_B=2.841\text{N}$$

由 $\Sigma M_A=0$ 可得

$$P\times 7.5+10\times 4-N_B\times 15-0.2N_B\times 8=0$$

$$\therefore\ 7.5P+40-42.61-4.55=0$$

故 $P=0.955$ N

即最小之 P 值為 0.955 N

例 題 7-3

如圖 7–8 所示，A 之質量為 20 kg，B 之質量為 10 kg，已知所有接觸面之摩擦係數為 0.2，在不計滑輪摩擦的情況下，試求使 B 開始運動之力 P 的大小為何？

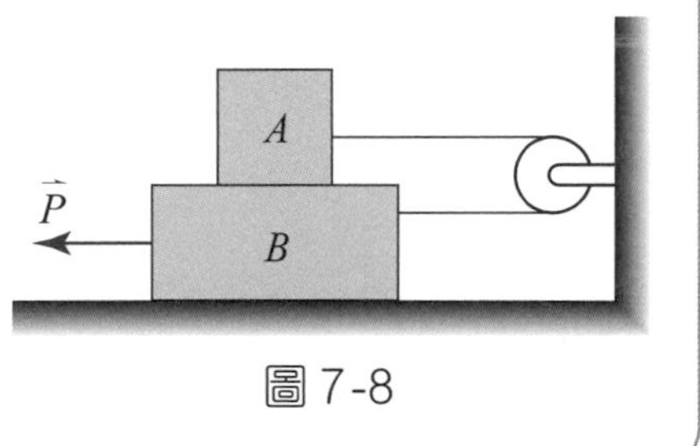

圖 7-8

解 對 A 而言，其自由體圖如圖 7–9 (a)所示，則

$$N_A=W_A=196.2\text{ N}$$

$$F_A=\mu_s N_A=0.2\times 196.2=39.2\text{ N}$$

由 $T-F_A=0$

$$\therefore\ T=39.2\text{ N}$$

B 之自由體圖如圖 7–9 (b)所示，則

$$N_B=N_A+W_B=196.2+10\times 9.81=294.3\text{ N}$$

$$F_B=\mu_s N_B=0.2\times 294.3=58.8\text{ N}$$

則 $P=T+F_A+F_B=39.2+39.2+58.8=137.2$ N

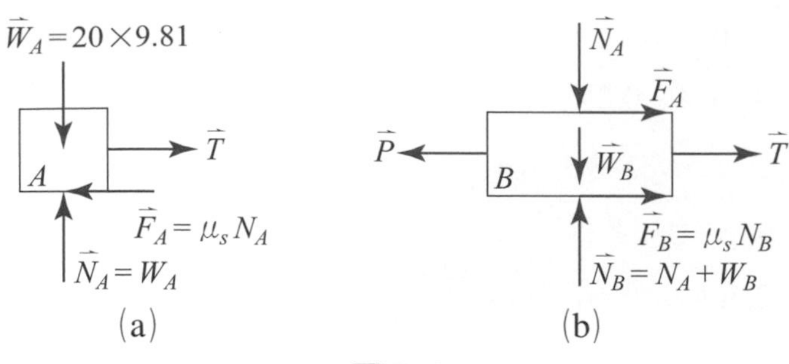

圖 7-9

例題 7-4

一順時針且大小為 90 N·m 之力偶施於輪上如圖 7–10 所示，若剎車因油壓缸的作用使得輪不產生轉動，則油壓缸所需產生之最小力量為何？若力偶為逆時針方向且大小相同，則油壓缸所需產生最小之力又為何？

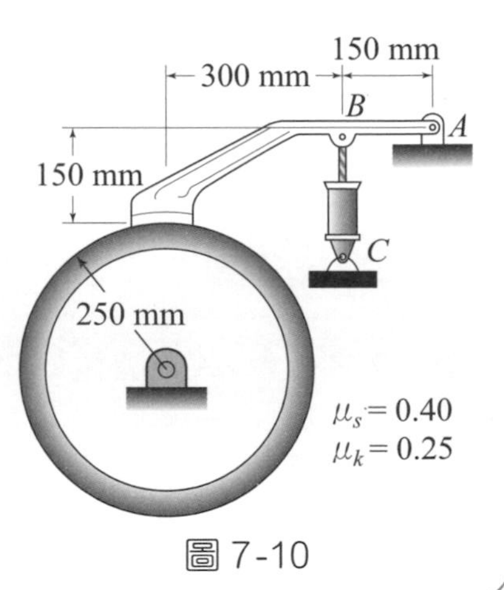

圖 7-10

解 由圖 7–11 (a)輪之自由體圖，相對於中心點 D 之平衡方程式由

$\Sigma M_D = 0$ 可得

$$F \times 0.25 - 90 = 0$$

$$\therefore F = 360 \text{ N}$$

故正向力 $N = \dfrac{F}{\mu_s} = \dfrac{360}{0.4} = 900 \text{ N}$

依圖 7–11 (b)，

則由 $\Sigma M_A = 0$ 可得

$$-900 \times 0.45 + 360 \times 0.15 + B \times 0.15 = 0$$

故 $\vec{B} = 2340 \text{ N} \downarrow$

即油壓缸所產生最小之力為 2340 N

若力偶之方向為逆時針，則摩擦力 $\vec{F}$ 之方向將相反，如圖 7–11 (c)所示，

則由 $\Sigma M_A = 0$ 可得

$$-900 \times 0.45 - 360 \times 0.15 + B \times 0.15 = 0$$

則 $\vec{B} = 3060\ \text{N} \downarrow$

即油壓缸所產生最小之力為 3060 N

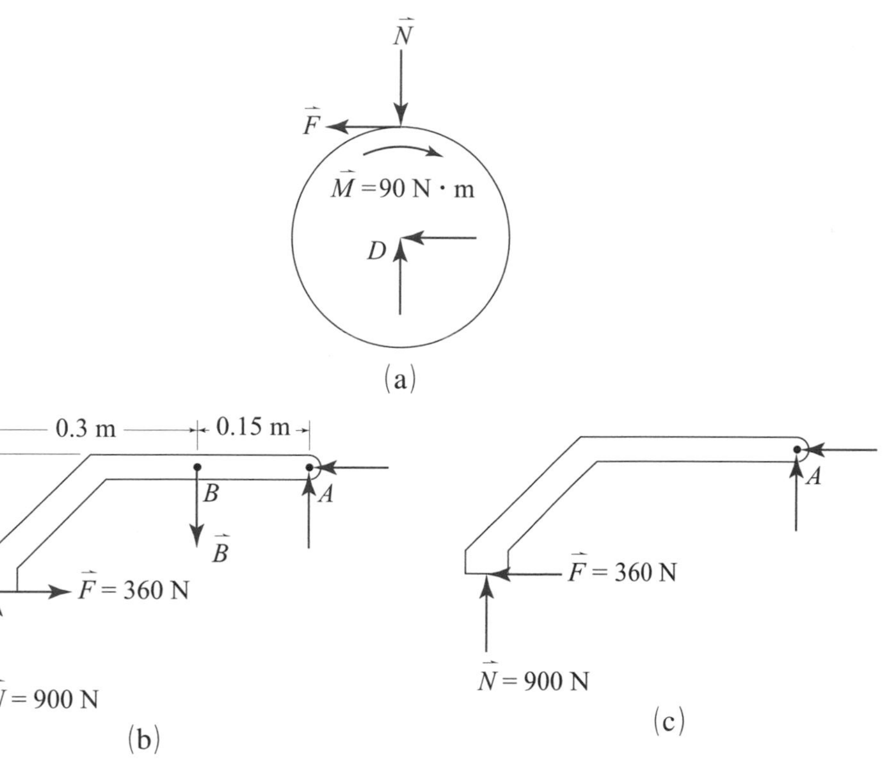

圖 7-11

習 題

1. 一均勻桿重為 10 N，受到一水平力 $\vec{P}$ 之作用使其維持如圖 7–12 所示的狀態，試求最大可能之 P 值使此平衡得以維持?

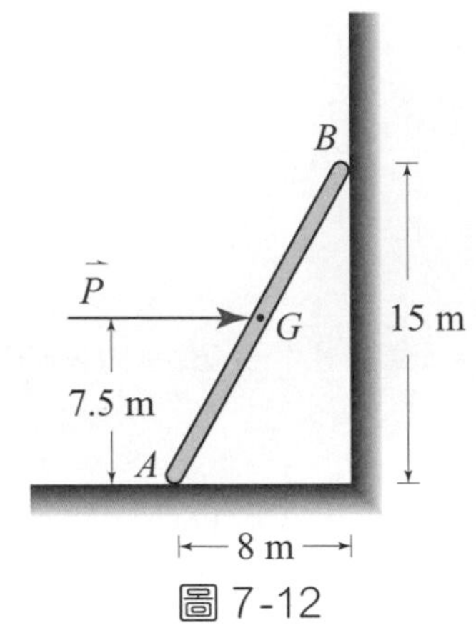

圖 7-12

2. 兩支重量各為 10 N 之均勻長桿保持如圖 7–13 所示之狀態，已知當水平力 P 大於 24 N 時，平衡將無法繼續維持，試求在 C 處之摩擦係數為何？

3. 一大小為 100 N 之力沿斜面向上作用於重量為 300 N 之物體如圖 7–14 所示，已知物體與斜面間之摩擦係數 $\mu_s = 0.25$，$\mu_k = 0.2$，試問：(a)物體是否能保持平衡？ (b)摩擦力為何？

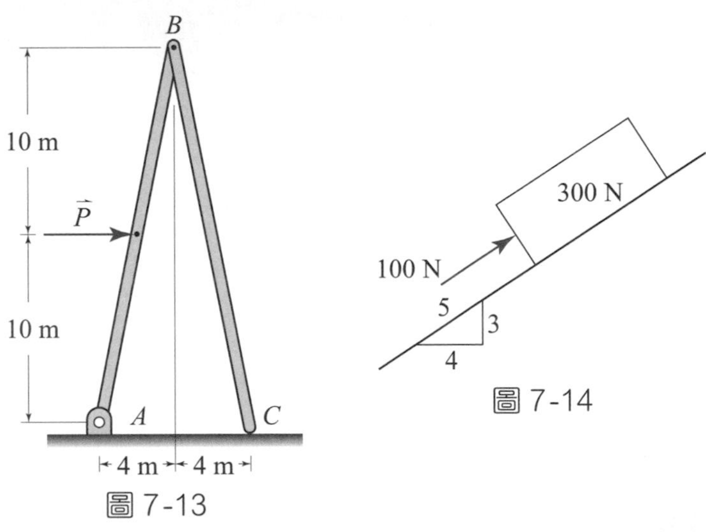

圖 7-13

圖 7-14

4. 如圖 7–15 所示之裝置，假設所有接觸面 $\mu_s = 0.40$，$\mu_k = 0.30$，試求最小之 P 使 30 kg 之物體開始運動？

5. 如圖 7–16 之裝置，假設所有接觸面 $\mu_s = 0.4$ 及 $\mu_k = 0.3$，試求最小之 P 使 30 kg 之物體開始運動？

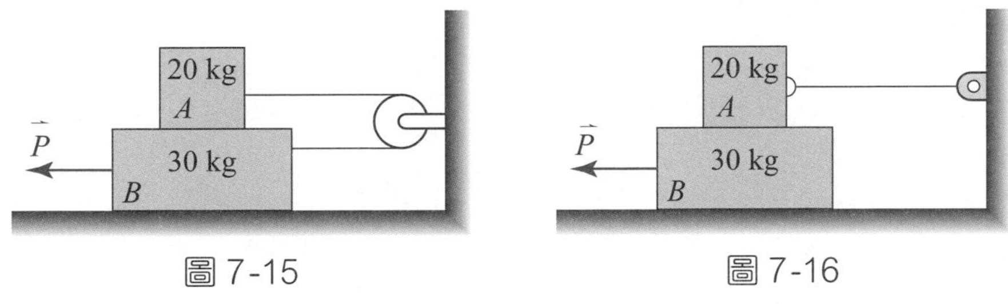

圖 7-15 圖 7-16

6. 長度為 6.5 m 之桿靠於牆上如圖 7–17 所示，已知所有接觸面的摩擦係數均相同，試求維持平衡所需之靜摩擦係數之最小值?

7. 一個重為 W，半徑為 r 之圓柱體其在 A 及 B 處之靜摩擦係數為 μ_s，試求如圖 7–18 的情況，欲使圓柱體不產生轉動之最大可能的 W 為何?

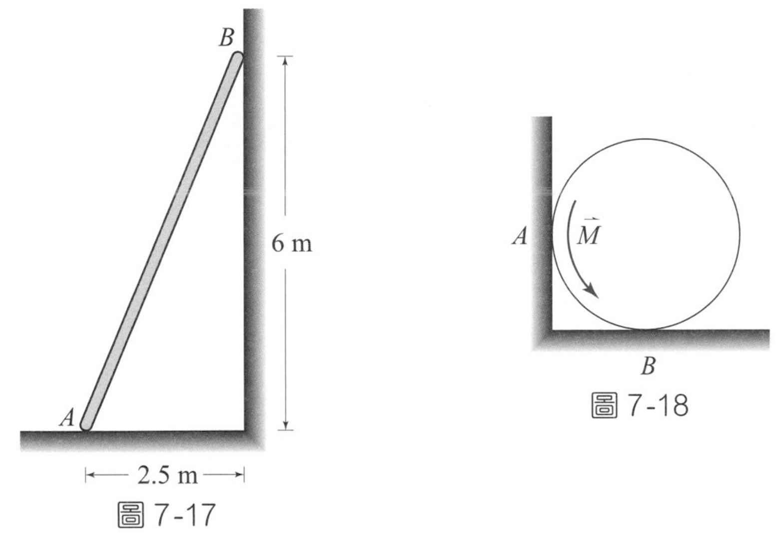

圖 7-17 圖 7-18

8. 質量 25 kg 之物體與 30° 之斜面間的靜摩擦係數為 0.25，如圖 7–19 所示，試求：(a)使物體開始沿斜面向上移動之最小 P 值為何? (b)相對應之角度 β 為何?

9. 重量為 80 N 之物體連結於桿 AB 之一端且置於移動中的輸送帶上如圖 7–20 所示。已知物體與輸送帶間 $\mu_s = 0.25$ 及 $\mu_k = 0.20$，試求欲使輸送帶維持向右運動之水平力 $\vec{P}$ 之大小為何?

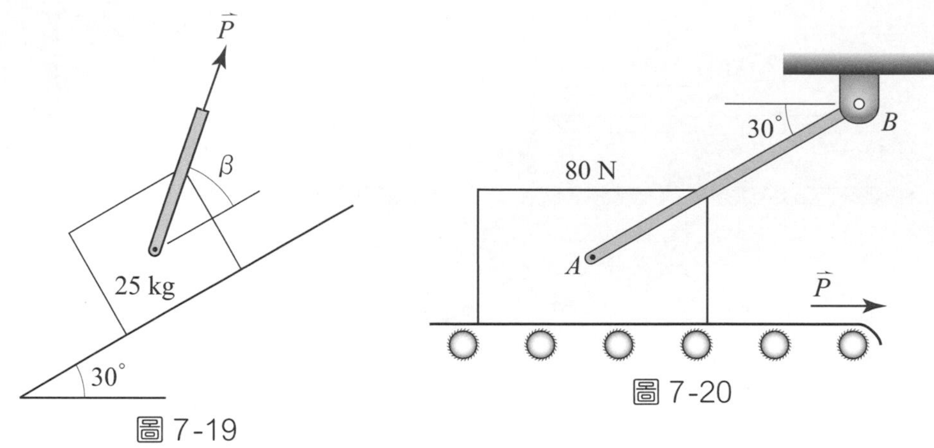

圖 7-19

圖 7-20

10.同第 9 題，若欲使輸送帶維持向左之運動，試求水平力 $\vec{P}$ 之大小又為何?

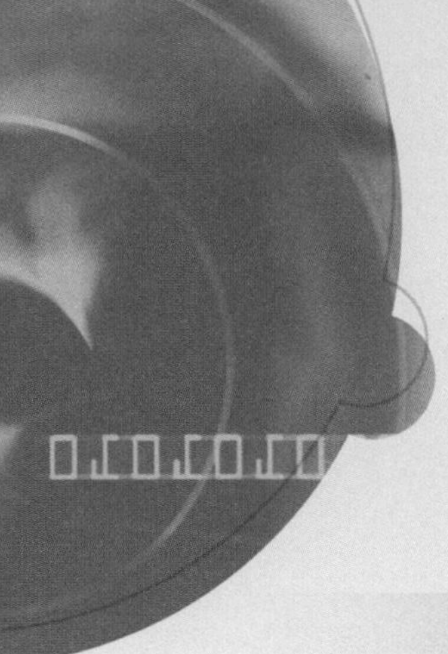

第八章 重心與形心

8-1　質點系之重心與質心

就質點與剛體兩者而言，前者所在的位置即是質量之位置，亦是該質點所受重力作用的位置。而對後者而言，類似的情況即複雜得多，不僅因為剛體具有形狀及大小，同時其構成的材質亦會影響到重心的位置。而在重心的求取上，可以把剛體視為是由無數個質點所構成，因此本章首先介紹質點系的重心，利用此結果可進一步應用到剛體上。

圖 8-1 所示為空間內由 n 個質點所構成之質點系統，其全部之重力 ΣW 等於所有質點重量之總和，即

$$\Sigma W = W_1 + W_2 + \cdots + W_n = \sum_{i=1}^{n} W_i \tag{8-1}$$

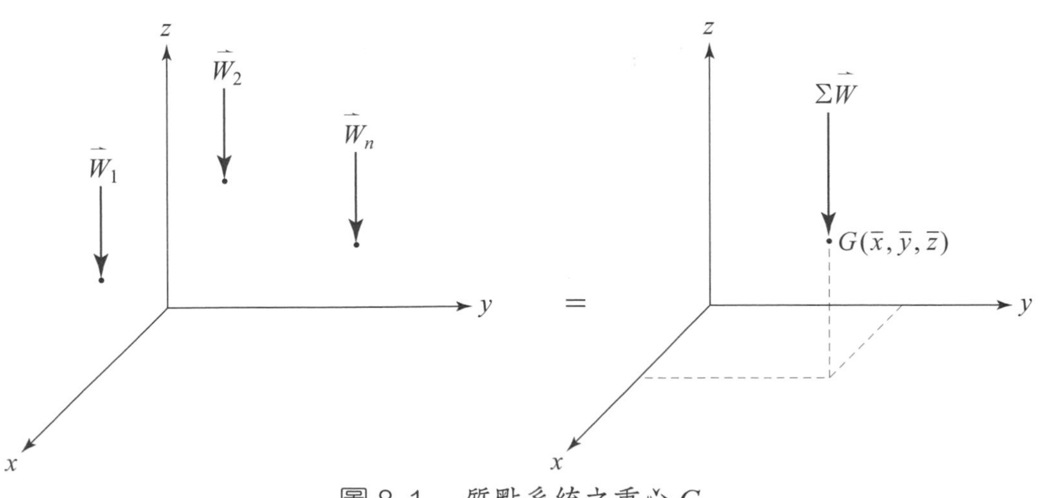

圖 8-1　質點系統之重心 G

而各質點之重力對 x, y 及 z 軸之力矩和應等於單一合力對相同軸之力矩，因此，

$$\bar{x}\Sigma W = \tilde{x}_1 W_1 + \tilde{x}_2 W_2 + \cdots + \tilde{x}_n W_n = \sum_{i=1}^{n} \tilde{x}_i W_i$$

$$\bar{y}\Sigma W = \tilde{y}_1 W_1 + \tilde{y}_2 W_2 + \cdots + \tilde{y}_n W_n = \sum_{i=1}^{n} \tilde{y}_i W_i \quad (8\text{–}2)$$

$$\bar{z}\Sigma W = \tilde{z}_1 W_1 + \tilde{z}_2 W_2 + \cdots + \tilde{z}_n W_n = \sum_{i=1}^{n} \tilde{z}_i W_i$$

將 (8–1) 式及 (8–2) 式整理可得質點系統之重心 $G(\bar{x}, \bar{y}, \bar{z})$ 的表示式如下

$$\boxed{\begin{aligned} \bar{x} &= \frac{\Sigma\, \tilde{x}_i W_i}{\Sigma\, W_i} \\ \bar{y} &= \frac{\Sigma\, \tilde{y}_i W_i}{\Sigma\, W_i} \\ \bar{z} &= \frac{\Sigma\, \tilde{z}_i W_i}{\Sigma\, W_i} \end{aligned}} \quad (8\text{–}3)$$

其中 $\bar{x}, \bar{y}, \bar{z}$ 表示質點系統之重心 G 的座標值

$\tilde{x}_i, \tilde{y}_i, \tilde{z}_i$ 表示質點系統中各質點之座標值

W_i 為質點系統中各質點之重量

將 $W_i = m_i g$ 代入 (8–3) 式中，則可得質點系統之質心 $(\bar{x}, \bar{y}, \bar{z})$ 公式為

$$\boxed{\begin{aligned} \bar{x} &= \frac{\Sigma\, \tilde{x}_i m_i}{\Sigma\, m_i} \\ \bar{y} &= \frac{\Sigma\, \tilde{y}_i m_i}{\Sigma\, m_i} \\ \bar{z} &= \frac{\Sigma\, \tilde{z}_i m_i}{\Sigma\, m_i} \end{aligned}} \quad (8\text{–}4)$$

由 (8–3) 式及 (8–4) 式可知質點系統之重心及質心基本上是重合的，不過前者必須是在重力作用下才存在，而質心則是沒有這樣的限制。

8–2　剛體之重心

在本節中討論剛體的重心之前，必需使用 §8–1 定義質點系統的重心所引申出來的觀念，亦即質點系統中的個別成份質點隨著其質量的不同而有不同的重量，同時質點系統中的質點與質點之間的相互位置關係並非固定不變的。而對一般的剛體而言，若把它看作是由數目趨近於無限多個質點所構成的話，則對構成一個剛體這樣的質點系統而言，前述的概念即應加以修正成為所有的成份質點其質量均為一致，換句話說，每一個質點所受到的重力均相同，同時質點與質點間的相互位置關係亦是固定不變的。

有了如上的概念，對於剛體的重心而言，則可以由 (8–2) 式中，將質點的重量 W_i 以微分重量 (differential weight) dW 來取代，而數學運算符號 “Σ” 則由積分 (integration) 符號 “$\int$” 所取代，則剛體之重心 $G(\bar{x}, \bar{y}, \bar{z})$ 即可寫成

$$\boxed{\begin{aligned} \bar{x} &= \frac{\int \tilde{x}\,dW}{\int dW} \\ \bar{y} &= \frac{\int \tilde{y}\,dW}{\int dW} \\ \bar{z} &= \frac{\int \tilde{z}\,dW}{\int dW} \end{aligned}} \tag{8–5}$$

其中之重量 W 若以 mg 來取代，則可獲得類似之剛體質心之公式，在此不再重複。

8–3 剛體之形心

形心 (centroid) 乃剛體之幾何中心 (geometric center)，其座標可由 (8–5) 式加以求得，通常對於剛體形心的定義是在假設剛體為均質 (Homogeneous) 的情況下所求得，在均質的條件下，(8–5) 式中的重量 W 可直接以體積 V 來加以置換，即可得到一般剛體的形心座標 $(\bar{x}, \bar{y}, \bar{z})$ 為

$$\boxed{\begin{aligned}\bar{x} &= \frac{\int \tilde{x}\,dV}{\int dV} \\ \bar{y} &= \frac{\int \tilde{y}\,dV}{\int dV} \\ \bar{z} &= \frac{\int \tilde{z}\,dV}{\int dV}\end{aligned}} \tag{8–6}$$

上述 (8–6) 式係適用於一般三維之剛體，若對於平板 (plate) 或薄殼 (shell) 物件，則其形心公式為對表面積 A 加以積分，則 (8–6) 式可寫為如下之形心公式：

$$\boxed{\begin{aligned}\bar{x} &= \frac{\int \tilde{x}\,dA}{\int dA} \\ \bar{y} &= \frac{\int \tilde{y}\,dA}{\int dA} \\ \bar{z} &= \frac{\int \tilde{z}\,dA}{\int dA}\end{aligned}} \tag{8–7}$$

若物體為細桿狀或線型物體，則其形心公式為對長度 L 加以積分，則可進一步得下式：

$$\boxed{\bar{x}=\frac{\int \tilde{x}dL}{\int dL} \quad \bar{y}=\frac{\int \tilde{y}dL}{\int dL} \quad \bar{z}=\frac{\int \tilde{z}dL}{\int dL}} \tag{8–8}$$

形心雖為剛體之幾何中心，但其位置並不一定位於物體之內部，而可能位於物體之外部。而對於某些具有對稱軸之剛體，如圖 8–2 所示，其形心位於對稱軸或對稱軸的交點上。

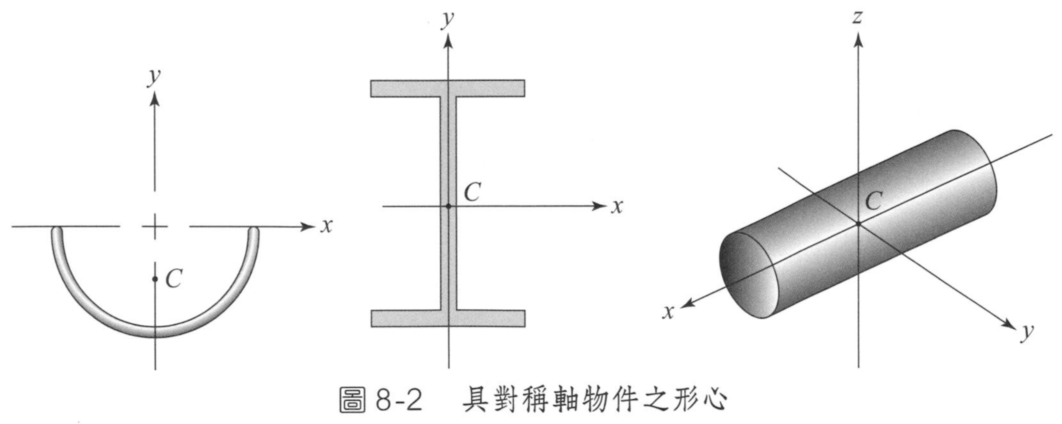

圖 8-2　具對稱軸物件之形心

圖 8–3 所列為一些常見具有規則外形之面積及線型物件之形心，而常見之規則實體之形心則如圖 8–4 所列。仔細觀察後可以發現，旋轉體之形心並不等於其截面面積之形心，所以圖 8–4 中半圓球體之形心並不等於圖 8–3 中半圓形面積之形心。

形狀		$\bar{x}$	$\bar{y}$	面積
三角形區域	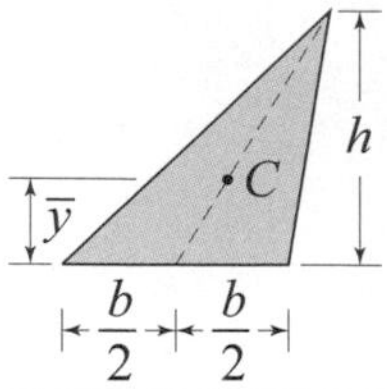		$\frac{h}{3}$	$\frac{bh}{2}$
四分之一圓區域	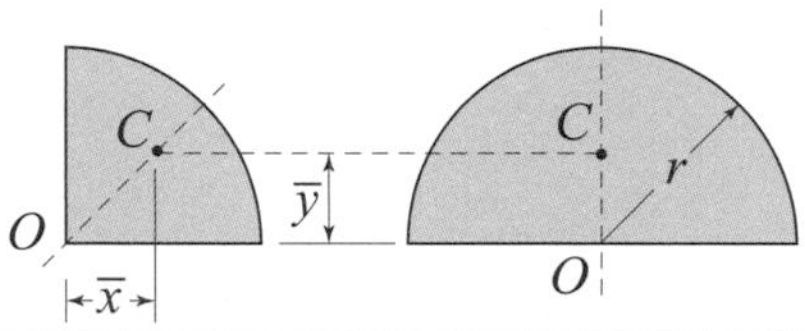	$\frac{4r}{3\pi}$	$\frac{4r}{3\pi}$	$\frac{\pi r^2}{4}$
半圓區域		0	$\frac{4r}{3\pi}$	$\frac{\pi r^2}{2}$
半拋物線區域	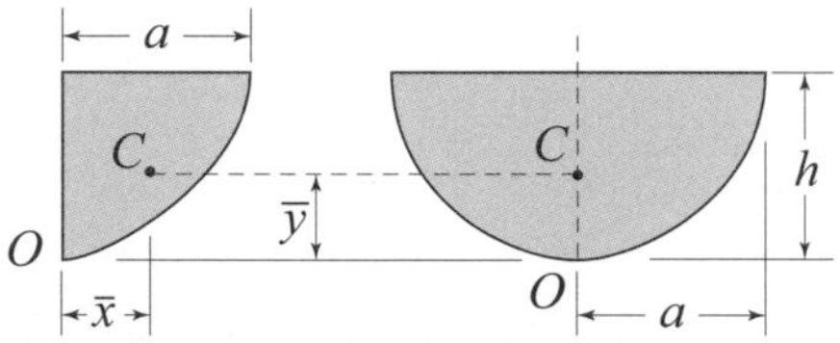	$\frac{3a}{8}$	$\frac{3h}{5}$	$\frac{2ah}{3}$
拋物線區域		0	$\frac{3h}{5}$	$\frac{4ah}{3}$
拋物線腹區域	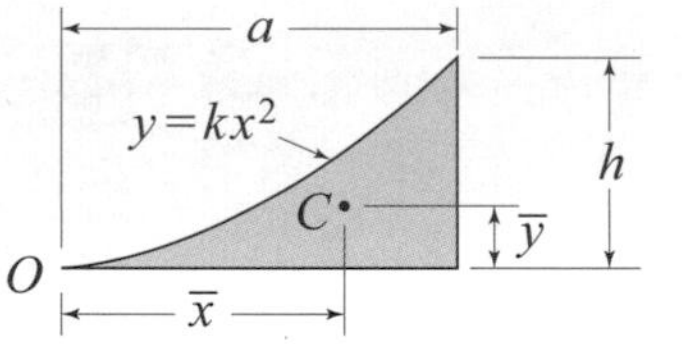	$\frac{3a}{4}$	$\frac{3h}{10}$	$\frac{ah}{3}$
扇形區域	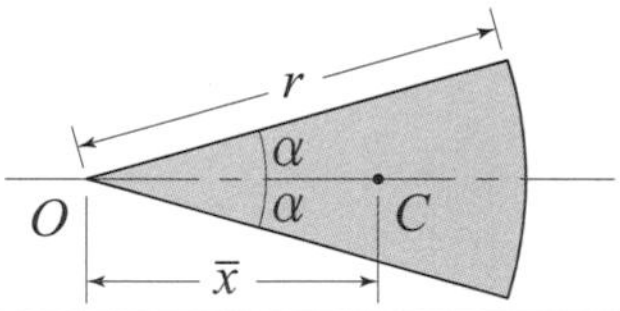	$\frac{2r\sin\alpha}{3\alpha}$	0	αr^2
四分之一圓弧	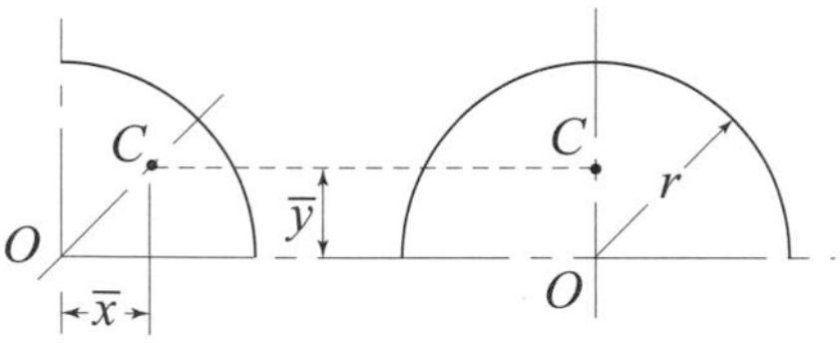	$\frac{2r}{\pi}$	$\frac{2r}{\pi}$	$\frac{\pi r}{2}$
半圓弧		0	$\frac{2r}{\pi}$	πr
圓弧	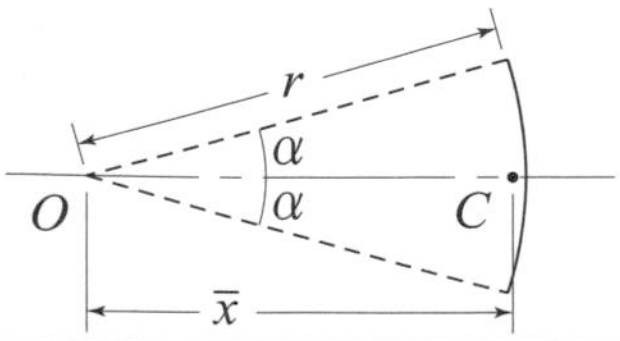	$\frac{r\sin\alpha}{\alpha}$	0	$2\alpha r$

圖 8-3　常見規則面積或線之形心

形狀		$\bar{x}$	體積
半圓球體	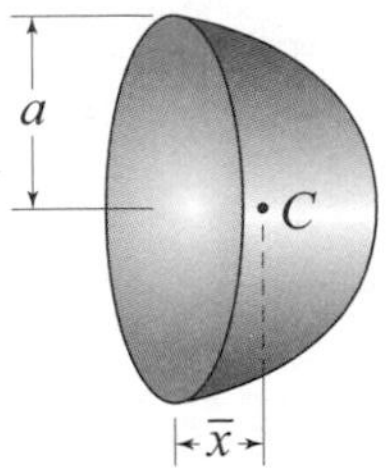 a C $\bar{x}$	$\frac{3a}{8}$	$\frac{2}{3}\pi a^3$
半橢圓體	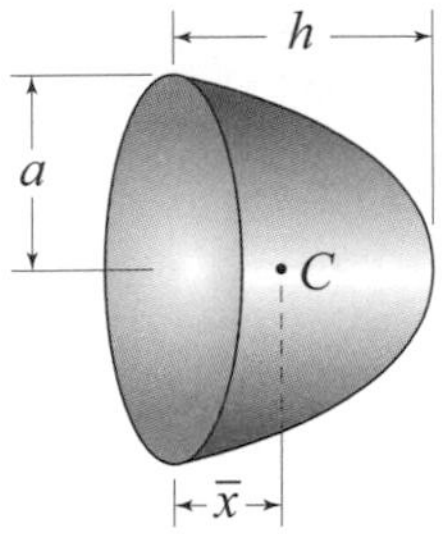 h a C $\bar{x}$	$\frac{3h}{8}$	$\frac{2}{3}\pi a^2 h$
拋物線體	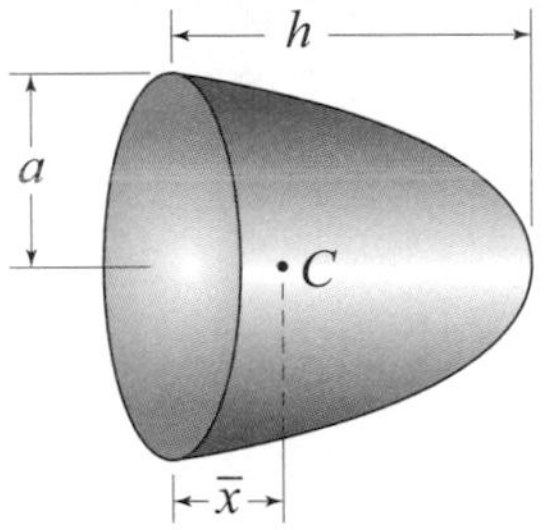 h a C $\bar{x}$	$\frac{h}{3}$	$\frac{1}{2}\pi a^2 h$
圓錐體	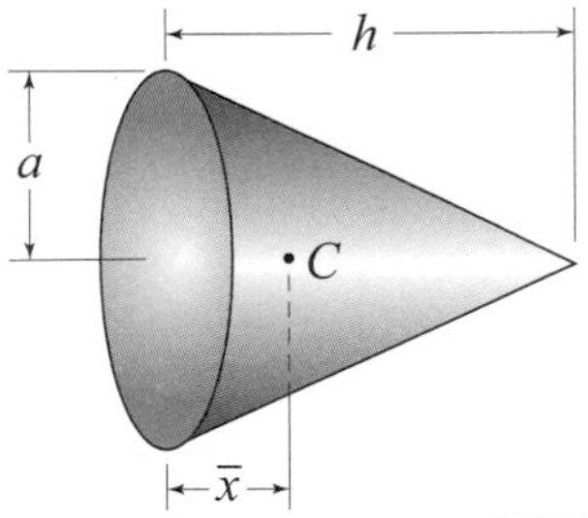 h a C $\bar{x}$	$\frac{h}{4}$	$\frac{1}{3}\pi a^2 h$
金字塔體	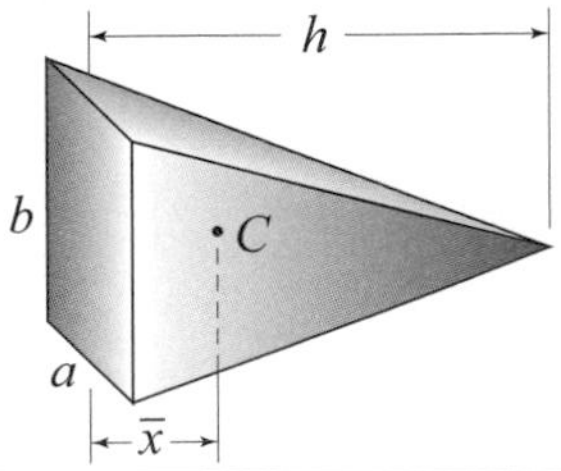 h b C a $\bar{x}$	$\frac{h}{4}$	$\frac{1}{3}abh$

圖 8-4　常見旋轉體之形心

8–4 利用積分法求形心

1.三度空間物體

若物體外形是由幾何曲面所定義，則可由積分的方式透過 (8–6) 式來計算物體之形心，或是由下式求得。

$$\bar{x}V = \int \tilde{x}dV$$
$$\bar{y}V = \int \tilde{y}dV \tag{8–9}$$
$$\bar{z}V = \int \tilde{z}dV$$

而在 (8–9) 式中對於體積 V 的積分必須分別對座標軸 x, y 及 z 分別積分，換句話說，這是屬於三重積分 (triple integration)，在數學的運算上極為繁瑣，為了儘可能透過簡化的方式來計算，可以採用之簡化的方式有二，一為先找出剛體本身的對稱軸，將座標軸定義於沿對稱軸之方向，如圖 8–5 所顯示的即是一旋轉體，將 x 軸定義為沿該旋轉體之對稱軸方向，則該物體之形心必位於 x 軸上，即 $\bar{y} = \bar{z} = 0$。

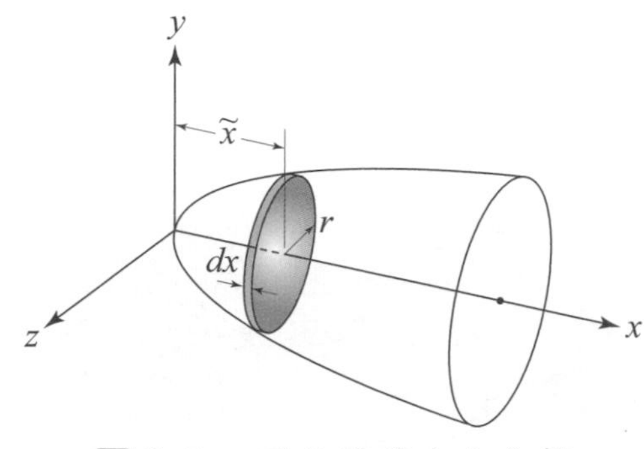

圖 8-5　形心體積分之化簡

第二種簡化的方式是透過如圖 8–5 中厚度為 dx，半徑為 r 之圓形薄板作為微分體積 (differential volume) dV，則

$$dV = \pi r^2 dx \tag{8–10}$$

透過 (8–10) 式則 (8–9) 式中對體積 V 積分的三重積分將可化簡為對 x 之單一積分，這部份之計算可參考例題中之進一步說明。

2. 平面物體

而對於平板或薄殼物件，若其外形是由幾何曲線所定義的，其形心如 §8–3 所述可透過面積分的方式來求得，為了避免面積分之計算牽涉到同樣繁瑣的雙重積分 (double integration)，同樣可以透過如圖 8–6 所定義之微分面積 (differential area) 來進行化簡，使雙重積分得以簡化為單一積分。

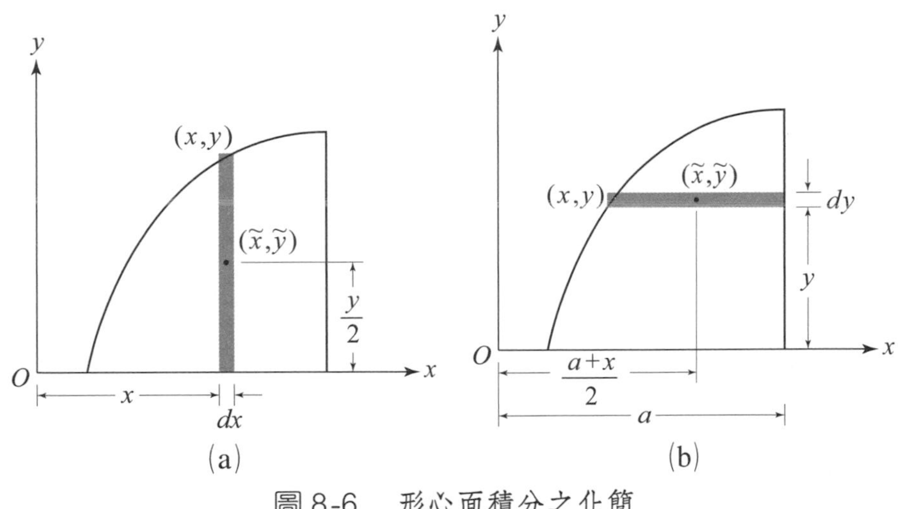

圖 8-6 形心面積分之化簡

對圖 8–6 (a)之情況，其微分面積 dA 為

$$dA = ydx \tag{8–11}$$

而對於圖 8–6 (b)之 dA 則為

$$dA = (a - x)dy \tag{8–12}$$

利用 (8–11) 式或 (8–12) 式則可對 (8–7) 式之形心公式進行化簡以求得形心。

例題 8－1

試求圖 8–7 (a)所示面積之形心 $(\bar{x}, \bar{y})$?

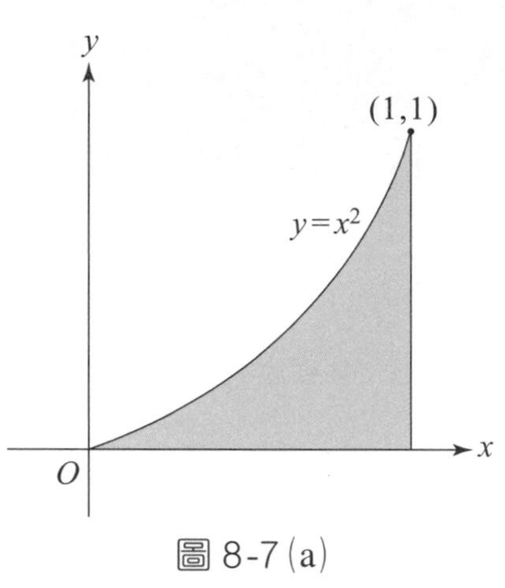

圖 8-7 (a)

解 由圖 8–7 (b)及 (8–11) 式

$$dA = ydx = \int_0^1 x^2 dx = 0.333$$

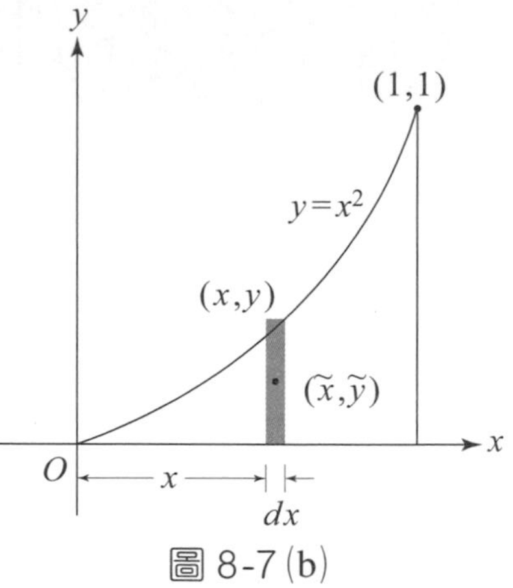

圖 8-7 (b)

形心 $(\bar{x}, \bar{y})$ 由 (8–7) 式，其中

$$\tilde{x} = x, \tilde{y} = \frac{y}{2}$$

$$\bar{x} = \frac{\int x dA}{A} = \frac{\int_0^1 x^3 dX}{A}$$

$$= \frac{0.250}{0.333} = 0.75 \text{ m}$$

$$\bar{y} = \frac{\int (\frac{y}{2}) dA}{A} = \frac{\int_0^1 \frac{x^4}{2} dx}{A} = \frac{0.100}{0.333} = 0.3 \text{ m}$$

例題 8－2

如圖 8–8 (a)所示之拋物體，係由陰影部份繞 y 軸旋轉而得，試求此旋轉體之形心?

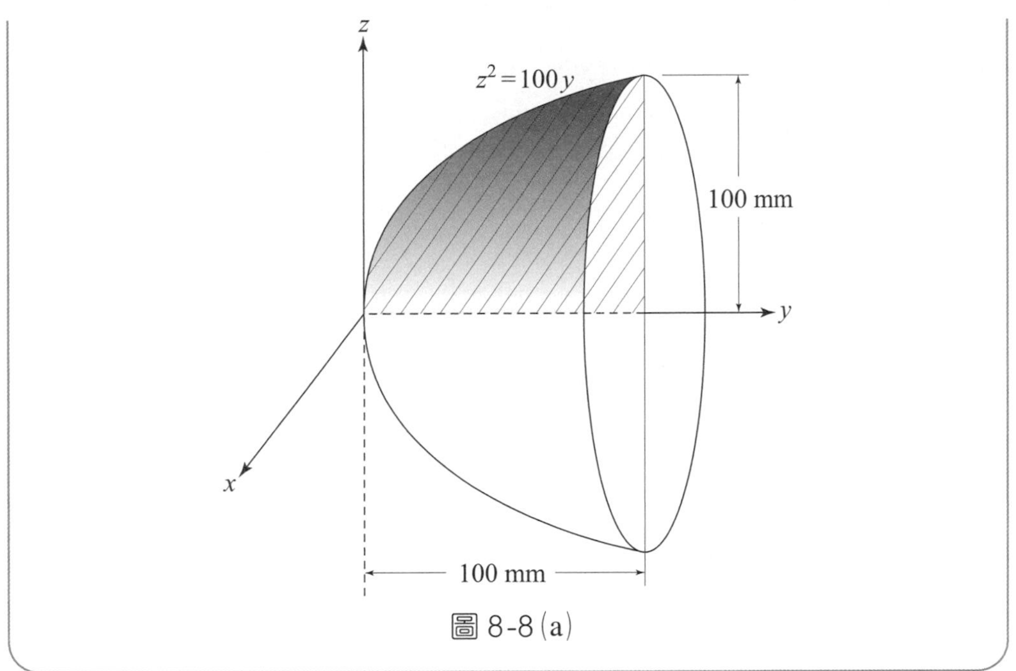

圖 8-8(a)

解　該拋物體對稱於 y 軸，故 $\bar{x}=\bar{z}=0$

如圖 8–8(b)，取厚度為 dy，半徑為 r 之圓盤為微分體積，則 $r=z$

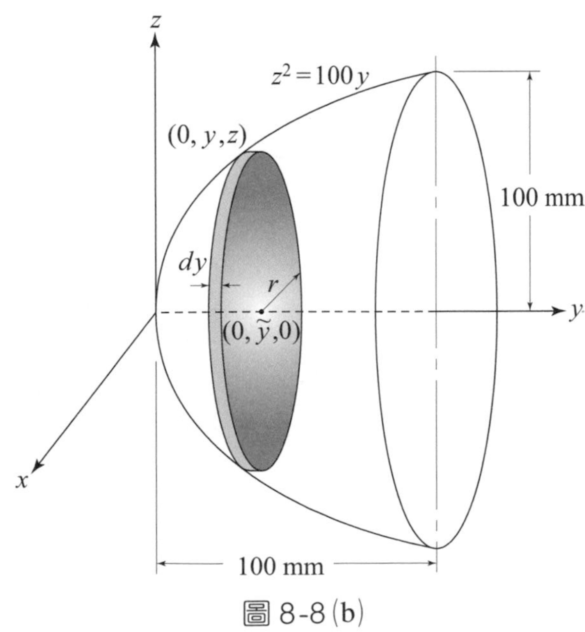

圖 8-8(b)

由 (8–10) 式，

$$dV = \pi z^2 dy = 100\pi y dy$$

則 $V = \int dV = 100\pi \int_0^{100} y dy$

由 (8–9) 式，且 $\tilde{y} = y$，得

$$\int \tilde{y} dV = \int_0^{100} y(\pi z^2) dy = 100\pi \int_0^{100} y^2 dy$$

故形心之 $\bar{y} = \dfrac{100\pi \int_0^{100} y^2 dy}{100\pi \int_0^{100} y dy}$

$$= 66.7 \text{ mm}$$

8–5 利用組合法求形心

組合法 (composite method) 是將實體或面分割成數個具規則形狀之實體或面，如圖 8–3 及圖 8–4 中所列，再以列表合成的方式求出形心的一種方法。利用組合法時每一個個別之實體或面必須是可以迅速決定出其形心位置的，否則即失去利用組合法的價值。

由 (8–3) 式，考慮物體為均勻材質，則組合體的形心為

$$\boxed{\begin{aligned} \bar{x} &= \frac{\Sigma \tilde{x} V}{\Sigma V} \\ \bar{y} &= \frac{\Sigma \tilde{y} V}{\Sigma V} \\ \bar{z} &= \frac{\Sigma \tilde{z} V}{\Sigma V} \end{aligned}} \qquad (8\text{–}13)$$

同理，組合面之形心為

$$\bar{x} = \frac{\Sigma\, \tilde{x}A}{\Sigma\, A} \qquad \bar{y} = \frac{\Sigma\, \tilde{y}A}{\Sigma\, A} \qquad \bar{z} = \frac{\Sigma\, \tilde{z}A}{\Sigma\, A} \tag{8–14}$$

例 題 8 – 3

試求如圖 8–9 (a)所示面積之形心？

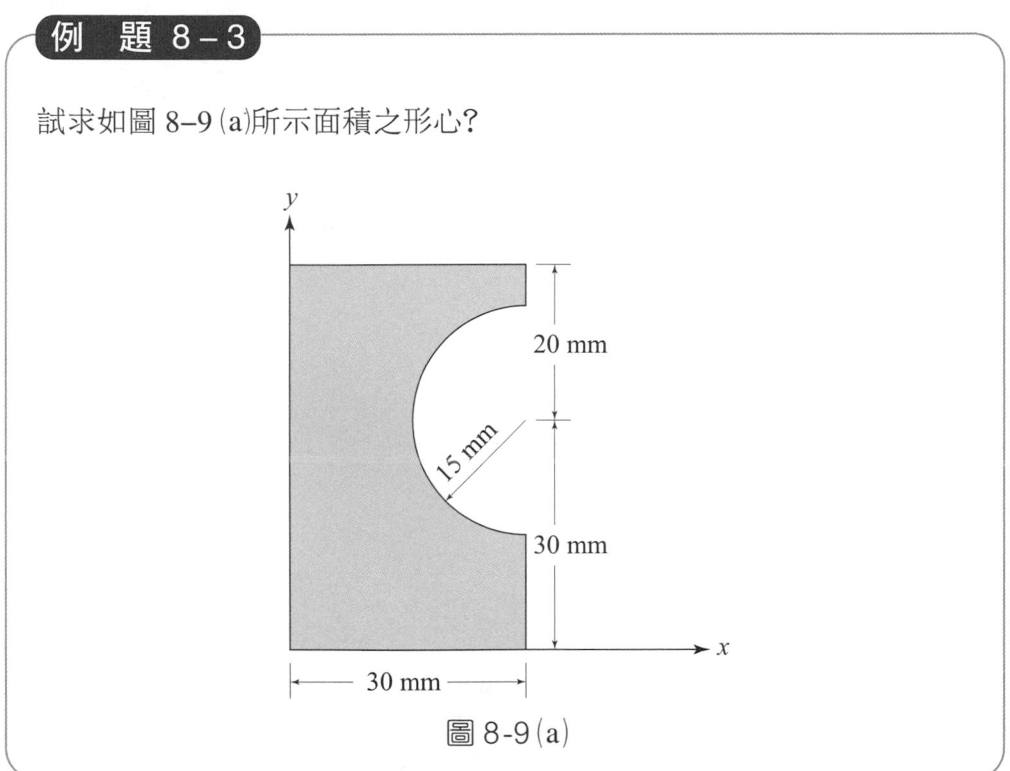

圖 8-9 (a)

解 原題目所求區域可視為如圖 8–9 (b)之區域 I 減去區域 II 而得，利用 (8–14) 式及圖 8–3 可得下表，並進而求其形心

	A（面積）	$\tilde{x}$	$\tilde{y}$	$\tilde{x}A$	$\tilde{y}A$
I	$30 \times 50 = 1500$	15	25	22500	37500
II	$-\frac{\pi}{2} \times 15^2 = -353.43$	$30 - \frac{4 \times 15}{3\pi} = 23.634$	30	−8353	−106029
Σ	1146.57			14147	26897

由 (8–14) 式可得 $\bar{x}$ 及 $\bar{y}$ 分別為

$$\bar{x} = \frac{14147}{1146.57}$$
$$= 12.34 \text{ mm}$$
$$\bar{y} = \frac{26897}{1146.57}$$
$$= 23.5 \text{ mm}$$

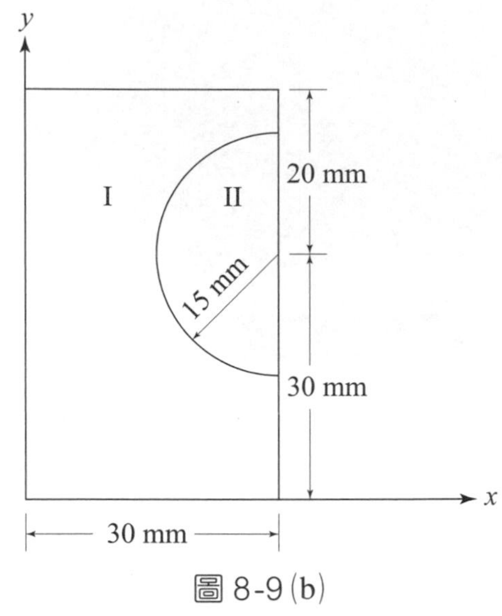

圖 8-9 (b)

例 題 8－4

如圖 8–10 (a)所示之實體係由一半圓球體與一圓柱結合後，挖去一圓錐部份後而得，試求其形心?

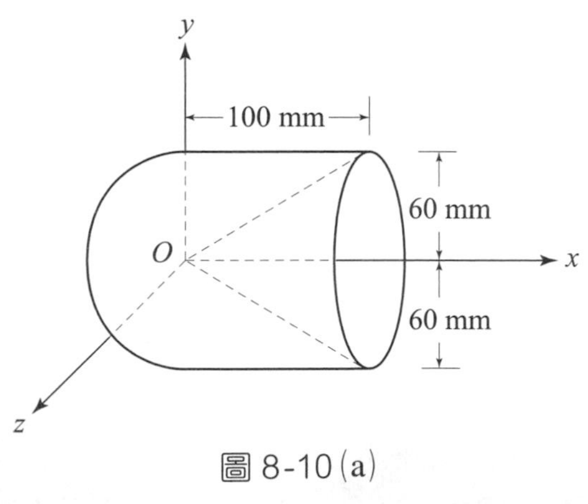

圖 8-10 (a)

解 由圖 8–10 (b)所示及圖 8–4，可列出下表:

	V（體積）	$\tilde{x}$	$\tilde{x}V$
I	$\frac{1}{2}\times\frac{4\pi}{3}\times 60^3 = 0.4524\times 10^6$	-22.5	-10.18×10^6
II	$\pi\times 60^2\times 100 = 1.131\times 10^6$	50	56.55×10^6
III	$-\frac{\pi}{3}\times 60^2\times 100 = -0.377\times 10^6$	75	-28.28×10^6
Σ	1.206×10^6		18.09×10^6

由對稱可知 $\bar{y}=\bar{z}=0$

由 (8–13) 式可得 $\bar{x}=\dfrac{18.09\times 10^6}{1.206\times 10^6}=15\text{ mm}$

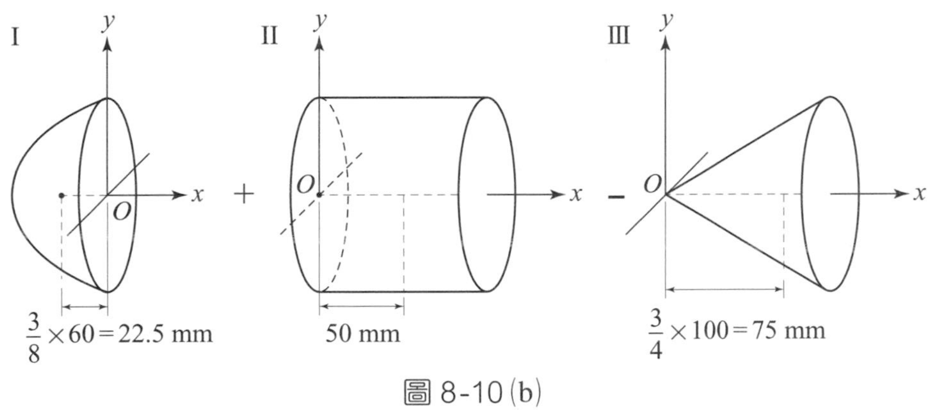

圖 8-10 (b)

例　題 8 – 5

如圖 8–11 (a)所示之結構係由單位質量 4.73 kg/m 之均勻細長鋼管所構成，繩 AB 支撐此結構於支點 C，試求：(a)繩 AB 之張力？　(b) C 處之反作用力？

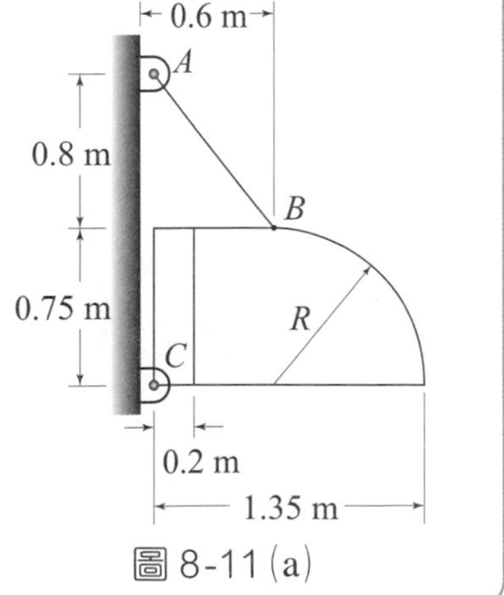

圖 8-11 (a)

解 首先必須求出此結構之重心 G 的位置，方能利用平衡方程式求出未知作用力，參考圖 8–11 (b)，可列出下表：

	L（長度）	$\tilde{x}$	$\tilde{x}L$
I	1.35	0.675	0.91125
II	0.6	0.3	0.18
III	0.75	0	0
IV	0.75	0.2	0.15
V	$\frac{\pi}{2}\times 0.75 = 1.178$	$0.6+\frac{2}{\pi}\times 0.75 = 1.077$	1.2687
Σ	4.628		2.510

則由 $\bar{x}=\frac{\Sigma\,\tilde{x}L}{\Sigma\,L}=\frac{2.510}{4.628}=0.5424\text{ m}$

結構重 $W=(\Sigma\,L)\times 4.73\times 9.81=214.75\text{ N}$

由圖 8–11 (b)所示之自由體圖，平衡條件為

由 $\Sigma M_C=0$ 可得

$$1.55\times\frac{3}{5}T-0.5424\times 214.75=0$$

則繩之張力 $T=125.264\text{ N}$

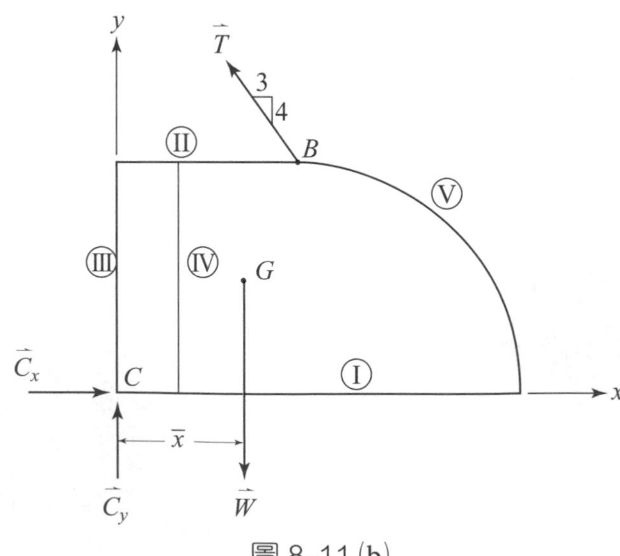

圖 8-11 (b)

由 $\Sigma F_x = 0$ 可得

$$C_x - \frac{3}{5} \times 125.264 = 0,\ 得\ \overrightarrow{C_x} = 75.158 \text{ N} \rightarrow$$

由 $\Sigma F_y = 0$ 可得

$$C_y + \frac{4}{5} \times 125.264 - 214.75 = 0,\ 得\ \overrightarrow{C_y} = 114.539 \text{ N} \uparrow$$

8–6 巴伯及高丁定理

巴伯及高丁定理 (Theorems of Pappus and Guldinus) 主要係用以求迴轉體 (body of revolution) 之體積及迴轉面 (surface of revolution) 之面積。

所謂迴轉面係將一平面曲線對一與此曲線沒有相交之固定軸迴轉而成;同理,所謂迴轉體則由一平面曲域對一與此曲域沒有相交的固定軸迴轉而成。

巴伯及高丁定理可分為兩部份,如以下說明:

定理 I: 迴轉面之表面積係等於其生成曲線 (generating curve) 之長度與該曲線之形心所行經距離之乘積。

若以 A 表示迴轉面之表面積,θ 代表迴轉角度,以弳度量表示,$\bar{r}$ 為迴轉軸至生成曲線形心之垂直距離,L 為生成曲線之長度,則

$$A = \theta \bar{r} L \tag{8–15}$$

定理 II: 迴轉體之體積係等於生成曲域 (generating area) 之面積與該曲域之形心所行經距離之乘積。

若以 V 代表迴轉體之體積,A 為生成曲域之面積,$\bar{r}$ 為迴轉軸至生成曲域形心的垂直距離,則

$$V = \theta \bar{r} A \tag{8–16}$$

例 題 8–6

試證明半徑為 R 之圓球，其表面積 $A=4\pi R^2$，體積 $V=\dfrac{4}{3}\pi R^3$。

證 由圖 8–12 (a)中之半圓形及圖 8–3，可得知形心 C 之 $\bar{y}=\dfrac{2R}{\pi}$

則由 (8–15) 式，表面積 A 為

$$A=\theta\bar{r}L=(2\pi)(\frac{2R}{\pi})(\pi R)$$
$$=4\pi R^2$$

由圖 8–12 (b)中之半圓區域及圖 8–3，可得知形心 C 之 $\bar{y}=\dfrac{4R}{3\pi}$

則由 (8–16) 式，體積 V 為

$$V=\theta\bar{r}A=(2\pi)(\frac{4R}{3\pi})(\frac{1}{2}\pi R^2)$$
$$=\frac{4}{3}\pi R^3$$

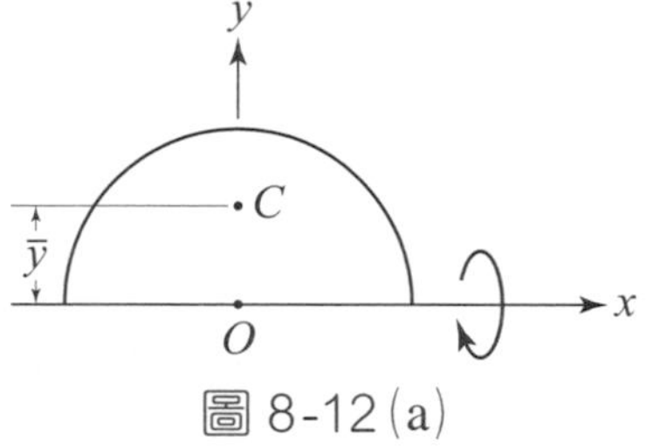

圖 8-12 (a)

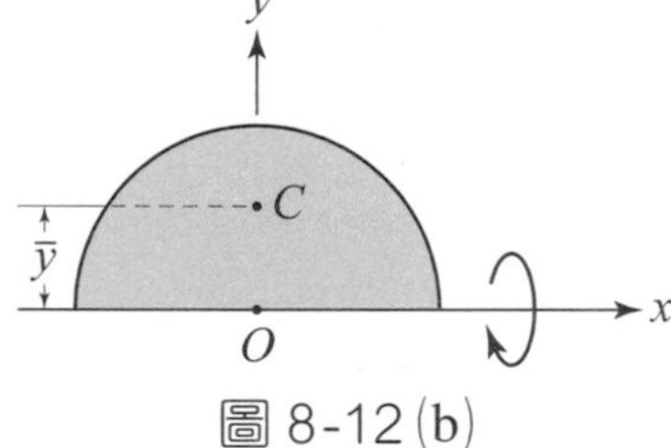

圖 8-12 (b)

習 題

1. 如圖 8–13 之圖形所圍區域，已知 $b=3a$，試以積分法求形心？
2. 試以積分法求圖 8–14 中兩條曲線所圍區域之形心？

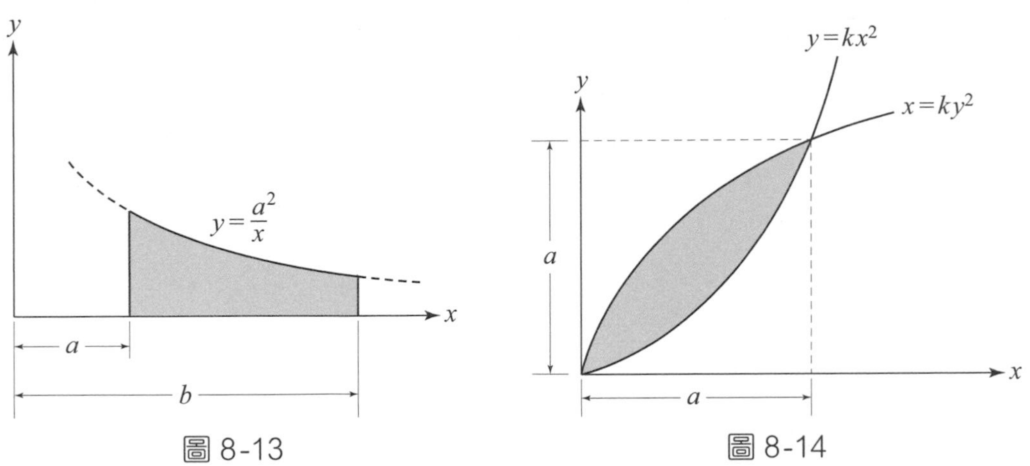

圖 8-13　　圖 8-14

3. 試以積分法求如圖 8–15 中之半圓錐體之形心?

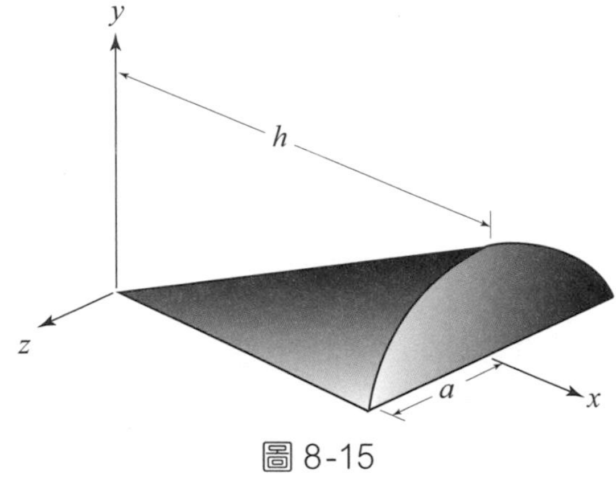

圖 8-15

4. 試以積分法求如圖 8–16 之陰影區域繞 y 軸旋轉後所得之旋轉體之形心?

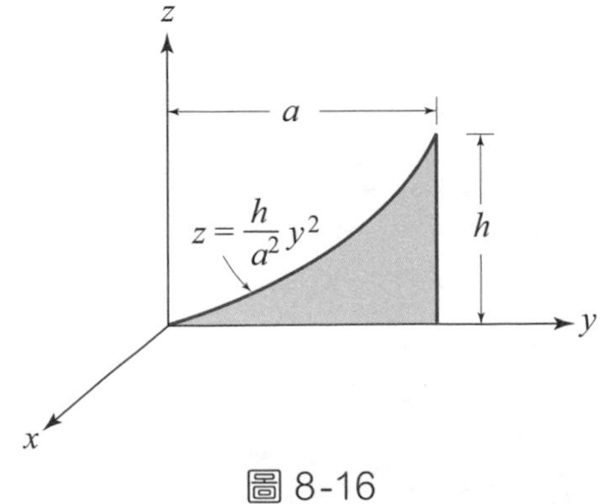

圖 8-16

5. 試以組合法求圖 8–17 所示之半圓形環狀區域之形心?

6. 試以組合法求出如圖 8–18 由半球體與圓錐體之組合體的形心?

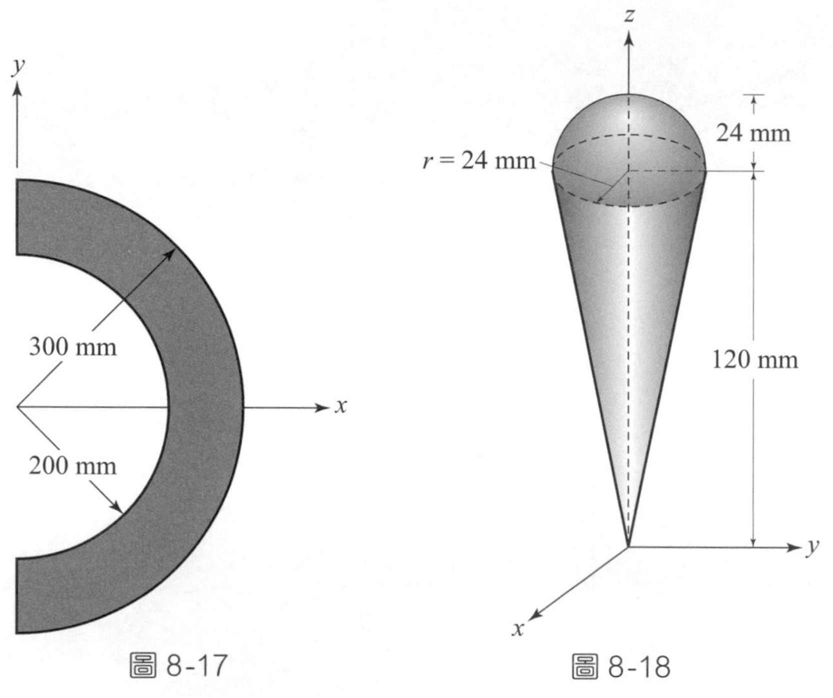

圖 8-17　　圖 8-18

7. 試求如圖 8–19 所示物體之形心?

8. 如圖 8–20 之半徑為 r 之半圓環其重量為 W,不計任何摩擦,試求 A 及 B 處之反作用力各為何?

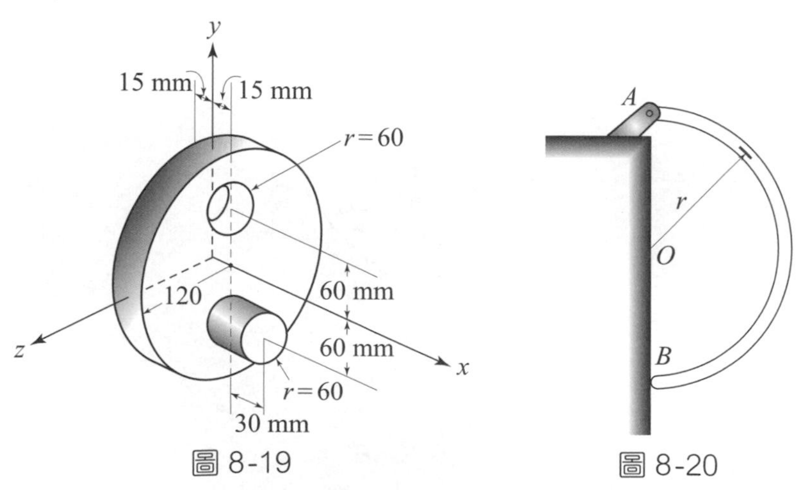

圖 8-19　　圖 8-20

9. 如圖 8–21 半徑為 r，質量為 m 之半圓環 AB 自由懸掛於 A 點處，試求平衡時之角度 θ 為何？

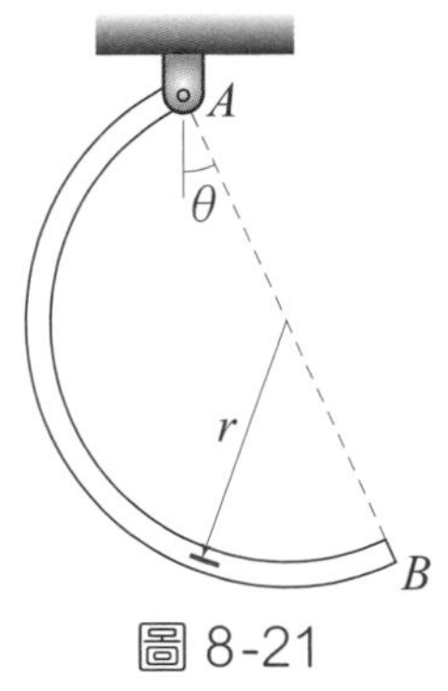

圖 8-21

10. (a)已知如圖 8–22 (a)之半圓形區域之面積為 $\frac{1}{2}\pi r^2$，而相同半徑之圓球體積為 $\frac{4}{3}\pi r^3$，試求圖中半圓形區域形心之 $\bar{y}$ 值為何？

(b)已知如圖 8–22 (b)之半圓環長度為 πr，而相同半徑之圓球表面積為 $4\pi r^2$，試求圖中半圓環形心之 $\bar{y}$ 值為何？

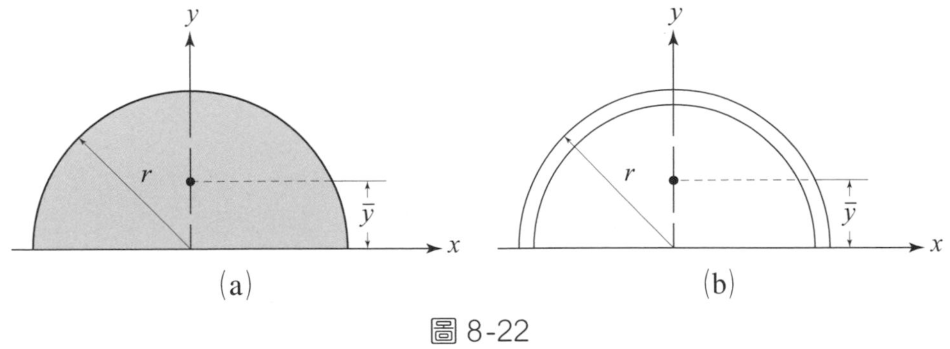

圖 8-22

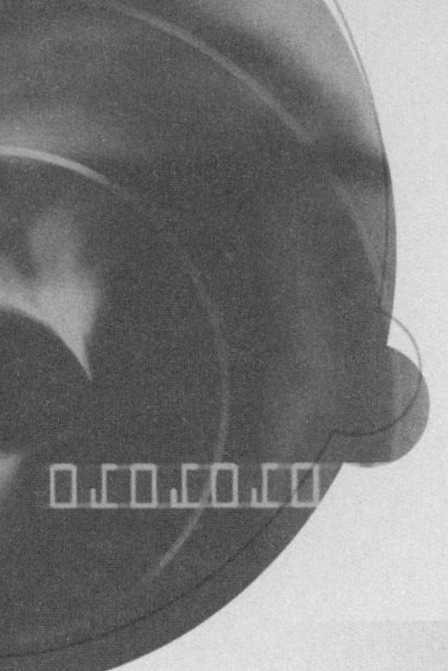

第九章 慣性矩

9–1　面積矩

在力學的範疇裡，所謂的「矩」(moment) 指的是與距離（或長度）的乘積。矩本身代表某種性質或效應，例如常被提及的「力矩」，指的就是力所產生的一種轉動的運動效應，而其本身即是力與長度的乘積。

面積矩 (moments of areas) 依前述之觀念，指的是面積與距離的乘積，面積矩本身所代表的是一種性質，而非效應，雖然這種性質最終所影響的仍是效應，但面積矩可以說是「因」，而非最後的「果」。

在第八章曾提及的形心公式，即 (8–6) 式，其中分子部份的積分項，稱為第一面積矩 (first moment of areas)，其中對座標軸 x 的距離（即 y 值）的積分，以 Q_x 表示，而對座標軸 y 的距離（即 x 值）的積分，則以 Q_y 表示，如下所列：

$$Q_x = \int y dA \qquad Q_y = \int x dA \tag{9–1}$$

若以形心座標值 $\bar{x}$ 及 $\bar{y}$ 來表示，(9–1) 式亦可寫成

$$Q_x = \bar{y}A \qquad Q_y = \bar{x}A \tag{9–2}$$

而依形心之定義，由 (9–1) 式及 (9–2) 式可知若某個區域之形心位於座標軸上，則此區域對該座標軸之第一面積矩為零，反之亦同。

第一面積矩除了用於第八章中可以求面積之形心外，也出現於其他力學問題中，例如在材料力學或機械設計中可用以計算受到均匀分佈負荷的橫樑之受力；而在流體力學中可用以計算水面下物體表面之受力。由 (9–1) 式可以看出，第一面積矩之大小除了與面積本身之大小有關外，亦與該面積和座標軸間的距離有關，因此在實際的工程應用中，欲增加物體承受負荷之能力，便有所謂的工型樑的設計，或在物體的邊緣製造一些彎曲或皺折，藉以減少變形，增加強度。

除了第一面積矩外，還有第二面積矩 (second moment of areas) 或稱為面積慣性矩 (moment inertia of areas)，在數學的表示上，是將 (9–1) 式中的座標值 x 或 y 的次數提昇為二次式，且以 I_x 及 I_y 分別表示面積對 x 軸或 y 軸之慣性矩，亦即

$$\begin{aligned} I_x &= \int y^2 dA \\ I_y &= \int x^2 dA \end{aligned} \tag{9–3}$$

面積慣性矩對面積而言所代表的是一種很重要的物理性質，此性質基本上反映出該面積繞座標軸旋轉的難易程度。如圖 9–1 所示，其中(a)及(b)圖中的面積 A 均相同，但圖 9–1 (a)中的面積慣性矩 I_x 明顯的比圖 9–1 (b)中的 I_x 要小，這點可由面積 A 與 x 軸間的平均距離大小得知。因此對面積 A 而言，圖 9–1 (a)中對 x 軸的轉動就比圖 9–1 (b)中要容易，此處所指的慣性矩是針對旋轉效應而言，因為兩圖中的面積（或慣性）是一樣的。

面積慣性矩若應用於前述之工程實例中，即受均匀分佈負荷作用之橫樑及水面下之物體，則可用以求力矩；而前述之第一面積矩則是用以求合力。若以橫樑的受力進一步加以討論，則橫樑的截面若具有較大之面積慣性矩，將可以承受較大的彎矩 (bending moment) 負荷，所以若以等量的材料來製作同樣長度的橫樑，則中空截面要比實心截面具有較佳的強度。反之若以相同強度為考量來設計橫樑，則中空截面可以較實心截面節省材料。

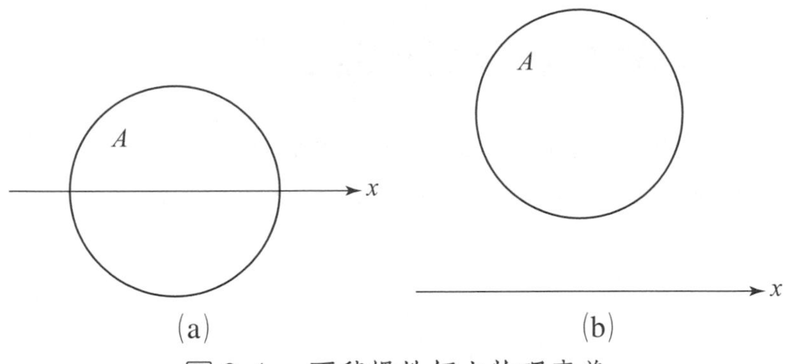

圖 9-1　面積慣性矩之物理意義

除了對座標軸之面積慣性矩 I_x 及 I_y 之外，尚有針對座標原點之面積慣性矩，以 J_O 表示，稱為面積之極慣性矩 (polar moment of inertia of areas)，其定義如下：

$$J_O = \int r^2 dA \tag{9–4}$$

由圖 9–2 可知 $x^2 + y^2 = r^2$，則

$$J_O = \int x^2 dA + \int y^2 dA = I_x + I_y \tag{9–5}$$

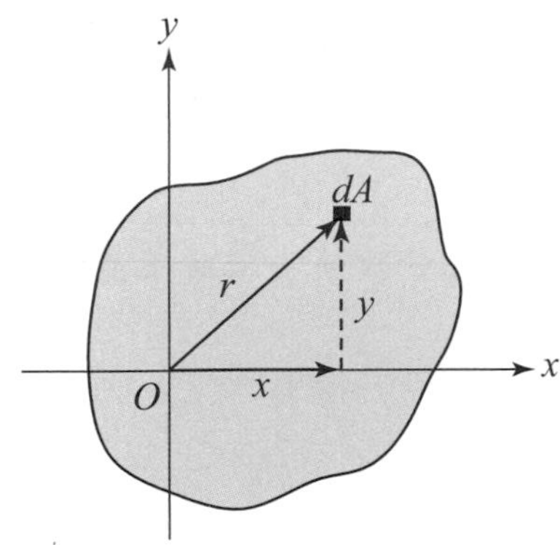

圖 9-2　極慣性矩之定義

9–2　以積分法求面積慣性矩

(9–3) 式中的面積慣性矩 I_x 及 I_y 可以由積分的方式求得，而為了避免對 dA 的積分所導致的計算過於繁瑣，可以利用如圖 9–3 的方式來定義微面積 dA。其中圖 9–3 (a)之 dA 為平行於 x 軸之長條狀，即

$$dI_x = y^2 dA = (a - x)y^2 dy \tag{9–6}$$

上式積分後即可得面積慣性矩 I_x。同理，圖 9–3 (b)之 dA 為平行 y 軸之長條狀，則

$$dI_y = x^2 dA = yx^2 dx \tag{9–7}$$

積分後可得面積慣性矩 I_y。

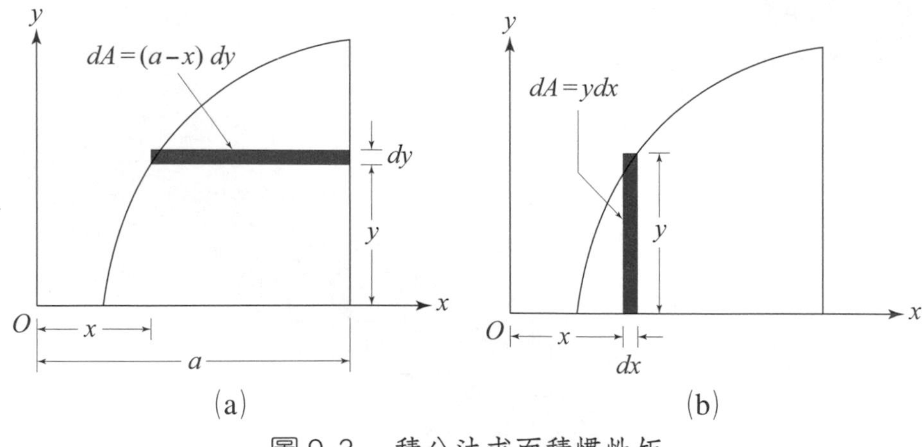

圖 9-3　積分法求面積慣性矩

若依圖 9–3 的方式欲同時積分得 I_x 及 I_y，則必需分兩次進行，因此有必要思考一個可以同時對 dI_x 及 dI_y 進行積分的方式。圖 9–4 為一矩形區域，若依圖 9–3 (a)的定義可以得

$$dI_x = y^2 b dy \tag{9–8}$$

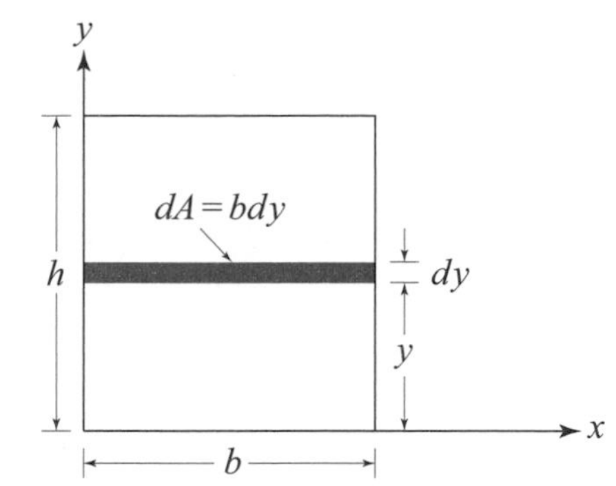

圖 9-4　長方形面積之面積慣性矩

將上式積分後得

$$I_x = \int_0^h by^2 dy = \frac{1}{3}bh^3 \tag{9–9}$$

利用 (9–9) 式的結果，若將圖 9–3 (b)中之 dA 視為圖 9–4 中的矩形區域，即可將 (9–9) 式中的 b 以 dx 取代；h 以 y 取代，則 (9–9) 式成為

$$dI_x = \frac{1}{3}y^3 dx \tag{9–10}$$

利用圖 9–3 (b)及 (9–7) 式、(9–10) 式即可利用積分求出面積慣性矩 I_x 及 I_y。上述之結果整理歸納於圖 9–5 中。

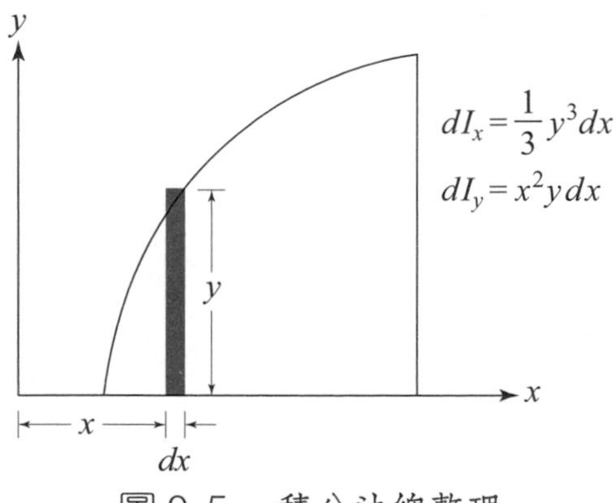

圖 9-5　積分法總整理

例題 9-1

試求如圖 9–6 (a)所示之拋物線與 x 軸所夾區域之面積慣性矩 I_x 及 I_y。

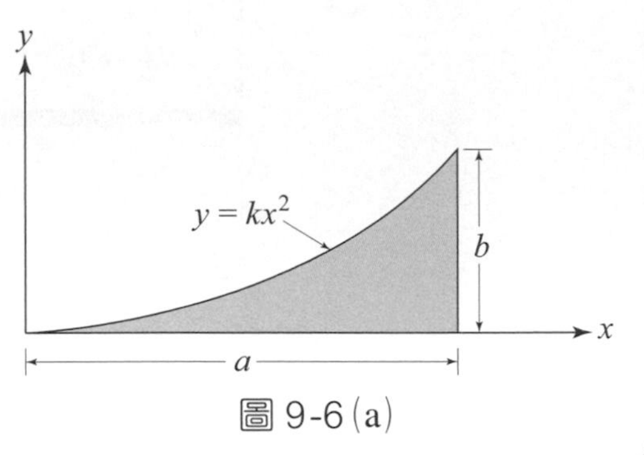

圖 9-6 (a)

解 依圖 9–5 之定義可作出如圖 9–6 (b)

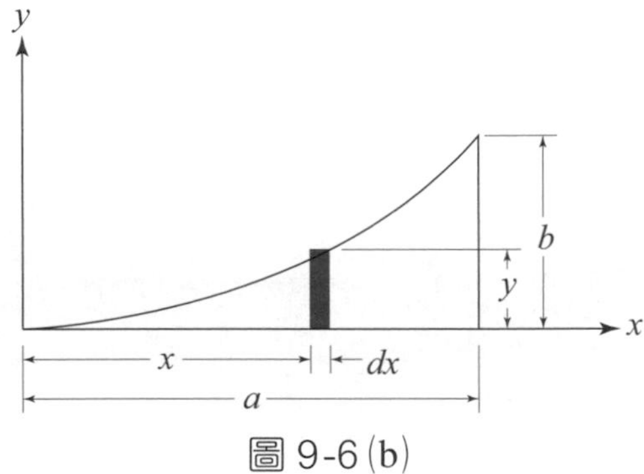

圖 9-6 (b)

由 $x = a, y = b$，則 $b = ka^2$，故

$$k = \frac{b}{a^2}$$

首先由 (9–10) 式，

$$dI_x = \frac{1}{3}y^3dx$$

$$= \frac{1}{3}(\frac{b}{a^2}x^2)^3dx$$

$$= \frac{1}{3}\frac{b^3}{a^6}x^6dx$$

則 $I_x = \int_0^a \frac{1}{3}\frac{b^3}{a^6}x^6dx = \frac{ab^3}{21}$

接著由 (9–7) 式，

$$dI_y = x^2dA = x^2(ydx) = \frac{b}{a^2}x^4dx$$

則 $I_y = \int_0^b \frac{b}{a^2}x^4dx = \frac{a^3b}{5}$

9–3　面積之轉動半徑

在 §9–1 中已提及面積矩是面積的一種性質，而面積慣性矩所代表的是使該面積繞特定軸轉動的難易程度，面積慣性矩愈大則愈不容易繞該特定軸轉動，相反的面積慣性矩愈小則愈容易。

上述的觀點亦可由另一種指標來加以衡量，此指標可算是一種虛擬的特性，稱為面積的轉動半徑 (radius of gyration of areas)。乃是將任何形狀或大小的面積，如圖 9–7 (a)中之面積 A，視為一個距離 x 軸為 k_x 的長條狀集中面積 A，此面積 A 對 x 軸之 I_x 為

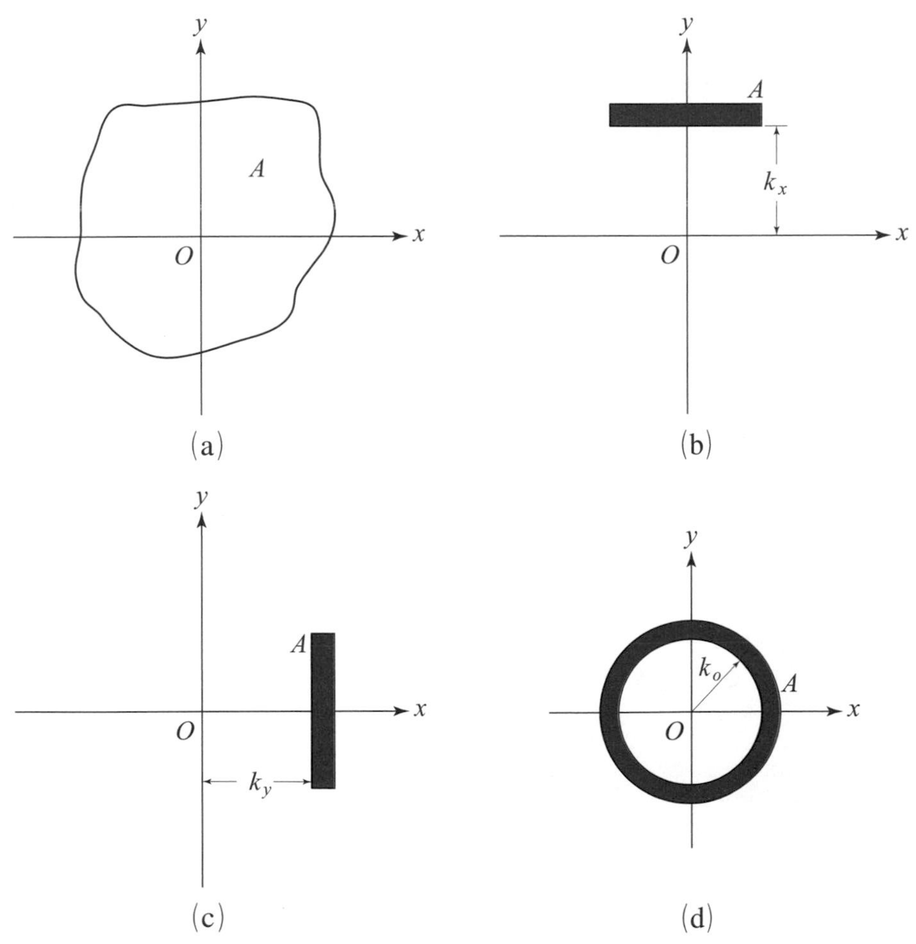

圖 9-7　面積之轉動半徑

$$I_x = k_x^2 A \tag{9–11}$$

上式中的 k_x 即為面積 A 相對於 x 軸的轉動半徑，如圖 9–7 (b)所示，或可表示為

$$k_x = \sqrt{\frac{I_x}{A}} \tag{9–12}$$

同理，圖 9–7 (c)為距離 y 軸為 k_y 的長條狀集中面積 A，其對 y 軸之 I_y 為

$$I_y = k_y^2 A \tag{9–13}$$

而上式中的 k_y 即為面積 A 相對於 y 軸的轉動半徑，亦可表示為

$$k_y = \sqrt{\frac{I_y}{A}} \tag{9–14}$$

圖 9–7 (d)則為一圓環，其集中面積 A 相對於原點 O 之極慣性矩 J_O 為

$$J_O = k_O^2 A \tag{9–15}$$

則極轉動半徑 (polar radius of gyration) k_O 為

$$k_O = \sqrt{\frac{J_O}{A}} \tag{9–16}$$

由 (9–5) 式亦可得到三個轉動半徑 k_x, k_y 及 k_O 之間的關係為

$$k_O^2 = k_x^2 + k_y^2 \tag{9–17}$$

例　題 9－2

如圖 9–8 (a)的圓形面積，試求：

(a)以積分法求出此面積之極慣性矩 J_O?

(b)轉動半徑 k_x, k_y 及 k_O 各為何?

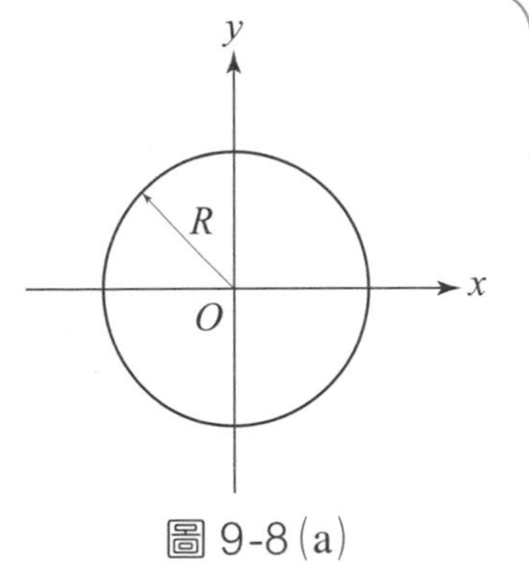

圖 9-8 (a)

 (a)利用如圖 9–8 (b)之圓環狀微分面積 dA，則

$$dA = 2\pi r dr$$

而由

$$dJ_O = r^2 dA = 2\pi r^3 dr$$

積分得

$$J_O = \int_0^R 2\pi r^3 dr = \frac{\pi}{2} R^4$$

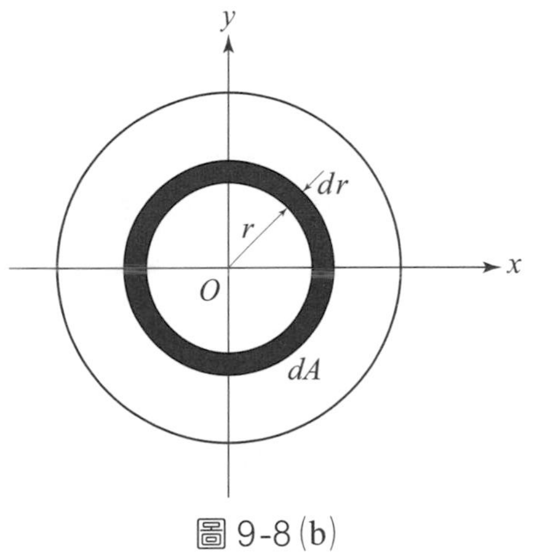

圖 9-8 (b)

(b)因對稱之緣故，所以 $I_x = I_y$，

由 (9–5) 式可知 $I_x = I_y = \frac{1}{2} J_O = \frac{\pi}{4} R^4$

利用 (9–12) 式、(9–14) 式及 (9–16) 式可得轉動半徑 k_x, k_y 及 k_O 分別為

$$k_x = \sqrt{\frac{I_x}{A}} = \sqrt{\frac{\frac{\pi}{4} R^4}{\pi R^2}} = \sqrt{\frac{R^2}{4}} = \frac{R}{2}$$

$$k_y = k_x = \frac{R}{2}$$

$$k_O = \sqrt{\frac{J_O}{A}} = \sqrt{\frac{\frac{\pi}{2} R^4}{\pi R^2}} = \sqrt{\frac{R^2}{2}} = \frac{R}{\sqrt{2}}$$

9–4 面積慣性矩之平行軸原理

面積慣性矩的平行軸原理 (parallel-axis theorem) 係用以建立相對於形心軸 (centroidal axis) 之面積性矩與相對於其他平行於此形心軸之面積慣性矩間的關係。考慮如圖 9–9 之面積 A，其相對於 AA' 軸之面積慣性矩 I 為

$$I = \int y^2 dA \tag{9–18}$$

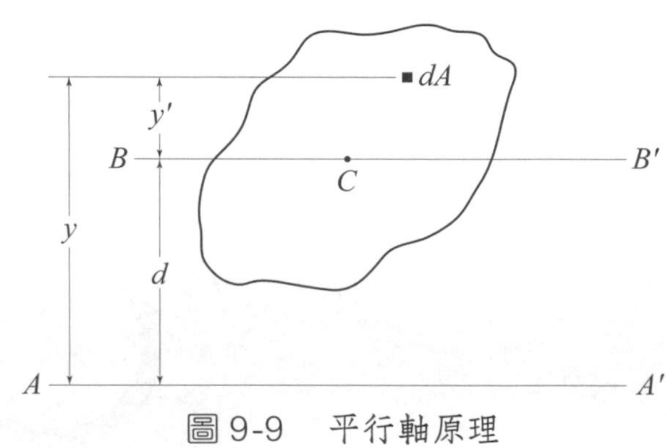

圖 9-9　平行軸原理

若 C 點為此面積 A 之形心，則通過 C 之軸 BB' 稱為形心軸，注意軸 AA' 與形心軸 BB' 之間必須相互平行。由圖 9–9 可知，$y = y' + d$，其中 d 為此兩平行軸之間的距離，則 (9–18) 式成為

$$\begin{aligned} I &= \int y^2 dA = \int (y' + d)^2 dA \\ &= \int y'^2 dA + 2d\int y' dA + d^2 \int dA \end{aligned} \tag{9–19}$$

上式中等號右側之第一項即為面積 A 相對於形心軸之面積慣性矩，以 $\bar{I}$ 表示，即

$$\bar{I} = \int y'^2 dA \tag{9–20}$$

另外等號右側第三項為 Ad^2；而第二項之積分可由下式計算得知其結果為零。

$$\int y'dA = \bar{y}'A = 0 \tag{9–21}$$

因 $\bar{y}'$ 代表形心 C 與形心軸 BB' 間之距離，故為零，即 $\bar{y}'=0$，故 (9–19) 式可進一步寫成

$$\boxed{I = \bar{I} + Ad^2} \tag{9–22}$$

上式即為所謂的平行軸原理，注意因為 Ad^2 必定大於零，故由平行軸原理可以得知任何面積相對於形心軸之面積慣性矩，必定小於相對於其他平行軸之面積慣性矩。

9–5　組合面積之面積慣性矩

利用組合面積求面積慣性矩與第八章中利用組合面積求形心的基本觀念是相同的，在不適合用積分法的情況下，將組合面積分割成數個形狀規則之區域，而每個區域之面積慣性矩均可透過公式求得，並進一步利用平行軸原理，將每一個區域之面積慣性矩由相對於形心軸轉移至所取的座標軸上，再將各個區域之面積慣性矩相加即可，故不必如同求形心時所使用的列表方式，這個部份可由後續之例題中作更詳盡之解說。

圖 9–10 列出一些常見的規則形狀的面積慣性矩，可用以計算組合面積之面積慣性矩。圖 9–10 往往必需配合平行軸原理一起使用，這點在使用上應特別注意。

矩形區域	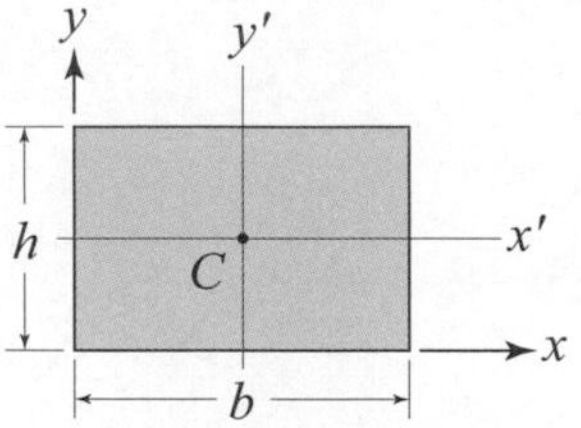	$\bar{I}_{x'}=\frac{1}{12}bh^3$ $\bar{I}_{y'}=\frac{1}{12}b^3h$ $I_x=\frac{1}{3}bh^3$ $I_y=\frac{1}{3}b^3h$ $J_C=\frac{1}{12}bh(b^2+h^2)$
三角形區域	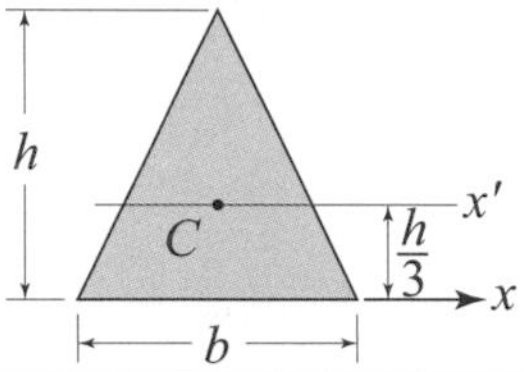	$\bar{I}_{x'}=\frac{1}{36}bh^3$ $I_x=\frac{1}{12}bh^3$
圓形區域	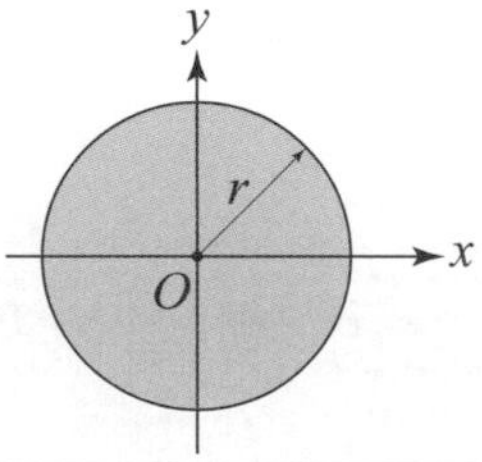	$\bar{I}_x=\bar{I}_y=\frac{1}{4}\pi r^4$ $J_O=\frac{1}{2}\pi r^4$
半圓形區域	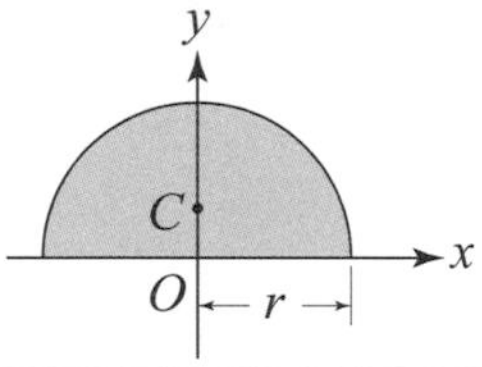	$I_x=I_y=\frac{1}{8}\pi r^4$ $J_O=\frac{1}{4}\pi r^4$
四分之一圓形區域	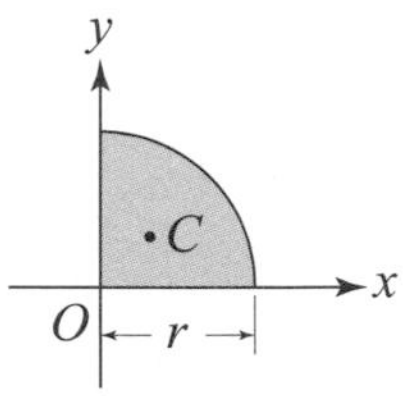	$I_x=I_y=\frac{1}{16}\pi r^4$ $J_O=\frac{1}{8}\pi r^4$
橢圓形區域	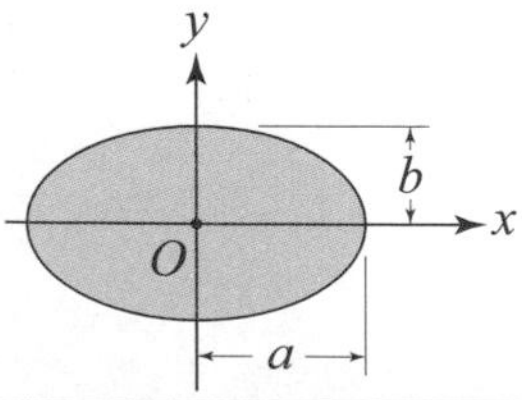	$\bar{I}_x=\frac{1}{4}\pi ab^3$ $\bar{I}_y=\frac{1}{4}\pi a^3b$ $J_O=\frac{1}{4}\pi ab(a^2+b^2)$

圖 9-10　規則形狀之面積慣性矩

例題 9-3

試求圖 9–11 (a)中之陰影面積相對於 x 軸之慣性矩?

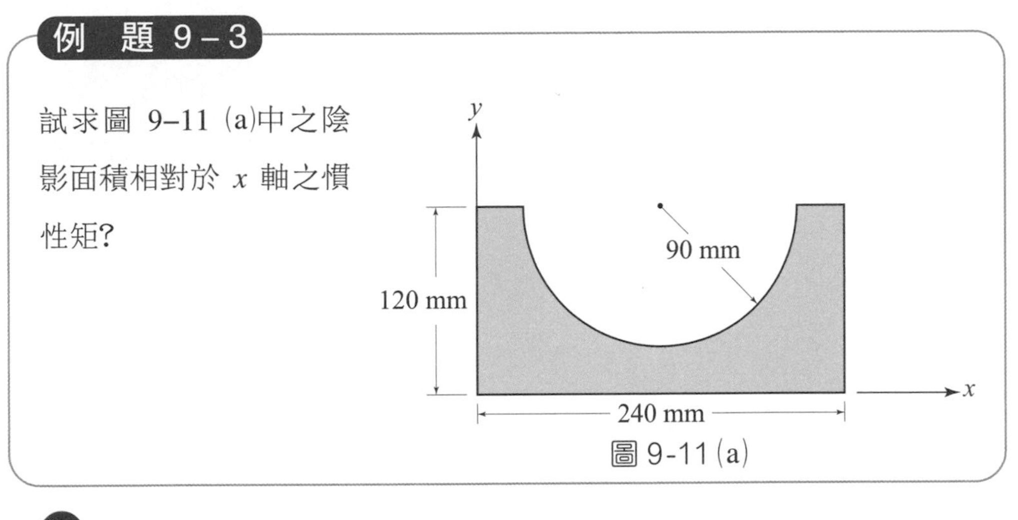

圖 9-11 (a)

解

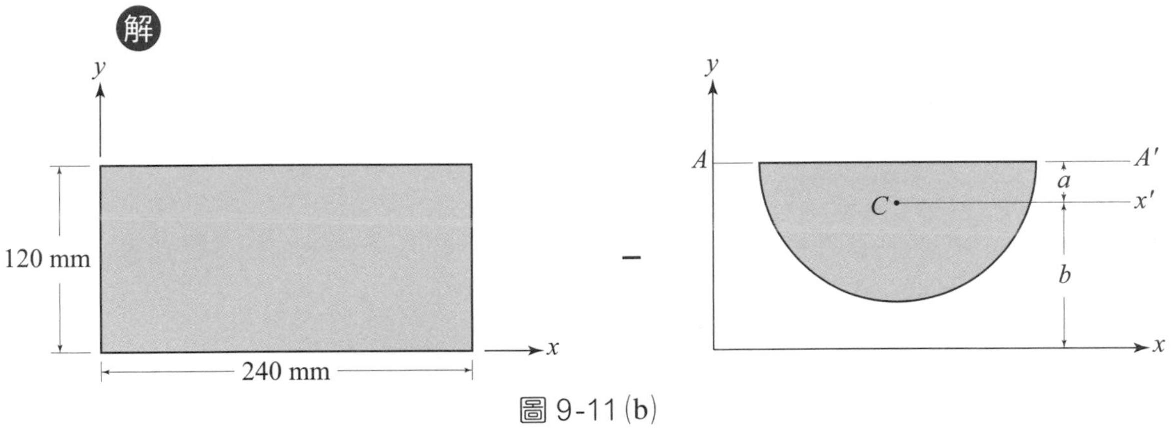

圖 9-11 (b)

圖 9–11 (a)中所示面積之慣性矩可由圖 9–11 (b)中所示由矩形面積慣性矩減去半圓形面積之慣性矩而得。

其中矩形面積之慣性矩由圖 9–10 中可查得:

$$I_x = \frac{1}{3}bh^3 = \frac{1}{3} \times 240 \times 120^3 = 138.2 \times 10^6 \text{ mm}^4$$

而半圓形區域之慣性矩由圖 9–10 中可得知，其公式係相對於圖 9–11 (b)中的 AA' 軸，因此必須使用兩次平行軸原理方能求出半圓形區域相對於 x 軸之慣性矩。在此應特別注意，不可以利用平行軸原理直接由 AA' 軸轉移至 x 軸，中間必定要透過形心軸。換句話說，對於兩非形心軸之平行軸而言，其相對應之面積慣性矩間轉換，必須要使用平行軸原理兩次。

由圖 8–3 中可查得半圓形面積之形心位置座標，即圖 9–11 (b)中之 a 為

$$a = \frac{4r}{3\pi} = \frac{4 \times 90}{3\pi} = 38.2 \text{ mm}$$

故 $b = 120 - a = 81.8 \text{ mm}$

由圖 9–10 中可知半圓形區域之面積慣性矩 $I_{AA'}$ 為

$$I_{AA'} = \frac{1}{8}\pi r^4 = \frac{1}{8}\pi \times 90^4$$

$$= 25.76 \times 10^6 \text{ mm}^4$$

而半圓形面積 $A = \frac{1}{2}\pi r^2 = \frac{1}{2}\pi \times 90^2 = 12.72 \times 10^3 \text{ mm}^2$

由平行軸原理可得半圓形區域之面積慣性矩 $\bar{I}_{x'}$ 為

$$\bar{I}_{x'} = I_{AA'} - Aa^2 = 25.76 \times 10^6 - 12.72 \times 10^3 \times 38.2^2$$

$$= 7.20 \times 10^6 \text{ mm}^4$$

則半圓形區域相對於 x 軸之面積慣性矩 I_x 可以由平行軸原理再次求得如下：

$$I_x = \bar{I}_{x'} + Ab^2 = 7.20 \times 10^6 + 12.72 \times 10^3 \times 81.8^2$$

$$= 92.3 \times 10^6 \text{ mm}^4$$

最後，所求面積之慣性矩為矩形區域之慣性矩減去半圓形區域之慣性矩，即

$$I_x = 138.2 \times 10^6 - 92.3 \times 10^6$$

$$= 45.9 \times 10^6 \text{ mm}^4$$

習 題

1. 試以積分法求圖 9–12 所示之陰影區域相對於 x 軸及 y 軸之面積慣性矩 I_x 及 I_y? 旋轉半徑 k_x 及 k_y 各為何?

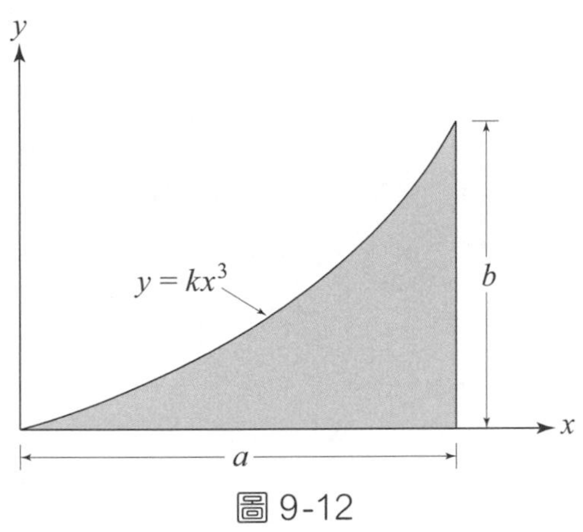

圖 9-12

2. 試以積分法求圖 9–13 所示之陰影區域相對於 x 軸及 y 軸之面積慣性矩 I_x 及 I_y 各為何?

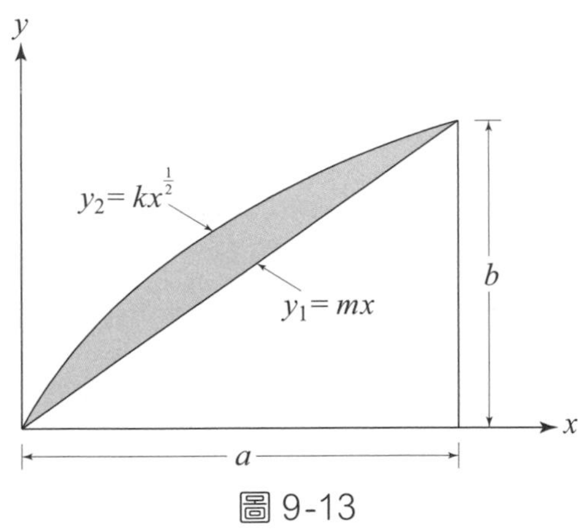

圖 9-13

3. (a)試以積分法求圖 9–14 中陰影區域相對於 O 之面積極慣性矩 J_O?

(b)利用(a)之結果，求出面積慣性矩 I_x 及 I_y?

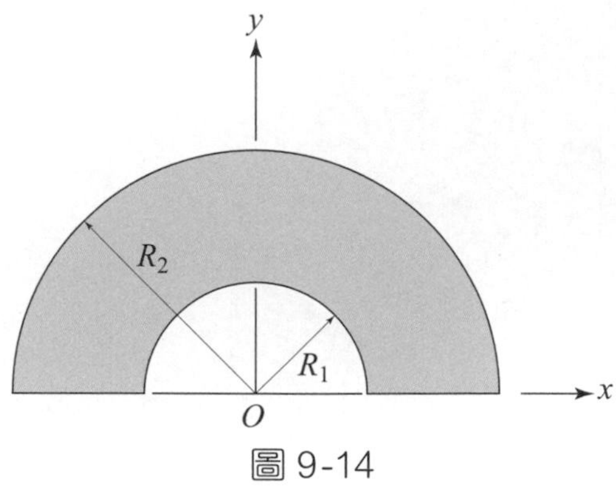

圖 9-14

4. 如圖 9–15 中之陰影區域，試以組合面積法求面積慣性矩 I_x 及 I_y 各為何?

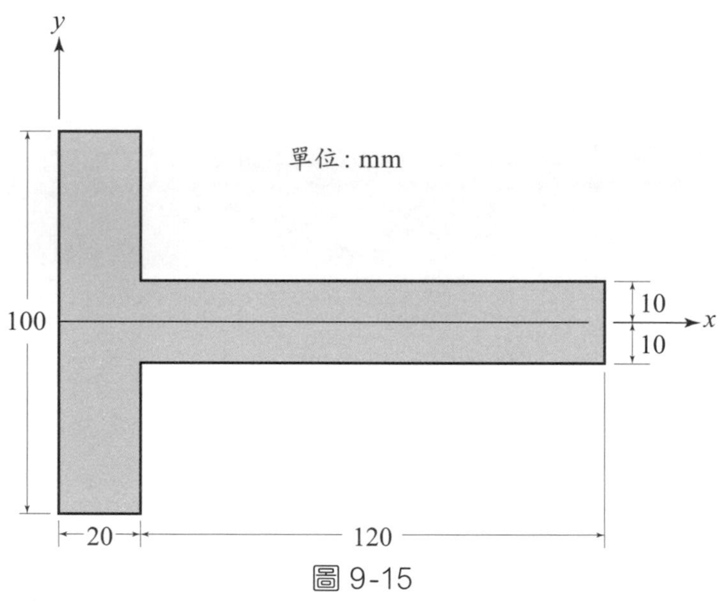

圖 9-15

5. 試求出圖 9–16 中陰影區域之面積慣性矩 I_x 及 I_y?

6. 試求圖 9–17 中陰影區域之面積慣性矩 I_x 及 I_y 各為何?

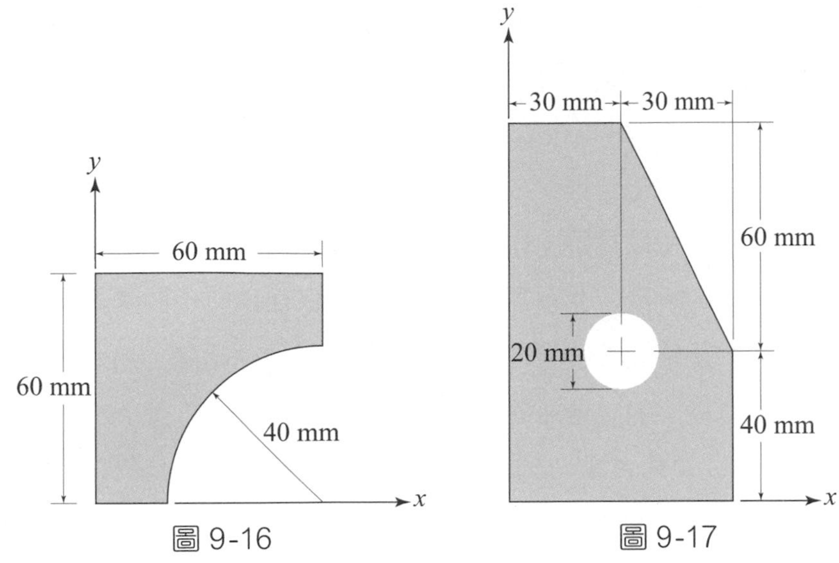

圖 9-16　　圖 9-17

9–6　質量慣性矩與轉動半徑

前述有關面積慣性矩的性質基本上是與物體的截面形狀有關，在某些工程問題的分析上，面積慣性矩的影響是明顯且深遠的，如前述之例子中一般鐵軌的截面形狀是採取工字型，而非採用矩型截面，原因即在於工字型截面其面積慣性矩可以較相同面積的矩型截面高出甚多，而較佳的面積慣性矩可以使鐵軌具有承受較大彎矩的能力。從本節開始，另一種慣性矩將被詳加探討，此種慣性矩是討論質量與距離的乘積，而因為慣性矩是指距離的平方，故為質量與距離平方的乘積，此即是質量慣性矩 (mass moments of inertia)。

在 §9–1 節中提到面積慣性矩代表的是一個面積相對於座標軸旋轉的難易程度，質量慣性矩顧名思義所代表的是，物體所具有的質量相對於座標軸旋轉的難易程度。而就如同質量 m 所代表的是使物體沿直線產生加速度的難易程度一般，依牛頓第二運動定律，在外力大小不變的情況下，質量愈大，所產生的加速度愈小，即加速度的改變較不容易，這也就是質量又稱為慣性 (inertia) 的原因；即質量愈大，慣性亦大，運動改變不易；反之質量如愈小，慣性亦小，運動很容易產生改變。而相較於質量（或慣性）是針對線性方向的運動而言；質量慣性矩即是針對旋轉運動的一種「慣性」，所不同的是旋轉運動的「因」是力矩，而「果」則是角加速度。換句話說，質量慣性矩愈大，在力矩不變的情況下，其產生的角加速度愈小；反之質量慣性矩愈小，其產生的角加速度愈大。這部份理論會在《應用力學——動力學》中再詳加說明。

由以上的討論可以看得出質量慣性矩其實和質量一樣，均是物體的重要特性之一，相同的質量，在不同的形狀設計下，可以有不同的質量慣性矩，具有全然不同的旋轉運動特性，這也是學習質量慣性矩除了知道如何計算之外，更應該加以瞭解的物理涵義。

如圖 9–18 (a)中的質點，假設其質量為 Δm，與旋轉軸 AA' 間的距離為 r，則此質點相對於 AA' 軸的質量慣性矩為 $r^2\Delta m$。而對於圖 9–18 (b)中的物體而言，可視為由 n 個不同質點所構成，其質量分別為 $\Delta m_1, \Delta m_2, \cdots, \Delta m_n$ 且與 AA' 軸相對應之距離分別為 $r_1, r_2, \cdots, r_n$，則質量慣性矩 I 為

$$I = r_1^2\Delta m_1 + r_2^2\Delta m_2 + \cdots + r_n^2\Delta m_n = \sum r_n^2\Delta m_n \tag{9–23}$$

上式中若將質點的數目增加至無限大，則可由如下之積分式加以取代

$$\boxed{I = \int r^2 dm} \tag{9–24}$$

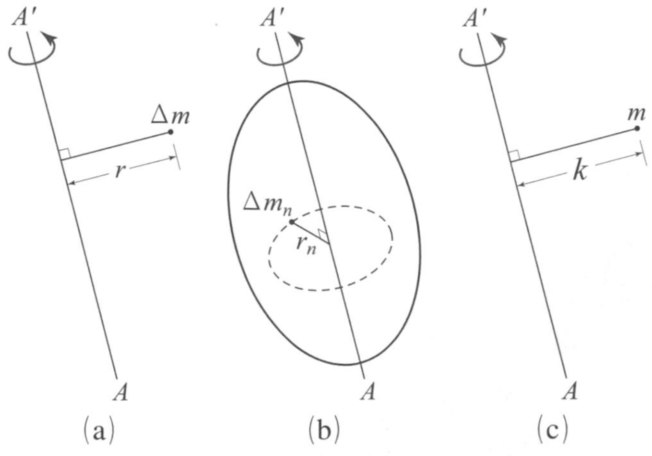

圖 9-18　質量慣性矩

若將圖 9–18 (b)中的物體質量集中於一點，如圖 9–18 (c)中所示，則此集中的質量與旋轉軸 AA' 間的距離為轉動半徑 (radius of gyration) k，即

$$I = k^2 m \text{ 或 } k = \sqrt{\frac{I}{m}} \tag{9–25}$$

若以直角座標系 $Oxyz$ 來表示質量慣性矩如圖 9–19 所示，則 I_x, I_y 及 I_z 分別可以表示成

$$\begin{aligned} I_x &= \int (y^2 + z^2)dm \\ I_y &= \int (z^2 + x^2)dm \\ I_z &= \int (x^2 + y^2)dm \end{aligned} \tag{9–26}$$

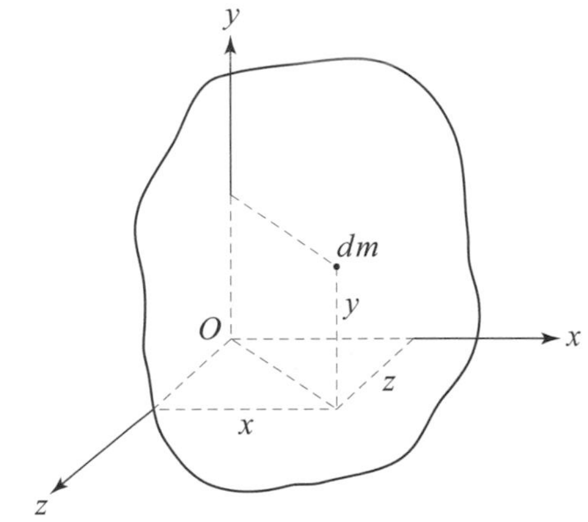

圖 9-19　以直角座標系表示質量慣性距

9–7　質量慣性矩之平行軸原理

參考如圖 9–20 所示，質量為 dm 之質點在座標系 $Oxyz$ 之位置為 $\vec{r}$，而在質心座標系 $Gx'y'z'$ 之位置為 $\vec{r}'$，$\vec{d}$ 為質心 G 在 $Oxyz$ 之位置，則

$$\vec{r} = \vec{r}' + \vec{d} \tag{9–27}$$

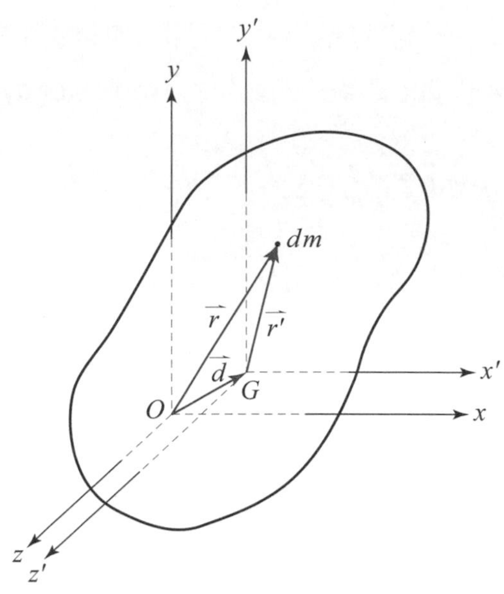

圖 9-20　平行軸原理

由質量慣性矩 I 為 $I=\int r^2dm$ 如 (9–24) 式，則

$$I=\int(\vec{r}'+\vec{d})^2dm$$

$$=\int r'^2dm+2\vec{d}\cdot\int\vec{r}'dm+d^2\int dm \tag{9–28}$$

依質心 G 之定義則上式中等號右側之第二項 $\int\vec{r}'dm=0$，故可得下式：

$$\boxed{I=\bar{I}+md^2} \tag{9–29}$$

(9–29) 式即為質量慣性矩之平行軸定理，注意在一般的應用中，d 通常為形心軸與平行此形心軸的另一軸間的距離。

9–8　利用積分法求質量慣性矩

不似面積慣性矩之積分，質量慣性矩 $\int r^2dm$ 若以積分法來求得的話，牽涉到的是三度空間實體的積分，若此物體本身由均勻材質所構成，則可知 $dm=\rho dV$，其中 ρ 為材料之密度，則質量慣性矩 I 將可表示為

$$I=\rho\int r^2 dV \tag{9–30}$$

上式為三重積分的體積分，若加以適當的定義，則可能簡化為雙重積分，但基本上其計算必定繁瑣。

若物體本身具有某種程度的對稱性，則可以將微質量 dm 定義為沿對稱軸之薄板，如圖 9–21 中的圓形薄板，其質量慣性矩 dI_x 為

$$dI_x=\rho\int r^2 dV=\rho\int r^2 dA dx=\rho dx\int_0^r r^2(2\pi r dr)$$

$$=\rho(\frac{1}{2}\pi r^4)dx \tag{9–31}$$

由該圓形板之 dm 為

$$dm=\rho\pi r^2 dx \tag{9–32}$$

則 (9–31) 式成為

$$dI_x=\frac{1}{2}r^2 dm \tag{9–33}$$

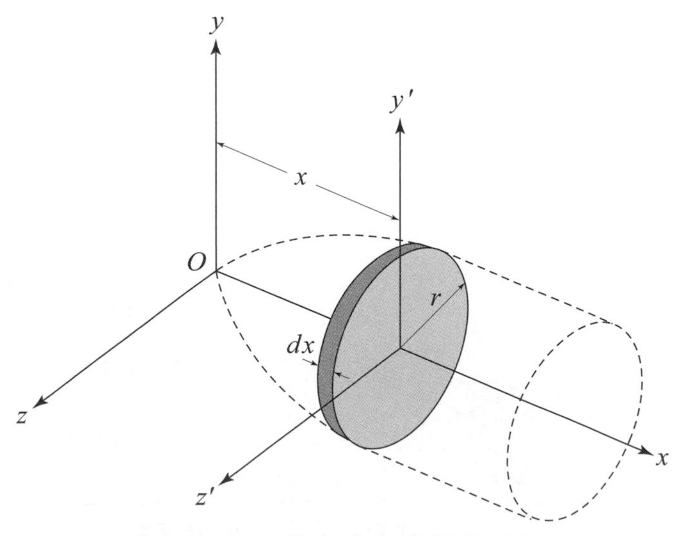

圖 9-21　積分法求質量慣性矩

而由對稱以及極慣性矩的觀念，對該圓形薄板之 $dI_{y'}$ 及 $dI_{z'}$ 可以得知為

$$dI_{y'} = dI_{z'} = \frac{1}{2}dI_x \tag{9–34}$$

所以由平行軸原理可得 dI_y 及 dI_z 為

$$dI_y = dI_z = \frac{1}{2}dI_x + x^2dm = (\frac{1}{4}r^2 + x^2)dm \tag{9–35}$$

若物體沿對稱軸之截面不是如圖 9–21 的圓形，而是其他規則的形狀，亦可依上述之方式加以求出微質量 dm 後再加以積分。

9–9　利用組合體求質量慣性矩

在實際的應用實例中，較常見的物體往往是由一個或數個形狀規則的實體所組合而成，圖 9–22 所列為一些常見的實體，如配合平行軸原理，便可利用組合體的觀念求出質量慣性矩。

圖 9–22 中的矩形板及圓形板亦經常配合積分法的使用，來求得質量慣性矩，如 §9–8 節中所述。

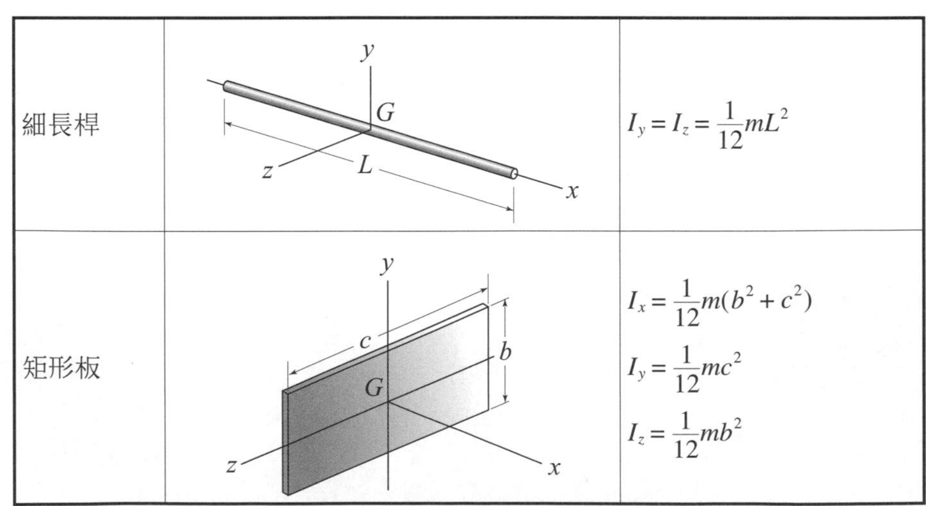

圖 9-22　規則形狀實體之質量慣性矩

立方體	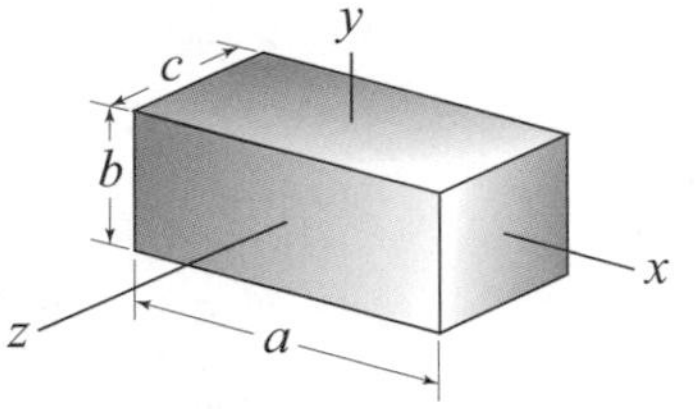	$I_x=\frac{1}{12}m(b^2+c^2)$ $I_y=\frac{1}{12}m(c^2+a^2)$ $I_z=\frac{1}{12}m(a^2+b^2)$
圓形板	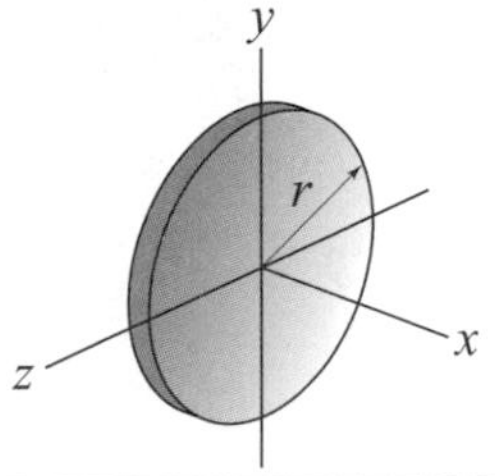	$I_x=\frac{1}{2}mr^2$ $I_y=I_z=\frac{1}{4}mr^2$
圓柱體	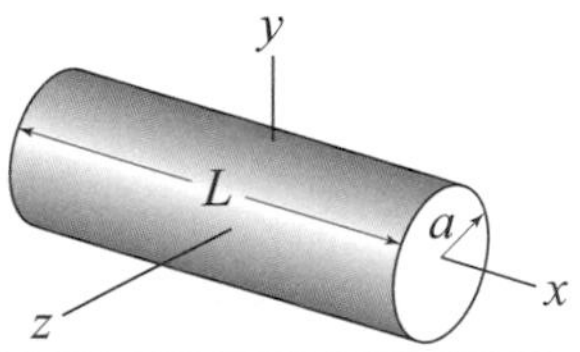	$I_x=\frac{1}{2}ma^2$ $I_y=I_z=\frac{1}{12}m(3a^2+L^2)$
圓錐體	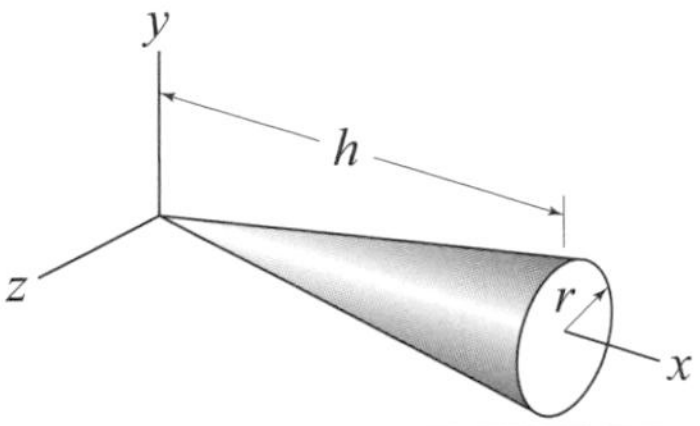	$I_x=\frac{3}{10}ma^2$ $I_y=I_z=\frac{3}{5}m(\frac{1}{4}a^2+h^2)$
球體	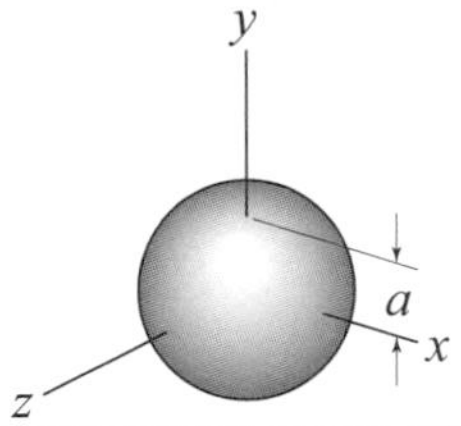	$I_x=I_y=I_z=\frac{2}{5}ma^2$

圖 9-22　規則形狀實體之質量慣性矩（續）

例 題 9-4

一橢圓形薄板由均勻材質構成，質量為 m 如圖 9-23 所示，試求此薄板相對於：(a) AA' 軸，(b) BB' 軸，(c) CC' 軸之質量慣性矩各為何?

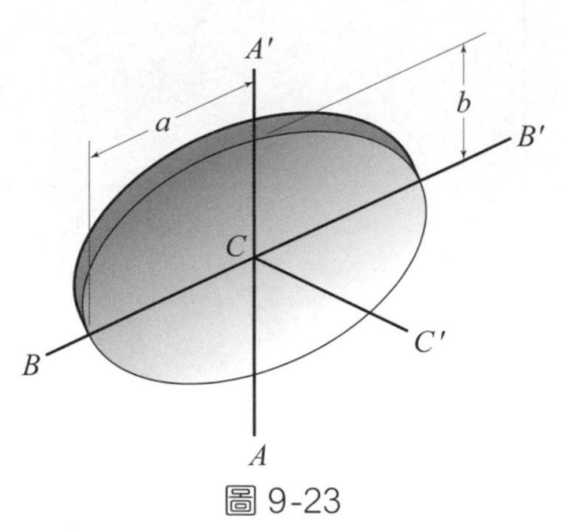

圖 9-23

解 假設此橢圓形薄板厚度為 t，面積為 A，均勻材質密度為 ρ，則由

$$m = \rho t A$$

可得 $\rho t = \dfrac{m}{A}$

故質量慣性矩 $I = \int r^2 dm = \int r^2 (\rho dV) = \rho t \int r^2 dA$

上式中 $\int r^2 dA$ 為面積慣性矩，故對規則形狀之薄板之質量慣性矩 I_{mass} 與面積慣性矩 I_{area} 之間可以寫出其關係式為

$$I_{\text{mass}} = \rho t I_{\text{area}} = \frac{m}{A} I_{\text{area}} \tag{9–36}$$

由圖 9–10 中可以查得橢圓形面積之面積慣性矩為

$$I_{AA',\,\text{area}} = \frac{1}{4}\pi a^3 b$$

$$I_{BB',\,\text{area}} = \frac{1}{4}\pi a b^3$$

由 (9–5) 式可進一步寫出

$$I_{CC',\,\text{area}} = I_{AA',\,\text{area}} + I_{BB',\,\text{area}} \tag{9–37}$$

而對規則形狀之薄板

$$I_{CC',\,\text{mass}} = I_{AA',\,\text{mass}} + I_{BB',\,\text{mass}} \tag{9–38}$$

已知橢圓形面積 $A=\pi ab$，則由 (9–36) 式可得如下：

(a) $I_{AA',\text{ mass}}=\dfrac{m}{A}I_{AA',\text{ area}}=\dfrac{m}{\pi ab}\times\dfrac{1}{4}\pi a^3b=\dfrac{1}{4}ma^2$

(b) $I_{BB',\text{ mass}}=\dfrac{m}{A}I_{BB',\text{ area}}=\dfrac{m}{\pi ab}\times\dfrac{1}{4}\pi ab^3=\dfrac{1}{4}mb^2$

由 (9–38) 式可得

(c) $I_{CC'}=I_{AA'}+I_{BB'}=\dfrac{1}{4}ma^2+\dfrac{1}{4}mb^2=\dfrac{1}{4}m(a^2+b^2)$

例題 9-5

試以直接積分法求如圖 9–24 (a)所示之圓柱體之質量慣性矩 I_x, I_y 及 I_z 各為何?

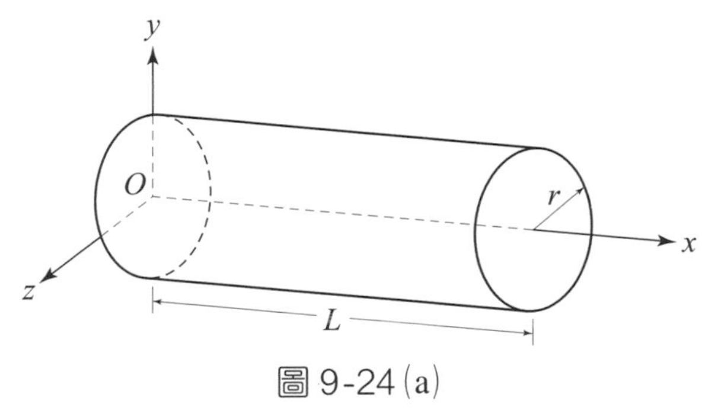

圖 9-24 (a)

解 (a)假設圓柱體為均勻材質且密度為 ρ，依圖 9–24 (b)及 (9–31) 式，則圖中厚度為 dx 之圓形薄板其 dI_x 為

$$dI_x=\frac{\rho}{2}\pi a^4dx$$

積分得 $I_x=\dfrac{\rho}{2}\pi a^4L$

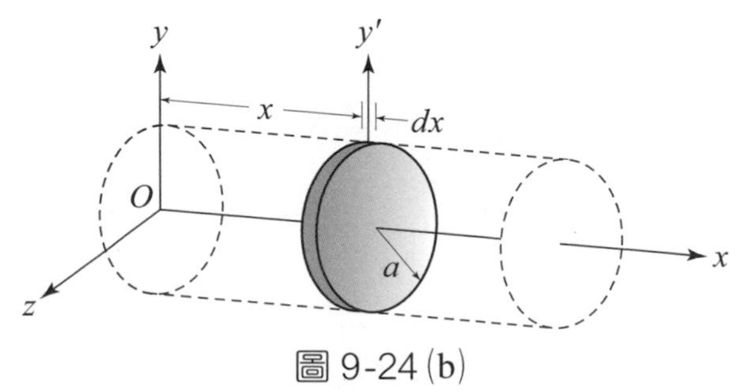

圖 9-24 (b)

已知圓柱體質量 $m=\rho(\pi a^2)L$

則 $I_x=\frac{m}{2}a^2$

(b)由 (9–32) 及 (9–35) 式，dI_y 可表示為

$$dI_y=(\frac{1}{4}a^2+x^2)(\rho\pi a^2)dx$$

積分得

$$I_y=\rho\pi a^2\int_0^L(\frac{1}{4}a^2+x^2)dx=\frac{1}{12}\rho\pi a^2L(3a^2+4L^2)$$

由 $m=\rho\pi a^2L$，則

$$I_y=\frac{1}{12}m(3a^2+4L^2)$$

(c)由對稱關係 $I_z=I_y=\frac{1}{12}m(3a^2+4L^2)$

例題 9－6

已知如圖 9–25 (a)之物體由密度為 7850 kg/m^3 之均勻鋼料所製成，試求其相對於 x 軸之質量慣性矩?

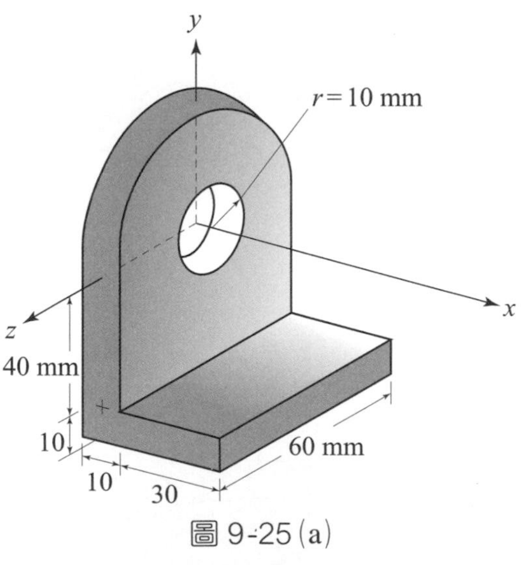

圖 9-25 (a)

解 依圖 9–25 (b)之定義及圖 9–22，可列出下表：

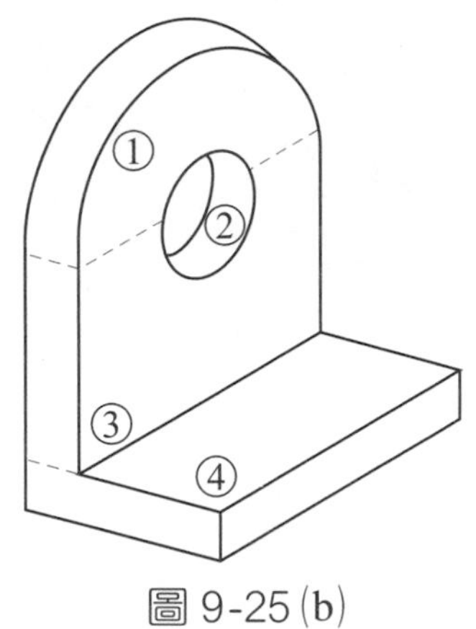

圖 9-25(b)

	m	I_x
①	$\rho\times\frac{\pi}{2}\times30^2\times10=14.14\times10^3\rho$	$\frac{1}{2}\times(14.14\times10^3\rho)\times30^2=63.63\times10^5\rho$
②	$-\rho\times\pi\times10^2\times10=-3.14\times10^3\rho$	$\frac{1}{2}\times(-3.14\times10^3\rho)\times10^2=-1.57\times10^5\rho$
③	$\rho\times40\times60\times10=24\times10^3\rho$	$\frac{1}{12}\times(24\times10^3\rho)\times(40^2+60^2)+(24\times10^3\rho)\times20^2$ $=200\times10^5\rho$
④	$\rho\times60\times40\times10=24\times10^3\rho$	$\frac{1}{12}\times(24\times10^3\rho)\times(60^2+10^2)+(24\times10^3\rho)\times(45)^2$ $=560\times10^5\rho$
Σ		$822\times10^5\rho$

故 $I_x=822\rho\times10^5$

$=(822\times10^5\ \text{mm}^5)\times(10^{-15}\ \text{m}^5/\text{mm}^5)\times(7850\ \text{kg/m}^3)$

$=6.453\times10^{-4}\ \text{kg}\cdot\text{m}^2$

習　題

7. 一正三角形薄板邊長為 b，高為 h，由均勻材質製成且已知質量為 m，如圖 9–26 所示。試求此薄板相對於：(a) AA′ 軸，(b) BB′ 軸，(c) CC′ 軸之質量慣性矩各為何？

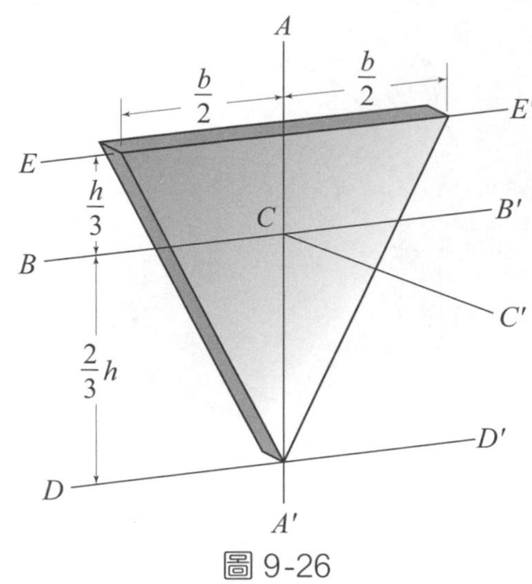

圖 9-26

8. 試以積分法，求如圖 9–27 之圓錐體之質量慣性矩 I_x?

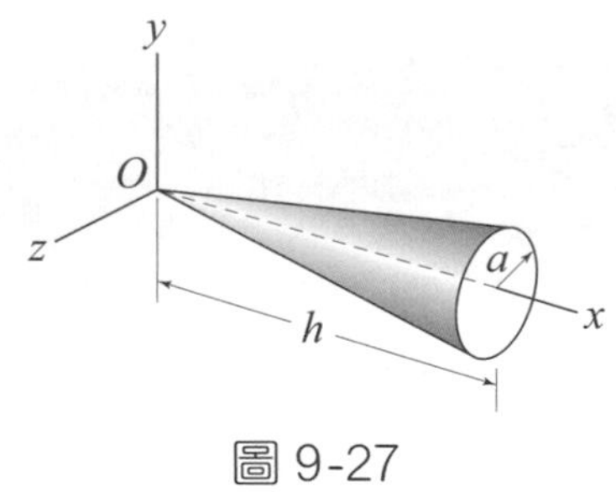

圖 9-27

9. 續上題，試以積分法求質量慣性矩 I_y?

10. 一個質量為 m 之均勻旋轉體係以圖 9–28 之陰影區域對 x 軸旋轉後所產生，試以積分法求該旋轉體之質量慣性矩 I_x?

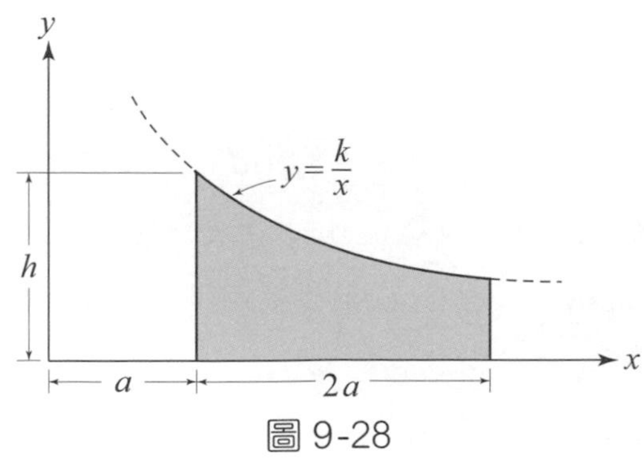

圖 9-28

11. 續上題，試以積分法求質量慣性矩 I_y?

12. 兩條長度均為 ℓ 質量均為 m 之細長桿銲在一起如圖 9–29 所示，試求此組合體相對於：(a) x 軸，(b) y 軸，(c) z 軸之質量慣性矩各為何?

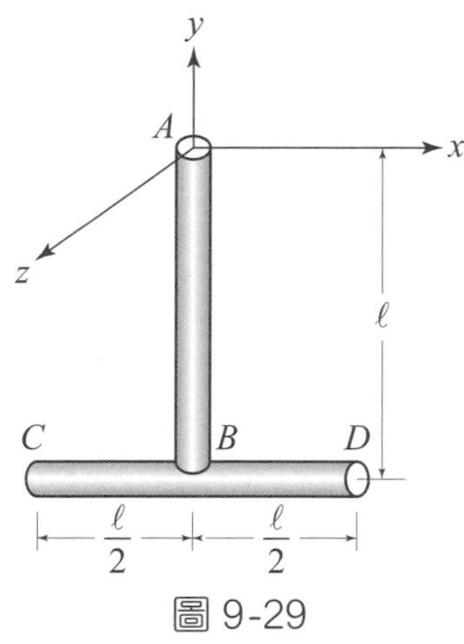

圖 9-29

13. 如圖 9–30 之物體係由一立方體及兩尺寸相同之圓柱體組合而成，若使用之材質為均勻且密度為 7850 kg/m^3 之鋼，試求該物體相對於：(a) x 軸，(b) y 軸，(c) z 軸之質量慣性矩各為何?

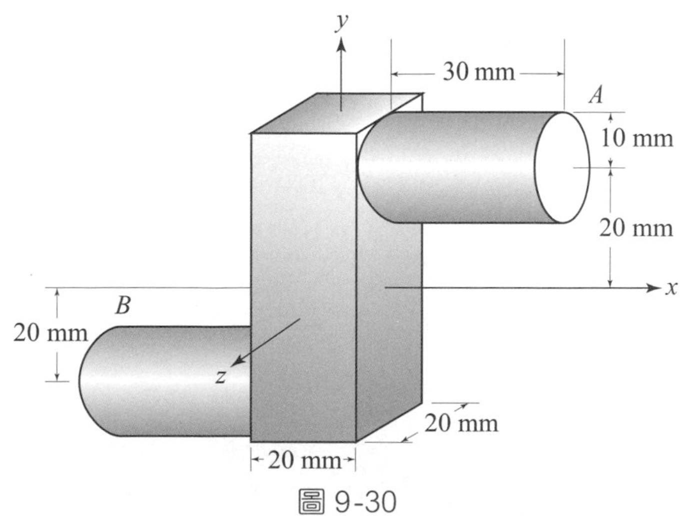

圖 9-30

第十章 虛功法

10–1 功之定義

考慮一質點之運動受到外力 $\vec{F}$ 的作用，由位置 A 移動至位置 A'，則由 A 到 A' 之向量 $d\vec{r}$ 即是位移 (displacement)，而外力所作之功 (work) 定義為外力沿位移方向之分量大小與位移的乘積，以 dU 表示，若以向量之純量積表示為

$$dU = \vec{F} \cdot d\vec{r} \tag{10–1}$$

由 §2–6 節中有關向量純量積的定義，則上式亦可表示為純量之形式，即

$$dU = F\cos\alpha ds \tag{10–2}$$

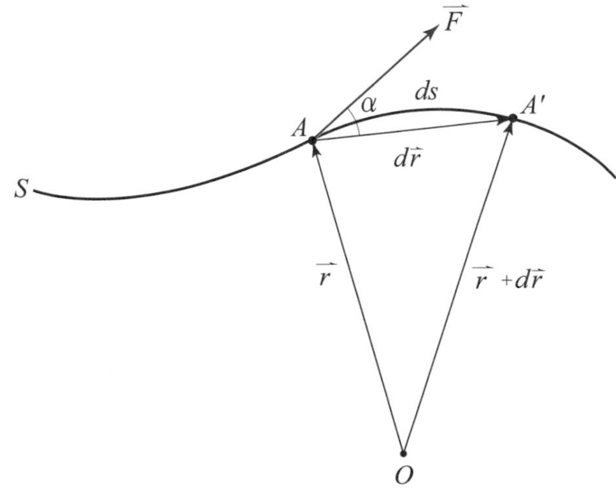

圖 10-1 外力與質點之運動

上式中的 ds 為從質點從 A 到 A' 之移動距離。

由功的定義可以得知若外力與位移之間所夾角度 α 為銳角，則 dU 為正值，外力作正力；反之若 α 為鈍角，則 dU 為負值，外力作負功；而若 α 為 90 度，則 dU 為零，外力不作功。

功的單位是力及位移的組合單位，在 SI 制單位系統中，以牛頓・米 (N·m) 為功的單位；而在 U.S. 單位系統則是以英呎・磅 (ft·ℓb) 或英寸・磅 (in·ℓb) 為單位。注意功的單位與能量的單位基本上是相同的，故 SI 制的牛頓・米亦稱為焦耳 (joule)。

前述之功 dU 是針對在力量作用下的線性運動而言，其對象可能為質點，亦有可能為剛體。除此之外，尚有在力偶作用下的旋轉運動所產生的功，而這是針對剛體而言，如圖 10–2 (a)所示，由 $\vec{F}$ 及 $-\vec{F}$ 所組成之力偶作用於一剛體，而其效應則如圖 10–2 (b)所示，其中剛體的運動可分為平移運動，由 AA' 及 BB' 兩段平行且等長的位移所代表；另一為旋轉運動，由 $A'B'$ 及 $A'B''$ 之間的夾角 $d\theta$ 所表示。而對偶矩 $\vec{M}$ 而言，其對前者不作功，僅對後者作功，而其所作之功 dU 為

$$dU = Md\theta \tag{10–3}$$

上式中角度 $d\theta$ 之單位為弳度 (radians)，而功的單位仍與前述提及之單位相同。

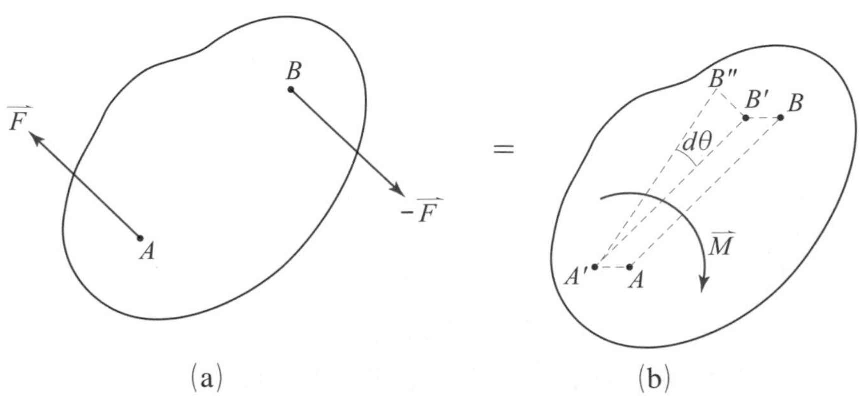

圖 10-2　力偶及剛體之旋轉運動

10–2　虛功原理

考慮如圖 10–3 所示，外力 $\vec{F}_1, \vec{F}_2, \cdots, \vec{F}_n$ 作用於一質點使其維持平衡，在平衡情況下，此質點可能靜止，亦可能產生運動，由 A 移至 A'，因為此運動並不一定發生，故以 $\delta\vec{r}$ 表示，稱為虛位移 (virtual displacement)，則依功的定義，外力 $\vec{F}_1, \vec{F}_2, \cdots, \vec{F}_n$ 對此虛位移 $\delta\vec{r}$ 所作之虛功 (virtual work) δU 為

$$\begin{aligned}\delta U &= \vec{F}_1 \cdot \delta\vec{r} + \vec{F}_2 \cdot \delta\vec{r} + \cdots + \vec{F}_n \cdot \delta\vec{r} \\ &= (\vec{F}_1 + \vec{F}_2 + \cdots + \vec{F}_n) \cdot \delta\vec{r}\end{aligned}$$

或

$$\delta U = \vec{R} \cdot \delta\vec{r} \tag{10–4}$$

上式中之 $\vec{R}$ 為 $\vec{F}_1, \vec{F}_2, \cdots, \vec{F}_n$ 之合力。

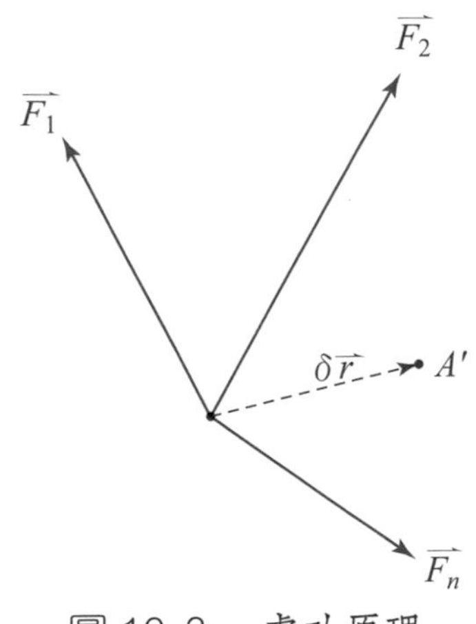

圖 10-3　虛功原理

根據 18 世紀瑞士數學家 Jean Bernoulli 所提出的虛功原理，可以分為對質點及對剛體兩部份，分別說明如下：

1. 質點之虛功原理

一受外力作用之質點若處於平衡，對該質點之任何虛位移而言，外力對該質點所作之虛功總和為零，反之亦同。

由 (10–4) 式可知，處於平衡狀態之質點，合力 $\vec{R}$ 為零，則虛功 δU 為零，故成立。反之若虛功 δU 為零，則對任何 $\delta\vec{r}$ 而言，合力 $\vec{R}$ 亦為零，故質點處於平衡。

2. 剛體之虛功原理

一受外力作用之剛體若處於平衡，對該剛體之任何虛位移而言，外力對該剛體所作之虛功總和為零，反之亦同。

對於平衡之剛體，其合力為零，則由 (10–4) 式可知虛功 δU 為零，故亦成立。反之虛功 δU 若為零，則對任何 $\delta\vec{r}$ 而言，合力 $\vec{R}$ 必定為零，則剛體處於平衡。

上述之虛功原理可進一步引申應用至互相連結之剛體系統，若此剛體系統保持相互連結，則外力對此剛體系統所作之虛功總和為零。針對此類相互連結之剛體系統亦是虛功原理得以應用得最有效的地方。

例 題 10－1

如圖 10–4 (a)所示之機構若處於平衡，試以虛功法求出偶矩 $\vec{M}$ 之大小應為何?

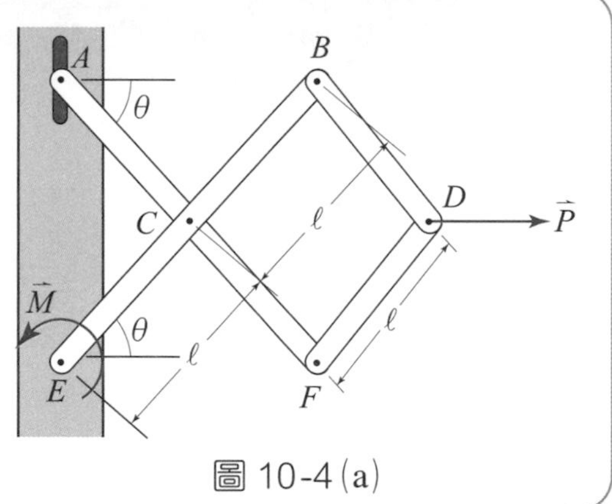

圖 10-4 (a)

解 依自由體圖 10–4 (b)，則 D 點之水平位置 x_D 為

$$x_D = 3\ell\cos\theta$$

而其虛位移 δx_D 為

$$\delta x_D = -3\ell\sin\theta\delta\theta$$

（注意：虛位移僅需將位移對座標方向微分即可）

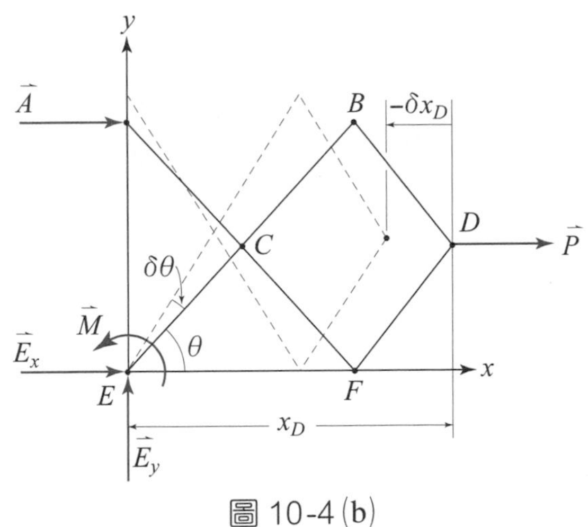

圖 10-4(b)

因反作用力 $\vec{A}, \vec{E_x}, \vec{E_y}$ 對虛位移 δx_D 均不作功，則外力 $\vec{M}$ 及 $\vec{P}$ 所作之虛功總和應為零，即 $\delta U = 0$，或由下式：

$$M\delta\theta + P\delta x_D = 0$$

即 $M\delta\theta + P(-3\ell\sin\theta\delta\theta) = 0$

故 $M = 3P\ell\sin\theta$

例題 10－2

已知圖 10–5 (a)所示之機構處於平衡狀態，若彈簧之自由長度為 h，彈簧常數為 k，且不計機構本身之重量，試求角度 θ 及彈簧之張力 F 應為何?

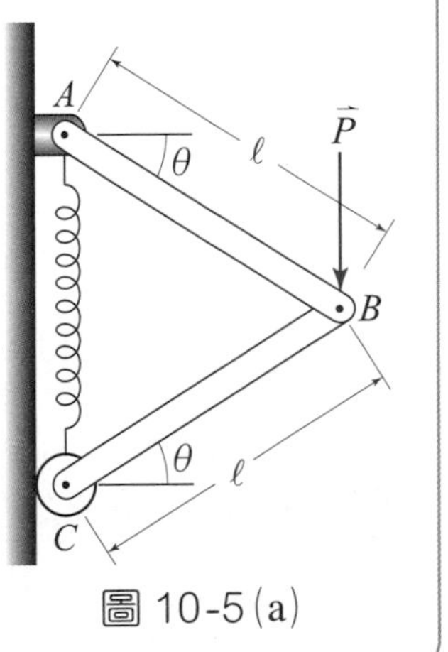

圖 10-5(a)

解 依圖 10–5(b)自由體圖的定義，可得

$y_B = \ell \sin\theta$

$y_C = 2\ell \sin\theta$

則虛位移 δy_B 及 δy_C 分別為

$\delta y_B = \ell \cos\theta \delta\theta$

$\delta y_C = 2\ell \cos\theta \delta\theta$

又作用於 C 點處之彈簧張力 $\vec{F}$ 為

$F = ks = k(2\ell \sin\theta - h)$

因反作用力 $\vec{A_x}, \vec{A_y}$ 及 $\vec{C_x}$ 不作功，故外力 $\vec{P}$ 及 $\vec{F}$ 所作之功其和應為零，即 $\delta U = 0$，或由下式：

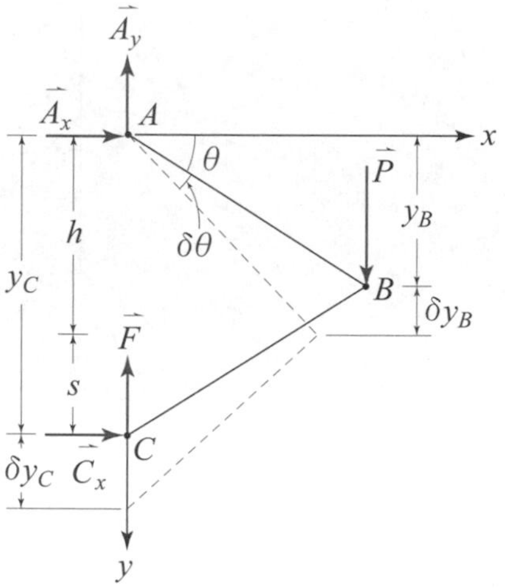

圖 10-5(b)

$P\delta y_B - F\delta y_C = 0$

即 $P(\ell \cos\theta \delta\theta) - k(2\ell \sin\theta - h)(2\ell \cos\theta \delta\theta) = 0$

可解得 $\sin\theta = \dfrac{P + 2kh}{4k\ell}$，故 $\theta = \sin^{-1}\dfrac{P + 2kh}{4k\ell}$

而 $F = \dfrac{1}{2}P$

例題 10-3

如圖 10-6 (a)之機構若處於平衡狀態，且已知各桿之質量皆為 10 kg，試求角度 θ 應為何？

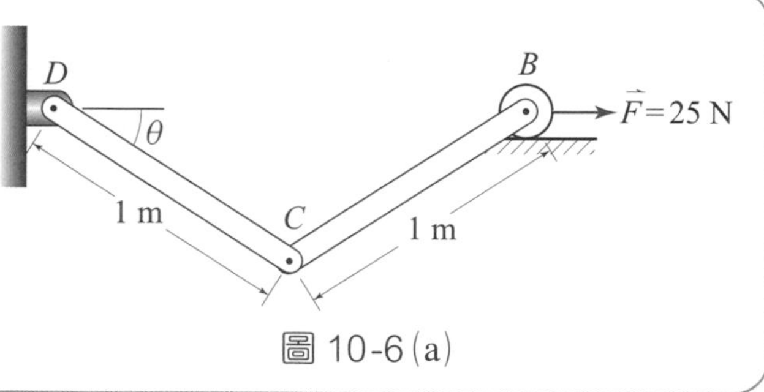

圖 10-6(a)

 依 10-6(b)之自由體圖，則可得

$x_B = 2 \times 1 \times \cos\theta$

$y_W = \dfrac{1}{2} \times 1 \times \sin\theta$

而微位移 δx_B 及 δy_W 分別為

$$\delta x_B = -2\sin\theta\delta\theta$$

$$\delta y_W = \frac{1}{2}\cos\theta\delta\theta$$

因反作用力 $\overrightarrow{D_x}, \overrightarrow{D_y}$ 及 $\overrightarrow{B_y}$ 均不作功，故外力 $\vec{F}$ 及桿重所作之虛功之和應為零，即 $\delta U = 0$，或由下式：

$$2W\delta y_W + F\delta x_B = 0$$

即 $2\times 98.1\times(\frac{1}{2}\cos\theta\delta\theta) + 25(-2\sin\theta\delta\theta) = 0$

故 $\theta = \tan^{-1}\frac{98.1}{50} = 63°$

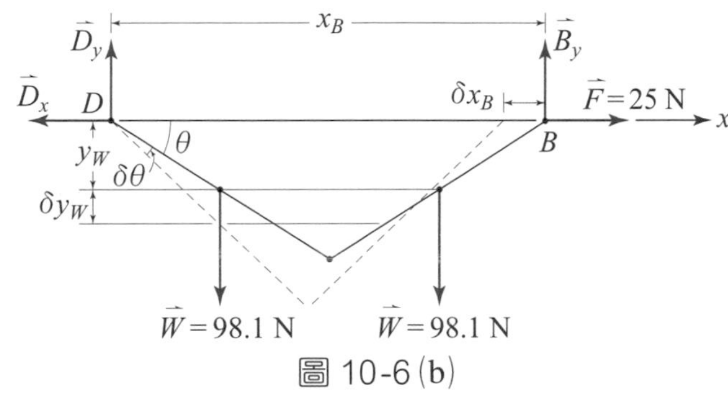

圖 10-6(b)

習 題

1. 如圖 10–7 之機構若處於平衡狀態，試求 $\vec{M}$ 之大小為何？

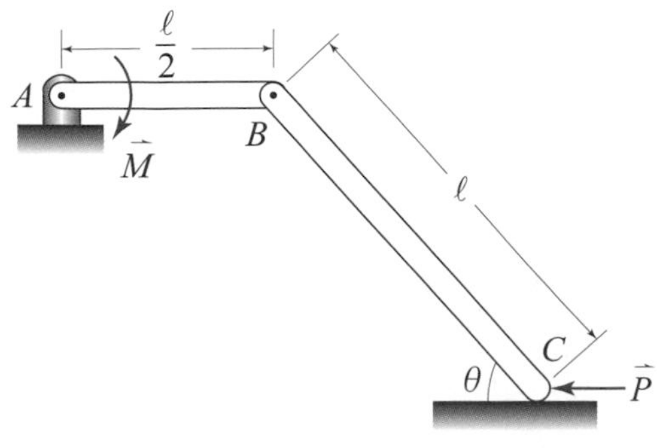

圖 10–7

2. 如圖 10–8 所示之機構如已知處於平衡狀態，不計桿重及摩擦，試求 $\vec{P}$ 之大小為何？

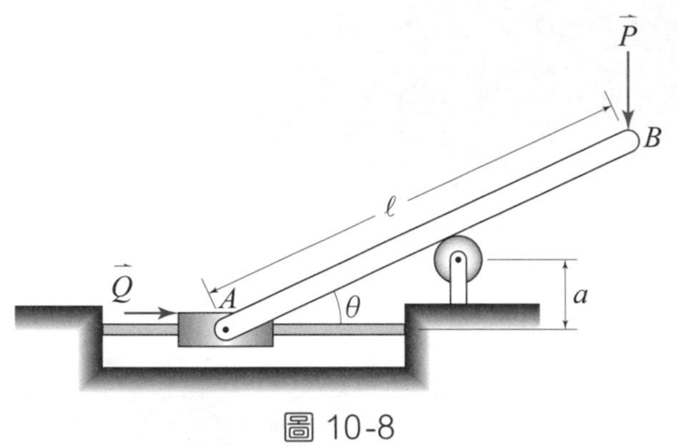

圖 10-8

3. 如圖 10–9 所示之滑塊連桿機構已知處於平衡狀態，設 AB 之長度為 ℓ，則在不計桿重及摩擦之情況下，試以 P, ℓ, θ 及 ϕ 表示維持平衡所需 $\vec{M}$ 之大小為何？

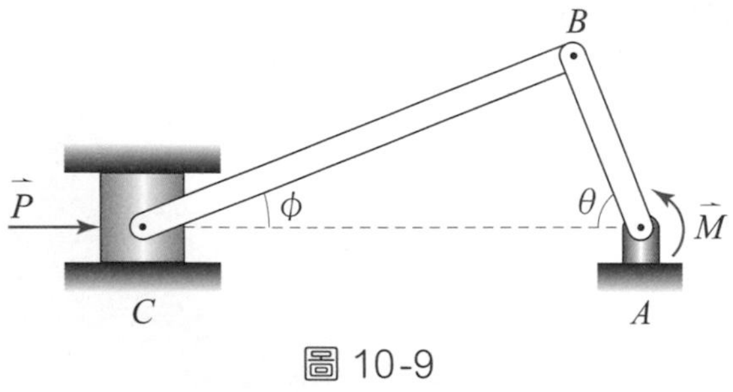

圖 10-9

4. 如圖 10–10 所示之機構，已知彈簧之常數為 k，且當桿 AB 及 BC 為水平時彈簧為未伸長之自由長度，不計桿重及一切摩擦，試求平衡時之力量 $\vec{W}$ 的大小為何？

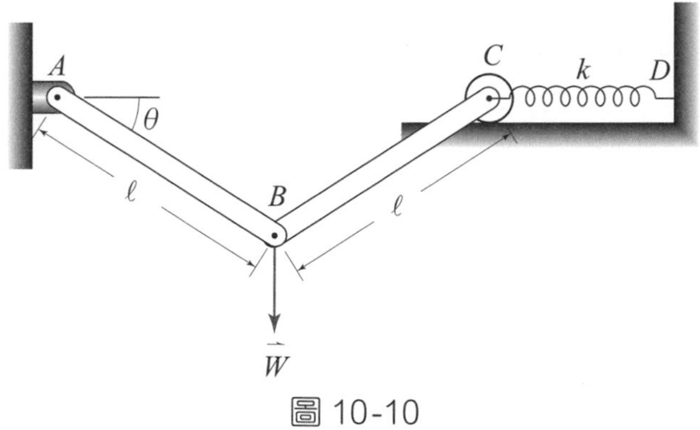

圖 10-10

5. 如圖 10–11 之機構已知處於平衡狀態，不計桿重及一切摩擦，試求平衡所需之力量 $\vec{Q}$ 的大小為何?

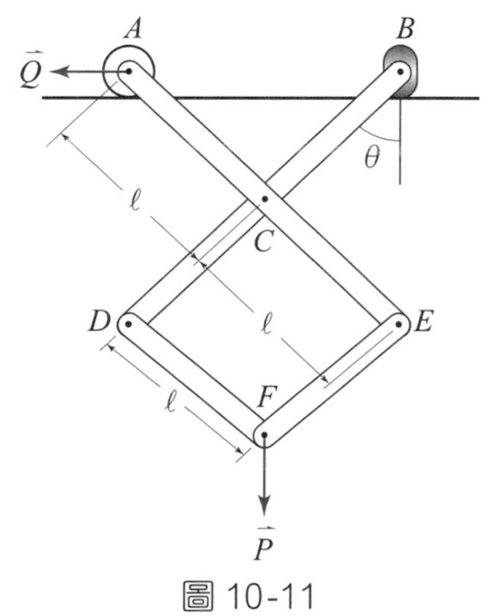

圖 10-11

10–3　保守力與位能

依 (10–2) 式，若力量 $\vec{F}$ 在一有限長 (finite displacement) s 之路徑上由 s_1 移動至 s_2，則 $\vec{F}$ 所作之功 $U_{1\to2}$ 可以表示為

$$U_{1\to2} = \int_{s_1}^{s_2} F\cos\alpha ds \tag{10–5}$$

若以重力為例，考慮一重量為 $\vec{W}$ 之物體由 A_1 之位置沿虛線之路徑移動至 A_2 的位置如圖 10–12 所示，則重力所作之功 dU 由 (10–2) 式可得

$$dU = -Wdy \tag{10–6}$$

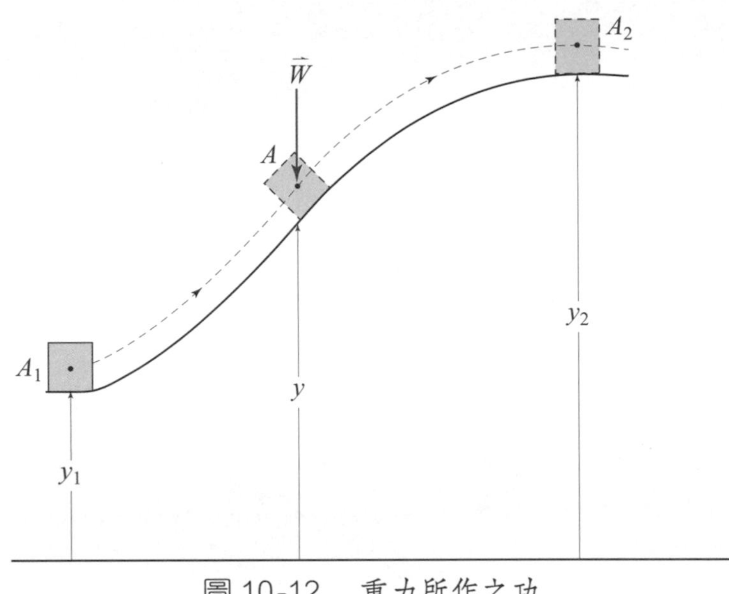

圖 10-12　重力所作之功

故由 (10–5) 式可得物體由 A_1 至 A_2 重力所作之功 $U_{1\to2}$ 為

$$U_{1\to2} = \int_{y_1}^{y_2}(-W)dy = Wy_1 - Wy_2 \tag{10–7}$$

再以彈簧為例，如圖 10–13 所示，由伸長量為 x_1 之 A_1 移至伸長量為 x_2 之 A_2，若彈簧常數為 k，則彈簧之彈力 F 所作之功 dU 由 (10–2) 式可得

$$dU = -Fdx = -kxdx \tag{10–8}$$

而由 (10–5) 式可得物體由 A_1 至 A_2 彈力所作之功 $U_{1\to2}$ 為

$$U_{1\to2} = \int_{x_1}^{x_2}(-kx)dx = \frac{1}{2}kx_1^2 - \frac{1}{2}kx_2^2 \tag{10–9}$$

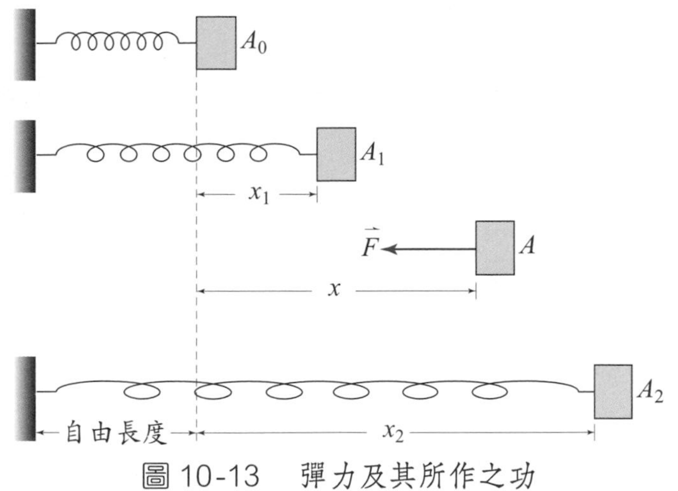

圖 10-13 彈力及其所作之功

由 (10–7) 式及 (10–9) 式可以發現，重力及彈力所作的功 $U_{1\to2}$ 與物體由 A_1 移動至 A_2 的路徑無關，換句話說，不論採用何種路徑，只要起點及終點的位置保持不變，則功 $U_{1\to2}$ 亦將維持不變。類似像重力及彈力這種所作的功只與起點及終點位置有關，而與所經過路徑無關的力量，稱為保守力 (conservative force)。

對保守力所作的功而言，可以定義一個位能函數 (potential function)，以 V 來表示，則由 (10–7) 式及 (10–9) 式可以得知

$$dU = -dV \tag{10–10}$$

對重力而言，假設其位能函數 $V_g = Wy$，則重力之功 $U_{1\to2}$ 由 (10–7) 式可得

$$U_{1\to2} = (V_g)_1 - (V_g)_2 \tag{10–11}$$

(10–11) 式指出若外力作正功，即 $U_{1\to2}$ 為正，則物體之位能減少；反之若外力作負功，即 $U_{1\to2}$ 為負，則物體之位能增加。

同樣的情況亦可應用於彈力，對彈力而言，假設其位能函數 $V_e = \dfrac{1}{2}kx^2$，則彈力之功 $U_{1\to2}$ 由 (10–9) 式可得

$$U_{1\to 2}=(V_e)_1-(V_e)_2 \tag{10–12}$$

若彈力作正功，即 $U_{1\to 2}$ 為正，則彈簧之位能減少；反之若彈力作負功，即 $U_{1\to 2}$ 為負，則彈簧之位能增加。

10–4 位能與平衡

對於 §10–2 節中的虛功原理而言，若能由位能的觀點來考量，則可以得到相當程度的簡化。

對於保守力作用的系統若考慮虛位移的情況，則由 (10–10) 式可得

$$\delta U=-\delta V \tag{10–13}$$

若 θ 為系統中的獨立變數，則由

$$\frac{dV}{d\theta}=\frac{\delta V}{\delta\theta} \tag{10–14}$$

可進一步整理得

$$\delta V=(\frac{dV}{d\theta})\delta\theta \tag{10–15}$$

當達成平衡時，由 §10–2 節可知 $\delta U=0$，則由 (10–13) 式及 (10–15) 式可知

$$\boxed{\frac{dV}{d\theta}=0} \tag{10–16}$$

(10–16) 式表示的是一個處於平衡狀態的系統，其位能總和的導數為零。

若系統為多自由度的系統，即系統具有數個獨立變數，則位能總和對每一個獨立變數的偏微分導數亦必須為零。

10–5　平衡之穩定性

由前述 §10–2 節及 §10–4 節的討論可以知道，欲達成系統的平衡，基本上位能的變化量必須為零，如 (10–16) 式所示。但是依微分的觀念及定義，(10–16) 式如果成立，則位能 V 可能有如圖 10–14 所示三種情況，即可能是最小值、最大值或為常數。

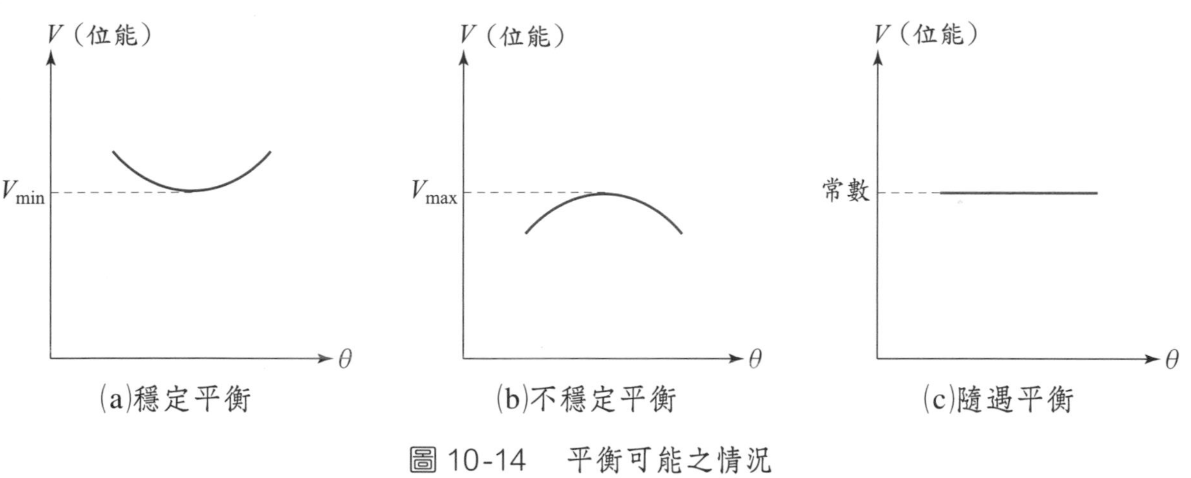

圖 10-14　平衡可能之情況

當平衡的系統受到環境的擾動 (disturbance)，或是考慮所謂平衡之穩定性 (stability) 時，圖 10–14 中的三種情況可能導致完全不同的三種結果。首先若平衡的系統其位能 V 處於圖 10–14 (a)的情況，則外來的擾動雖會使系統暫時偏離平衡，但作用於系統的外力終將使得位能 V 回復到其最小值的狀態，平衡將會恢復，故此種平衡是穩定平衡 (stable equilibrium)。但若系統的位能 V 處於如圖 10–14 (b)的情況，則外來的擾動不但破壞平衡，更會因外力的作用使得系統更加偏離平衡而無法恢復，此為不穩定平衡 (unstable equilibrium)。而對於處於圖 10–14 (c)的系統而言，因位能維持一個常數，因此擾動僅造成系統偏離原來的位置，其位能不會進一步產生變化，換言之平衡狀態仍繼續維持，這種稱為隨遇平衡 (neutral equilibrium)。

依照微分求極值的觀念及圖 10–14，則對於系統的平衡是屬於穩定、不穩定或隨遇可以作如下的結論：

1. 穩定平衡

$$\frac{dV}{d\theta}=0 \text{ 且 } \frac{d^2V}{d\theta^2}>0$$

2. 不穩定平衡

$$\frac{dV}{d\theta}=0 \text{ 且 } \frac{d^2V}{d\theta^2}<0$$

3. 隨遇平衡

$$\frac{dV}{d\theta}=\frac{d^2V}{d\theta^2}=\frac{d^3V}{d\theta^3}=\cdots=0$$

比較特殊的情況為位能 V 的一階及二階導數均為零，但在求取更高階導數的過程中發現了不為零的狀況，若該高階導數為正值且階數為偶數，則屬於穩定平衡，否則均為不穩定平衡。

例 題 10－4

已知 AB 桿之桿長 $\ell=500$ mm，連結 B 與 C 之彈簧常數為 $k=600$ N/m，若 $y=0$ 時彈簧為自由長度，試求平衡時若 $y=350$ mm，則對應之桿重 $\vec{W}$ 應為若干?

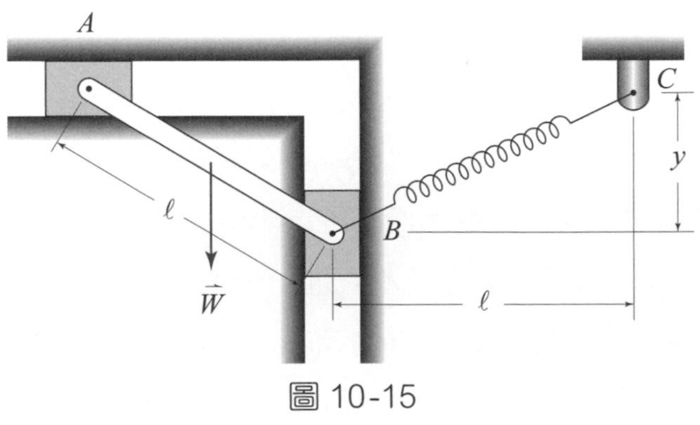

圖 10-15

解 假設彈簧之伸長量為 s，則

$$s=\sqrt{\ell^2+y^2}-\ell \text{ 且 } \frac{ds}{dy}=\frac{y}{\sqrt{\ell^2+y^2}}$$

由系統之位能總和 V 為

$$V=\frac{1}{2}ks^2-W(\frac{y}{2})$$

則位能之一階導數為

$$\frac{dV}{dy}=ks\frac{ds}{dy}-\frac{1}{2}W=k(\sqrt{\ell^2+y^2}-\ell)\frac{y}{\sqrt{\ell^2+y^2}}-\frac{1}{2}W$$

由平衡時 $\frac{dV}{dy}=0$ 可得

$$[1-\frac{\ell}{\sqrt{\ell^2+y^2}}]y=\frac{1}{2}\frac{W}{k}$$

代入 $\ell=0.5\text{ m}, y=0.35\text{ m}, k=600\text{ N/m}$ 得

$$[1-\frac{0.5}{\sqrt{0.5^2+0.35^2}}]0.35=\frac{1}{2}\frac{W}{600}$$

則 $W=75.74\text{ N}$

例　題 10－5

如圖 10–16 之裝置，其中位於彈簧一端 A 的滑塊可於半圓環上自由滑動，若已知 $W=50\text{ N}$，$r=90\text{ mm}$，彈簧常數 $k=1.5\text{ kN/m}$，彈簧之自由長度為 r，試求平衡時對應之 θ 角度為何？

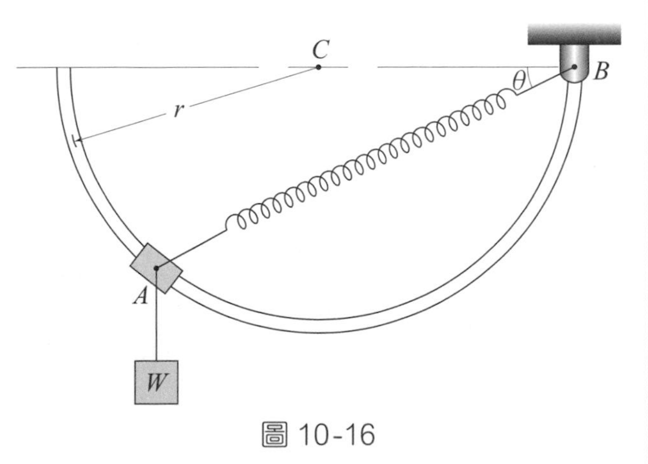

圖 10-16

解 設彈簧伸長量 s，則

$$s = 2(r\cos\theta) - r = r(2\cos\theta - 1)$$

由系統之總位能 V 為

$$V = \frac{1}{2}ks^2 - Wr\sin 2\theta = \frac{1}{2}kr^2(2\cos\theta - 1)^2 - Wr\sin 2\theta$$

由平衡時 $\frac{dV}{d\theta} = 0$，得

$$-kr^2(2\cos\theta - 1)(2\sin\theta) - 2Wr\cos 2\theta = 0$$

即 $\frac{(2\cos\theta - 1)\sin\theta}{\cos 2\theta} = -\frac{W}{kr}$

代入 $W = 50$ N，$r = 0.09$ m，$k = 1.5$ kN/m，則

$$\frac{(2\cos\theta - 1)\sin\theta}{\cos 2\theta} = \frac{-50}{1500 \times 0.09}$$

解得 $\theta = 54.82°$

例 題 10－6

兩細長而均勻之長桿 AB 及 CD 重量均為 W，此兩桿之一端分別固定於互相嚙合，且半徑相同之齒輪上如圖 10–17 所示，試求平衡時之角度 θ 為何？並討論平衡之穩定性。

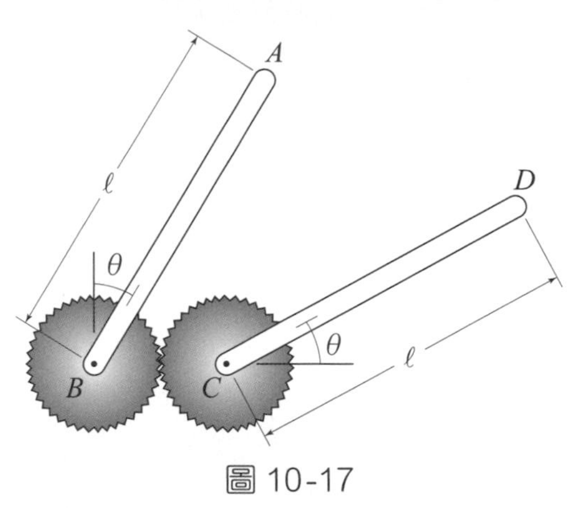

圖 10-17

解 系統之總位能 V 為

$$V = W(\frac{1}{2}\ell\cos\theta) + W(\frac{1}{2}\ell\sin\theta)$$

平衡時 $\frac{dV}{d\theta} = 0$，即

$$\frac{dV}{d\theta}=\frac{1}{2}W\ell(-\sin\theta+\cos\theta)=0$$

換句話說，平衡時 $\sin\theta=\cos\theta$ 或 $\tan\theta=1$，即 $\theta=45°$ 或 $135°$

由位能 V 之二階導數 $\frac{d^2V}{d\theta^2}$ 為

$$\frac{d^2V}{d\theta^2}=\frac{1}{2}W\ell(-\cos\theta-\sin\theta)$$

則當 $\theta=45°$ 時，

$$\frac{d^2V}{d\theta^2}=\frac{1}{2}W\ell(-\frac{1}{\sqrt{2}}-\frac{1}{\sqrt{2}})<0$$，故為不穩定平衡

當 $\theta=135°$ 時，

$$\frac{d^2V}{d\theta^2}=\frac{1}{2}W\ell(\frac{1}{\sqrt{2}}+\frac{1}{\sqrt{2}})>0$$，故為穩定平衡

習　題

6. 如圖 10–18 之裝置，已知 AF 及 BD 桿之長度相同，彈簧之常數 $k=90$ N/m，且其自由長度為 $\theta=0$ 時，試求平衡時角度 θ 為若干？並討論平衡之狀態。

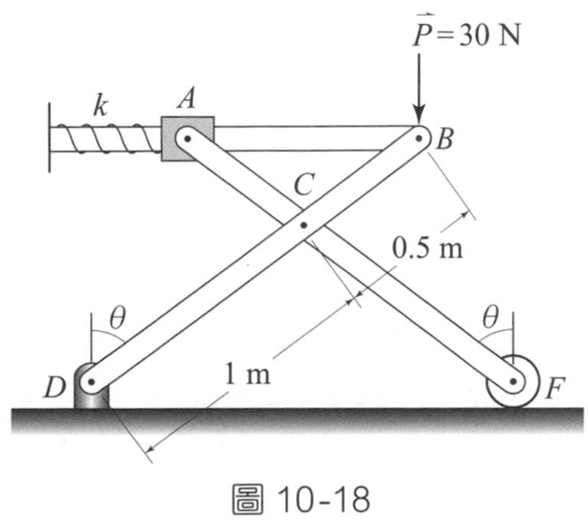

圖 10-18

7. 如圖 10–19 之裝置，已知 AB 桿內之彈簧其常數為 k，且在 $\theta=45°$ 時為自由長度，試導出平衡時之 θ 關係式？

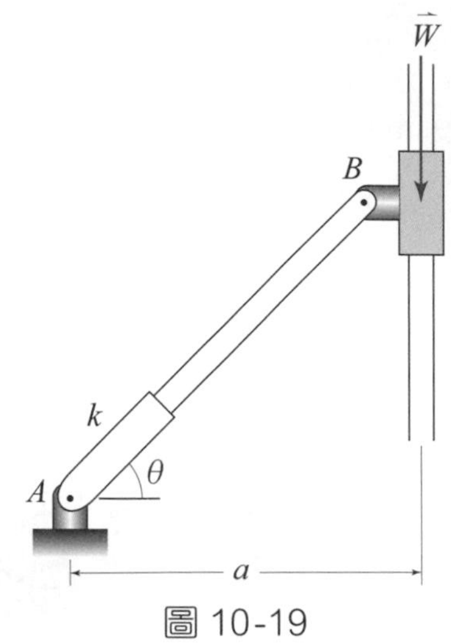

圖 10-19

8. 如圖 10–20 之裝置，已知 $P = 20$ N，$M = 80$ N·m，$b = 10$ m，$\ell = 4$ m，試求平衡時之角度 θ 為何? 此平衡之狀態為何?

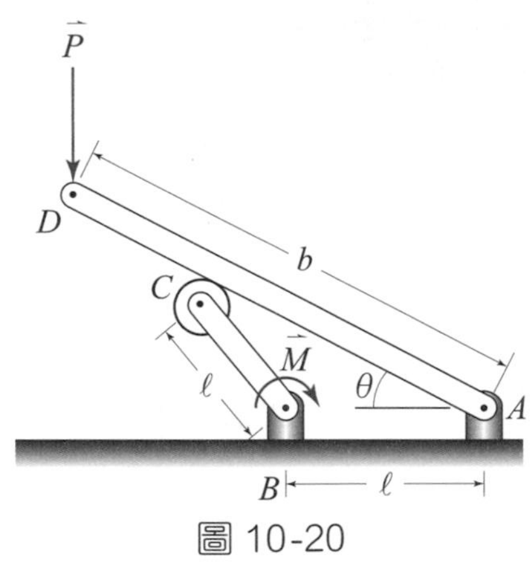

圖 10-20

9. 如圖 10–21 所示，質量均為 m 之均勻桿 AB 及 CD，其端點 B 及 C 均分別固定於半徑相同之兩齒輪上，試求出平衡時之 θ 值為何? 並討論平衡之穩定性。

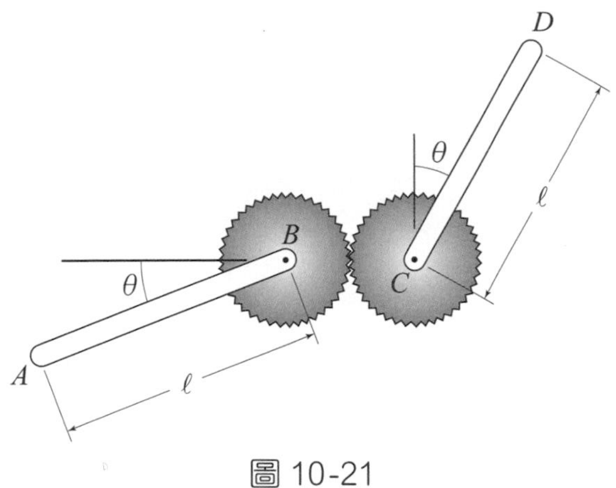

圖 10-21

10.如圖 10–22 所示，桿 AB 及桿 BD 連接於一彈簧常數為 k 之彈簧，且彈簧之自由長度為當桿 AB 及 BD 均保持垂直時，試求 P 之範圍使平衡得以保持穩定?

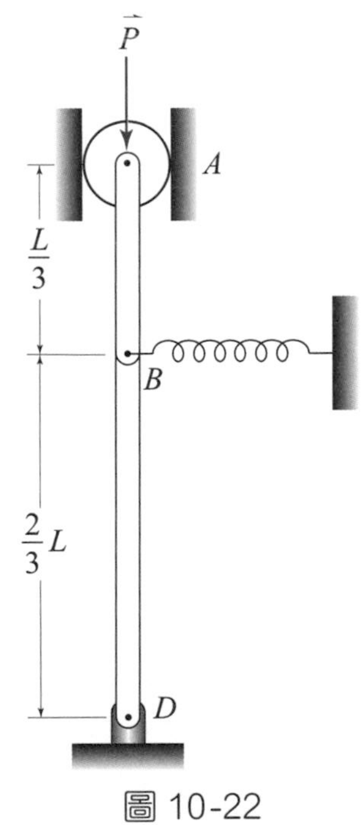

圖 10-22

習題簡答

第一章

1.略　2.略　3.略　4.略　5.略　6.略　7. 49.05 N，8.175 N　8.略　9.略　10.略

第二章

1.(a) 11；(b) 56.98°，100.49°，35.11°　2.(a) 13；(b) $-\frac{4}{13}\vec{i}+\frac{12}{13}\vec{j}+\frac{3}{13}\vec{k}$

3.(a) 45°；(b) $0.707\vec{i}-0.5\vec{j}+0.5\vec{k}$　4. $4\vec{i}+4.47\vec{j}-8\vec{k}$　5. $-50\vec{i}+70.7\vec{j}+50\vec{k}$

6.(a) $0.14\vec{i}+11.07\vec{j}$；(b) $14\vec{i}+3.07\vec{j}$　7. $\vec{a}=3\vec{i}-2\vec{j}+2\vec{k}$，$\vec{b}=2\vec{i}-\vec{j}-\vec{k}$　8. 9　9. 48.19°

10.(a) 40；(b) 27.27°　11.(a) 8；(b) $\frac{32}{5}\vec{i}-\frac{24}{5}\vec{k}$　12. 5.473　13. 15.724　14. 6

15.(a) −10；(b) $30\vec{i}+26\vec{j}-68\vec{k}$；(c) 696；(d) $-158\vec{i}-6\vec{j}-72\vec{k}$　16.略

17.(a) $-3\vec{i}+4\vec{j}+3\vec{k}$；(b) $-3\vec{i}-4\vec{j}+3\vec{k}$；(c) 4.287；(d) 2.572

第三章

1. 105.71 N ∠ 3.13°　2.(a) 424.26 N；(b) 16.10°　3. $600\vec{i}-200\vec{j}-900\vec{k}$ 牛頓

4.(a)30°；(b) 300 N，519 N　5.(a)逆時針 200 牛頓・米；(b) 2 m

6.(a) $160\vec{i}-210\vec{j}+110\vec{k}$ 牛頓・米；(b) $320\vec{i}+300\vec{j}-20\vec{k}$ 牛頓・米

7.(a) $36\vec{i}+36\vec{j}+48\vec{k}$ 牛頓・米；(b)逆時針 28.8 牛頓・米；(c) 350 mm

8.(a) $180\vec{j}+240\vec{k}$ 牛頓・米；(b)逆時針方向 211.76 牛頓・米；(c)順時針方向 299 牛頓・米

9.(a)順時針 88.8 牛頓・米；(b) 237 N；(c) 279 N

10.(a) $24\vec{i}-24\vec{k}$ 牛頓・米；(b) $5.4\vec{i}-18\vec{j}-14.4\vec{k}$ 牛頓・米

11.(a)順時針 308 牛頓・米；(b) $\vec{F_A}=102.67$ N ←，$\vec{F_B}=102.67$ N →

12.(a) 200 N 37° ↗，順時針 65 牛頓・米；(b) 200 N 37° ↗，順時針 25 牛頓・米

13.在固定端右側 0.6 m 處，10 kN，向下　14.距左端 1.5 m 處，100 N，向上

第四章

1. 1300 ℓb↓，A 右方 8.69 ft

2. $\vec{R}=100$ ℓb ↖ 36.9°；(a) A 點；(b) B 右側 8 in；(c) C 下方 3 in

3. $\vec{R}=400$ N ↖ 36.9°；(a) C 左側 75 mm；(b) C 下方 56.3 mm

4.合力 3 kN↓，在固定端右側 4.33 m

5. 合力 189.74 N $\angle$ 18.43°；(a) O 點右側 0.25 m；(b) A 點上方 0.083 m　6. 192 N ←

7. $-100\vec{i}-900\vec{j}-200\vec{k}$ N，$-1200\vec{i}-600\vec{k}$ N·m

8. $-100\vec{i}+50\vec{k}$ N，$-25\vec{j}-12.5\vec{k}$ N·m　9. $\frac{3P}{25}(2\vec{i}-20\vec{j}-\vec{k})$，$\frac{24P}{5}(-\vec{i}-\vec{k})$

10. $P\vec{j}$，$aP(-\vec{i}+3\vec{j}+2\vec{k})$　11. (3.5, 0, 3)　12. 72.2 N

第五章

1. (a) 119.29 N；(b) 178.6 N 60.45° ↘　2. $\frac{Wr}{\ell\cos\theta}$

3. $\vec{A}=346$ N $\angle$ 60.6°，$\vec{B}=196.2$ N 30° ↘

4. (a) $\vec{A}=78.4$ N↑，$\vec{M}_A=125.44$ N·m（逆時針）；(b) $\vec{A}=110.87$ N·m $\angle$ 45°，$\vec{M}_A=125.44$ N·m（逆時針）；(c) $\vec{A}=156.8$ N↑，$\vec{M}_A=250.88$ N·m（逆時針）

5. (a) 50 N；(b) 50 N $\angle$ 30°　6. (a) 1077 N $\angle$ 21.8°；(b) 1077 N 21.8° ↘

7. $\vec{A}=123$ N$\vec{i}+245$ N$\vec{k}$，$\vec{B}=368$ N$\vec{i}+245$ N$\vec{k}$，$P=245$ N

8. $\vec{A}=572.51$ N$\vec{j}-208.38$ N$\vec{k}$，$\vec{B}=382$ N$\vec{j}-139$ N$\vec{k}$，$F_{CD}=1015.43$ N

9. $T=58$ N，$\vec{C}=24.89$ N$\vec{j}+77.57$ N$\vec{k}$，$\vec{D}=68.5$ N$\vec{j}+32.1$ N$\vec{k}$

10. $T_{CD}=43.5$ N，$\vec{B}=373.21$ N$\vec{k}$，$\vec{A}=333.33$ N$\vec{k}$

11. $\vec{O}=-8.49$ kN$\vec{j}+8$ kN$\vec{k}$，$\vec{M}_O=94.8$ kN·m$\vec{i}$

第六章

1. $F_{AB}=F_{HF}=1500$ N (C)，$F_{BD}=F_{FD}=1000$ N (C)，$F_{DE}=600$ N (T)，$F_{BC}=F_{FG}=0$，$F_{BE}=F_{FE}=500$ N (C)，$F_{AC}=F_{HG}=1200$ N (T)，$F_{CE}=F_{GE}=1200$ N (T)

2. $F_{AB}=15.9$ kN (C)，$F_{AC}=13.5$ kN (T)，$F_{BC}=16.8$ kN (C)，$F_{DB}=13.5$ kN (C)，$F_{CD}=15.9$ kN (T)

3. $F_{AD}=F_{CF}=4$ kN (C)，$F_{AB}=F_{CB}=2$ kN (C)，$F_{AE}=F_{CE}=2.5$ kN (T)，$F_{DE}=F_{FE}=0$，$F_{BE}=1.5$ kN (C)

4. $F_{CA}=390$ kN (T)，$F_{CB}=0$，$F_{CD}=150$ kN (T)，$F_{DB}=360$ kN (C)，$F_{CE}=360$ kN (T)，$F_{DE}=390$ kN (C)

5. $F_{DE}=F_{CD}=F_{AB}=F_{AF}=0$，$F_{CE}=2P$ (T)，$F_{CB}=\sqrt{3}P$ (C)，$F_{BF}=2P$ (C)，$F_{BE}=P$ (C)，$F_{FE}=\sqrt{3}P$ (T)

6. $F_{GF} = 29$ kN (C)，$F_{CF} = 7.78$ kN (T)，$F_{CD} = 23.5$ kN (T)

7. $F_{GF} = 1800$ N (C)，$F_{FB} = 692.82$ N (T)，$F_{BC} = 1212.43$ N (T)

8. $F_{CE} = 15$ kN (T)，$F_{CD} = 35$ kN (C)，$F_{BD} = 15$ kN (C)

9. $F_{AB} = \frac{5}{6}P$ (T)，$F_{KL} = \frac{7}{6}P$ (T)

10. $F_{BD} = 1750$ N (C)，$\vec{C} = (1400\ \text{N} \leftarrow) + (700\ \text{N} \downarrow)$

11. $\vec{E} = (3.75\ \text{kN} \leftarrow) + (2.5\ \text{kN} \uparrow)$，$\vec{C} = 3.75\ \text{kN} \rightarrow$，$\vec{A} = (4.5\ \text{kN} \leftarrow) + (2.5\ \text{kN} \downarrow)$

12. $\vec{A} = 480\ \text{N} \rightarrow$，$\vec{C} = (400\ \text{N} \rightarrow) + (300\ \text{N} \uparrow)$，$\vec{B} = 80\ \text{N} \leftarrow$

13. $\vec{B} = \vec{D} = 1230$ N 12.7°↘ 14. $M = 720$ N·m（順時針） 15. 350 N

第七章

1. 12.21 N 2. 0.175 3.(a)不能；(b) 48 N ↗ 4. 353 N 5. 274.7 N 6. 0.2

7. $rW\mu_s(\frac{1+\mu_s}{1+\mu_s^2})$ 8.(a) 170.49 N；(b) 14.04° 9. 18.089 N 10. 14.34 N

第八章

1. $\bar{x} = 1.820a$，$\bar{y} = 0.303a$ 2. $\bar{x} = \bar{y} = \frac{9}{20}a$ 3. $\bar{x} = \frac{3}{4}h$，$\bar{y} = \frac{a}{\pi}$，$\bar{z} = 0$

4. $\bar{x} = \bar{z} = 0$，$\bar{y} = \frac{5}{6}a$ 5. $\bar{x} = 161.3$ mm，$\bar{y} = 0$ 6. $\bar{z} = 101.14$ mm，$\bar{x} = \bar{y} = 0$

7. $\bar{x} = 0.1875$ cm，$\bar{y} = -0.75$ cm，$\bar{z} = 0$ 8. $A_x = \frac{W}{\pi} \leftarrow$，$A_y = W\uparrow$，$B = \frac{W}{\pi} \rightarrow$ 9. 32.48°

10.(a) $\frac{4r}{3\pi}$；(b) $\frac{2r}{\pi}$

第九章

1. $I_x = \frac{1}{30}ab^3$，$I_y = \frac{1}{6}a^3b$，$k_x = \sqrt{\frac{2}{15}}b$，$k_y = \sqrt{\frac{2}{3}}a$ 2. $I_x = \frac{1}{20}ab^3$，$I_y = \frac{1}{28}a^3b$

3.(a) $\frac{\pi}{4}(R_2^4 - R_1^4)$；(b) $\frac{\pi}{8}(R_2^4 - R_1^4)$ 4. $I_x = 1.75 \times 10^6\ \text{mm}^4$，$I_y = 1.831 \times 10^7\ \text{mm}^4$

5. $I_x = 3.82 \times 10^6\ \text{mm}^4$, $I_y = 1.854 \times 10^6\ \text{mm}^4$ 6. $I_x = 1.354 \times 10^7\ \text{mm}^4$, $I_y = 4.61 \times 10^6\ \text{mm}^4$

7.(a) $\frac{1}{24}mb^2$；(b) $\frac{1}{18}mh^2$；(c) $\frac{1}{72}m(3b^2 + 4h^2)$ 8. $\frac{3}{10}ma^2$ 9. $\frac{3}{5}m(\frac{1}{4}a^2 + h^2)$ 10. $\frac{13}{54}mh^2$

11. $m(3a^2 + \frac{13}{108}h^2)$ 12.(a) $\frac{4}{3}m\ell^2$；(b) $\frac{1}{12}m\ell^2$；(c) $\frac{17}{12}m\ell^2$

13.(a) $1.29 \times 10^{-4}\ \text{kg}\cdot\text{m}^2$；(b) $1.20 \times 10^{-4}\ \text{kg}\cdot\text{m}^2$；(c) $2.29 \times 10^{-4}\ \text{kg}\cdot\text{m}^2$

第十章

1. $\frac{1}{2}P\ell\tan\theta$ 2. $P\frac{\ell}{a}\cos\theta\sin^2\theta$ 3. $\ell\frac{\sin(\theta+\phi)}{\cos\phi}P$ 4. $4k\ell(1-\cos\theta)\tan\theta$

5. $\frac{3}{2}P\tan\theta$ 6. 0°，穩定平衡；60°，不穩定平衡 7. $\sqrt{2}\sin\theta-\tan\theta=\frac{W}{ak}$

8. 36.9°，不穩定平衡 9. 45°，不穩定平衡；135°，穩定平衡 10. $P<\frac{2}{9}kL$

新世紀科技叢書

◎ 計算機概論　盧希鵬、鄒仁淳、葉乃菁／著

內容針對大專院校計概課程精心設計。從如何DIY組裝電腦開始，一直到日新月異的網路科技均有十分完整的敘述。書末並介紹電子化政府、電子商務和各種資訊管理系統。內容深入淺出，文字敘述淺顯易懂，易教易學。

◎ 電腦應用概論　張台先／著

不懂電腦軟體操作嗎？面對電腦，常常不知如何下手嗎？那麼，您該讀讀這本電腦應用概論。本書介紹各種當前使用率最高、版本最新的電腦應用軟體。理論部分強調電腦科技發展歷程與應用趨勢；實務部分側重步驟引導及圖片說明。另附實習手冊及光碟，光碟內含教學範例影片及試用軟體，力求理論與實務並重，是電腦初學者的第一選擇。

◎ 水質分析　江漢全／著

水質分析已成為目前大專環境工程及科學教育中的重要課程，惜專門書籍不多，符合國內教學需要者更少。作者據其長期在水質分析方面的研究及教學經驗寫作本書；革新版除稟承前版架構外，更依現行最新水質檢測方法更新內容，且將原分散各章之行政院環保署公告標準檢驗方法彙整成獨立篇章，以期確實反映國內現況，更加符合教學需要。

◎ 應用力學——動力學　金佩傑／著

本書除了以深入淺出的方式介紹動力學相關之基本原理及觀念外，同時配合詳細解說之例題及精心設計之習題。為求內容之連貫，同時使讀者能夠掌握重要觀念之應用時機，書中特別對各章節間之相互關係，以及各主要原理間之特性及差異均加以充分比較及說明。相較於國內外其他相關書籍，本書除了提供傳統的介紹方式外，更在許多章節加入創新之解說，相信對於教學雙方均有極大之助益。

◎ 流體力學　陳俊勳、杜鳳棋／著

本書共分為八章，係筆者累積多年的教學經驗，配合平常從事研究工作所建立的概念，針對流體力學所涵蓋的範疇，分門別類、提綱挈領予以規劃說明。對於航太、機械、造船、環工、土木、水利……等工程學科，本書都是研修流體力學不可或缺的教材。全書包括基本概念、流體靜力學、基本方程式推導、理想流體流場、不可壓縮流體之黏性流、可壓縮流體以及流體機械等幾個部分。每章均著重於一個論題之解說，配合詳盡的例題剖析，使讀者有系統地建立完整的觀念。章末並附有習題，提供讀者自行練習，俾使達到融會貫通之成效。

◎ 燃料電池（札記）　馬承九／著

燃料電池是一門需要多種專業領域專家合作研究的學問，它不僅在能量轉換上有著相當高的效率，也十分符合人們對於綠色能源的要求。作者在研讀此學問時有諸多心得，秉持著學術分享的理念，將此心得出版成書，希望能讓有興趣的讀者快速的進入燃料電池的世界，與世界各國的專家一同研究，以期讓燃料電池成為新一世代的普遍能源。